Mitteilungen

aus dem

Telegraphen-Versuchsamt des Reichs-Postamts.

VI

(März 1910 bis Februar 1912.)

Springer-Verlag Berlin Heidelberg GmbH
1912

ISBN 978-3-642-50432-7   ISBN 978-3-642-50741-0 (eBook)
DOI 10.1007/978-3-642-50741-0
Softcover reprint of the hardcover 1st edition 1912

INHALTS-VERZEICHNISS.

41. Ueber die Ausbreitung starker elektrischer Ströme in der Erdoberfläche.

Die Ausbreitung elektrischer Ströme in der Oberfläche der Erde bietet in mehreren Richtungen für die elektrische Telegraphie ein bedeutendes Interesse dar. Zunächst benutzt der elektrische Telegraph für seine eigenen Zwecke die Erde; der Strom, der durch die Leitung fliesst, wird an beiden Enden der letzteren zur Erde geführt, er verliert sich dort, indem er sich im Erdreich ausbreitet. Daher rührt es, dass die Telegraphie gelegentlich von anderen, ihr fremden Strömen, die in die Erde gelangen, gestört wird; denn ein solcher Strom kann in seinem Ausbreitungsgebiet die Erdverbindung einer Telegraphenleitung treffen, und es kann unter Umständen ein Bruchtheil des Stromes in diese Telegraphenleitung gelangen, sich mit dem eigentlichen Betriebsstrom der Leitung mischen und die beabsichtigte Wirkung des letzteren mehr oder minder erheblich stören.

Indessen, was hier als Störung auftritt, lässt sich in anderen Fällen auch zur Erreichung bestimmter Ziele benutzen. Die äusseren Verhältnisse verbieten es oft, zwischen zwei nicht allzu weit von einander entfernten Orten eine Telegraphenleitung zu errichten, oder es ereignet sich, dass die etwa vorhandene Telegraphenleitung zerstört wird und nicht bald wieder hergestellt werden kann. So macht die telegraphische Verbindung der Leuchtschiffe mit der Küste seit langer Zeit grosse Schwierigkeiten; das verbindende Kabel wird stets von Zeit zu Zeit zerrissen. Auch die Verbindung eines auf der Aussenrhede liegenden Schiffes mit dem Hafen lässt sich kaum mittels einer gewöhnlichen Telegraphenleitung bewerkstelligen. In solchen Fällen kann man versuchen, an dem einen der beiden zu verbindenden Orte einen starken Strom zur Erde zu senden, dessen Ausbreitungsgebiet sich in merklicher Stärke noch bis zu jenem zu erreichenden Punkte

erstreckt; hier lassen sich die elektrischen Vorgänge im Erdreich mit Hülfe geeigneter Apparate wahrnehmen; damit ist die Grundlage für eine telegraphische Verständigung ohne einen verbindenden Draht gegeben.

Versuche in dieser Richtung sind schon mehrere bekannt geworden; es soll hier an einen aus älterer und einen aus der jüngsten Zeit erinnert werden.

Melhuish berichtet („ETZ" 1890, S. 312) über Versuche, die W. P. Johnston im Jahre 1879 in Indien angestellt hat, um trotz der Zerstörung des Kabels über einen 180 m breiten Kanal zu telegraphiren. Es soll weiter unten auf diesen Versuch näher eingegangen werden.

Im Jahre 1894 stellte die Allgemeine Elektricitäts-Gesellschaft Versuche auf dem Wannsee an, bei denen es gelang, auf 4,5 km Entfernung Telegramme aufzunehmen („ETZ" 1894, S. 616).

Die grosse Bedeutung eines zuverlässigen Verfahrens der „elektrischen Telegraphie ohne Draht" leuchtet schon aus den wenigen, eben angeführten Beispielen ein. Es handelt sich in erster Linie um eine wesentliche Vervollkommnung des im Dienste der Seeschifffahrt stehenden Nachrichtenverkehrs, ausserdem auch um die Ueberwindung lästiger Störungen der dem allgemeinen Verkehr dienenden Telegraphie.

Ehe man eine solche Aufgabe in Angriff nimmt, hat man sich Rechenschaft zu geben über die Grenzen des möglicherweise zu Erreichenden. Der gewöhnliche elektrische Telegraph hat vor den übrigen bekannten Telegraphen, in erster Linie dem optischen Telegraphen, den Vortheil voraus, dass die Wirkung, mit der er arbeitet, wesentlich nur in einer einzigen Richtung, derjenigen der elektrischen Leitung, ausgesandt wird. Der optische Telegraph benutzt die Ausbreitung des Lichtes im freien Raum, welche nach allen Richtungen gleichmässig vor sich geht. Daher nimmt hier die

Wirkung sehr viel rascher ab, als die Entfernung wächst, während beim gewöhnlichen elektrischen Telegraphen, wo die Wirkung auf die einzige Fortpflanzungsrichtung gleichsam koncentrirt bleibt, der doppelten Entfernung noch die halbe Wirkung entspricht. Aehnlich wie beim optischen Telegraphen geschieht die Ausbreitung elektrischer Ströme im Erdreich nach allen Richtungen gleichmässig; daher muss auch hier die Wirkung erheblich rascher abnehmen, als die Entfernung wächst, und es muss sich die Erfahrung, die man beim optischen Telegraphen gemacht hat, dass die Uebertragungsweite der telegraphischen Zeichen verhältnissmässig klein ist, auch beim elektrischen „Telegraphen ohne Draht" wiederholen. Man wird also nicht hoffen dürfen, irgendwie erhebliche Entfernungen mittels eines solchen Telegraphen überwinden zu können; vielmehr muss sich die Aufgabe auf eine „Telegraphie in der Nähe" beschränken.

Den hier berührten Fragen hat die deutsche Telegraphenverwaltung seit langer Zeit lebhafte Aufmerksamkeit gewidmet. Es mussten einerseits die fast täglich vorkommenden Störungen durch fremde Ströme im Rahmen des Betriebsdienstes überwunden und beseitigt, auch Sicherheit gegen ihre Wiederkehr gefunden werden. Andererseits konnte eine weitblickende Verwaltung die zwar nicht augenblicklich drängende, aber doch in sicherer Aussicht stehende Aufgabe der Verbindung der Schiffe mit der Küste und damit verwandter Aufgaben nicht unbearbeitet lassen. So hat denn schon vor längerer Zeit der Herr Staatssekretär des Reichs-Postamts Versuche im grösseren Maassstabe angeordnet, welche darthun sollten, wie gross das Ausbreitungsgebiet starker, in die Erde gesandter Ströme für unsere Wahrnehmung sei. Diese Versuche sind in den letzten Jahren in der Nähe von Berlin ausgeführt worden; Zweck dieser Zeilen ist, darüber Bericht zu erstatten.

Mittel und Wege der Untersuchung.

Es handelt sich bei unserer Aufgabe stets darum, dass ein starker elektrischer Strom zur Erde gesandt wird; ein geringfügiger Bruchtheil, vielleicht ein Tausendstel oder ein Milliontel dieses Stromes wird an einem anderen Orte aufgefangen und soll mit unseren Sinnen wahrgenommen werden. Man wird also einerseits möglichst kräftige Stromquellen und eine zur Wahrnehmung möglichst geeignete Form des Stromes, andererseits möglichst empfindliche stromzeigende Apparate zu verwenden suchen. Daneben hat man natürlich auch auf die besten Mittel zum Auffangen des Stromes die Aufmerksamkeit zu richten.

1. Art des Stromes. Empfangsapparat.

Gleichstrom, wie ihn gutgebaute Dynamomaschinen und Sammlerbatterien liefern, liesse sich wohl verwenden. Zu seiner Wahrnehmung am fernen Orte könnte ein Spiegelgalvanometer dienen, wie es als sogenanntes Sprechgalvanometer bei langen Unterseekabeln verwendet wird. Wenn man nun aber das Ziel im Auge behält, dass ein solches Galvanometer auf bewegtem Schiffe benutzt werden soll, so sieht man leicht ein, dass die Zuckungen der Galvanometernadel, die als telegraphische Zeichen dienen sollen, erheblich grösser sein müssen, als die unvermeidlichen, von den Bewegungen des Schiffes herrührenden Schwankungen. Man kann also die grosse Empfindlichkeit dieser Galvanometer nicht ausnutzen.

Auf bewegtem Schiffe wird ein rasches Zittern der Nadel weit besser zu gebrauchen sein, als eine wiederholte einfache Bewegung; denn die Schwankungen des Schiffes erfolgen selbst im langsamen Tempo, sie stören also zitternde Bewegungen der Nadel nicht.

Um die Nadel erzittern zu lassen, kann man einen Strom von rasch veränderlicher Stärke verwenden, also entweder einen gewöhnlichen Wechselstrom oder einen sogenannten zerhackten Gleichstrom, d. i. ein Gleichstrom, der mit grosser Geschwindigkeit bald unterbrochen, bald wieder geschlossen wird.

Die Einwirkung solcher Ströme auf die Nadel lässt sich sehr deutlich auch noch bei äusserst geringer Stromstärke wahrnehmen. Es stellt sich aber ein neues Hinderniss ein. Die Magnetnadel führt eigene Schwingungen aus, die auch noch fortdauern, wenn das Zittern aufhört, und die deshalb die Wahrnehmung telegraphischer Zeichen mittels zitternder Nadel nahezu unmöglich machen.

Man hat versucht, einen Strom zu wählen, dessen Schwankungen genau das Tempo der Nadelschwingungen haben. Damit erzielt man eine sehr hohe Empfindlichkeit, die auch in gewissen Messinstrumenten verwendet wird. Allein im praktischen Betriebe würde die Schwierigkeit, die Schwingungen der Stromquelle genau in dem Tempo der weit entfernten Nadel zu halten, ziemlich unüberwindlich sein, und schon ganz geringe Abweichungen würden die Empfindlichkeit der Wahrnehmung so bedeutend herabsetzen, dass jede Sicherheit der Zeichenübermittelung verschwände.

Ungefähr ebenso empfindlich, wie ein gutes Galvanometer, ist der Fernsprecher. Er hat vor jenem noch den Vorzug, dass er sehr bequem zu handhaben ist und keiner festen Aufstellung bedarf. Zur Wahrnehmung von Gleichstrom ist er allerdings nicht zu gebrauchen, wohl aber für Wechselstrom und zerhackten Gleichstrom.

Hierbei hat man zu beachten, dass das im Fernsprecher wahrnehmbare Geräusch nicht von der Stärke des Stromes, sondern von der Geschwindigkeit und Grösse der Aenderungen der Stromstärke abhängt. Es leuchtet demnach ein, dass ein rasch wechselnder Strom noch bei geringerer Stärke zu vernehmen ist, als ein langsamer wechselnder.

Es ergiebt sich also, dass man am zweckmässigsten für den vorliegenden Fall einen starken Wechsel- oder zerhackten Gleichstrom von grosser Wechselzahl und einen Fernsprecher verwendet. Da nun die im Handel zu habenden Wechselstrommaschinen meist für etwa 50 Perioden in der Sekunde gebaut werden, so war von solchen Maschinen nicht allzuviel zu erwarten. Eine besondere Maschine mit höherer Wechselgeschwindigkeit zu bauen, hätte zu lange Zeit gefordert und grössere Kosten verursacht, als für diese ersten Versuche, deren Ergebniss noch unsicher war, gerechtfertigt erschien. Es wurde demgemäss auch noch ein zerhackter Gleichstrom von recht hoher Stosszahl verwendet, der mittels einer Dynamomaschine und eines umlaufenden Unterbrechers erzeugt wurde.

2. Die Leitungen.

Um den Strom in die Erde zu senden, sowie ihn am fernen Orte aufzufangen, bedarf man geeigneter Erdleitungen, zweier an jedem der beiden Orte. Die beiden Erdleitungen an dem Orte, von dem die zu übermittelnde Nachricht ausgehen soll, werden durch eine Drahtleitung verbunden, die die Stromquelle und den umlaufenden Unterbrecher, sowie eine Taste zur Erzeugung der telegraphischen Zeichen enthält. Diese Leitung mit Einschluss der genannten Apparate soll im Folgenden die primäre Leitung heissen. Die beiden Erdleitungen am fernen Orte werden gleichfalls durch eine Drahtleitung mit einander verbunden, die hier einen oder mehrere Fernsprecher

enthält. Diese Leitung nebst den eingeschalteten Apparaten soll sekundäre Leitung genannt werden. Es ist leicht einzusehen, und die Versuche haben es bestätigt, dass die sekundäre Leitung einen möglichst geringen Widerstand erhalten muss. Ferner ergiebt sich, dass die Entfernung der primären Elektroden von einander — der primäre Abstand — wie auch der sekundäre Abstand maassgebend sind für die Entfernung, auf die man die Ausbreitung des Stromes wahrnimmt; man kann für die hier in Betracht kommenden Fälle geradezu die letztere Entfernung den beiden Elektrodenabständen proportional setzen.

Zeichnet man die (theoretisch bekannten) Linien der Stromausbreitung, so findet man eine zweckmässige Anordnung für die sekundären Elektroden: verbindet man die primären Elektroden durch eine Gerade, und errichtet in deren Mitte ein Loth, so soll die Verbindungslinie der sekundären Elektroden von diesem Loth gleichfalls halbirt werden und auf ihnen gleichfalls senkrecht stehen. Es giebt noch andere, ebenso gute Lagen für die sekundären Elektroden, aber keine, die so leicht aufgefunden werden kann.

Die Versuche im freien Felde.

1. Die ersten Versuche, bei denen die im Vorhergehenden ausgesprochenen Erfahrungen noch nicht sämmtlich vorlagen, wurden in dem wasserreichen ebenen Gelände von Nauen angestellt. Anfänglich wurde vom Innern des Städtchens aus Wechselstrom von 45 Perioden auf einer 950 m langen isolirten Leitung nach einem vor der Stadt gelegenen Punkte gesandt. Der Widerstand der primären Leitung betrug etwa 27 Ω, die Spannung des Wechselstromes rund 200 V, die Stromstärke 7,5 bis 8,5 A. Der feuchte Erdboden sollte ermöglichen, mit geringer Mühe eine gute Erdleitung herzustellen. Allein der zunächst angestrebte Erfolg wurde nur in sehr geringem Umfange erzielt.

2. Die während dieser Zeit an den benachbarten Telegraphenleitungen mittels des Fernsprechers angestellten Beobachtungen ergaben, dass Leitungen, die in Nauen nicht mit der Erde verbunden waren, mit einer sogleich anzuführenden Ausnahme nicht beeinflusst wurden. Sobald aber eine Leitung in Nauen an Erde gelegt wurde, liess sich darin der tiefe Ton der Wechselstrommaschine vernehmen; dieser Ton gelangte sogar einige Mal während der zum Zwecke

der Versuche vorgenommenen Umschaltung auf der hier durchführenden Fernsprechdoppelleitung bis nach Köln (Rhein). Eine Fernsprechleitung, die als einfache Leitung der primären Leitung in ihrer ganzen Länge parallel lief, liess einen Ton hören, der bewies, dass eine Einwirkung des Starkstromes — vermuthlich durch Induktion — vorhanden war. Diese Töne traten aber nicht in störender Stärke auf, wohl hauptsächlich wegen ihrer geringen Schwingungszahl.

3. Demnächst wurden die Versuche bei dem 9 km von Nauen gelegenen Dorfe Börnicke fortgesetzt. Als Stromquelle diente auch hier die Wechselstrommaschine. Der Erdboden zeigte ausser einigen feuchten Strichen grossentheils trockene Beschaffenheit. Auf die Herstellung der Erdelektroden wurde grosse Sorgfalt verwendet. Es gelang, den primären Strom auf 12 A zu steigern, den Widerstand der 250 m langen sekundären Leitung (ausschliesslich des Fernsprechers von 45 Ω) auf 10 Ω zu ermässigen; die primäre Leitung hatte auch hier 9,50 m Länge.

Bei 3,8 km Entfernung liess sich hierbei der Ton der Maschine noch eben sicher vernehmen, doch nicht mehr so deutlich, dass es zur Uebermittelung telegraphischer Zeichen genügt hätte.

Als die sekundären Erdleitungen 6 und 10 m tief in den Erdboden getrieben worden waren, fand man einen deutlichen Ton noch in 5,7 km Entfernung; hierbei war aber auch der sekundäre Abstand auf etwa 900 m vergrössert worden; der Widerstand der sekundären Leitung betrug insgesammt 100 Ω. Es zeigte sich während dieses Versuches, dass es wichtig ist, welche Erdschichten von den Erdelektroden getroffen werden; der Ton nahm an Deutlichkeit beträchtlich zu, als eines der Rohre in eine wasserhaltige grobkörnige Kiesschicht eingedrungen war.

In beiden Fällen waren annähernd die Verbindungslinien der primären und der sekundären Elektroden parallel, und das Loth auf der Mitte der einen traf die Mitte der anderen.

4. Die beiden beschriebenen Beobachtungen lassen sich in folgender Weise zur Aufstellung einer Formel verwerthen, die erlaubt, die Entfernung d, auf welche eine Verständigung möglich ist, zu berechnen.

Bezeichnet man mit l_1 und l_2 den primären und den sekundären Abstand, mit i_1 die primäre Stromstärke, mit r_2 den gesammten Widerstand der sekundären Leitung, so lässt sich unter der Voraussetzung, dass

l_2 erheblich kleiner als d ist, und dass man mit der sekundären Leitung die vorhin angegebene möglichst günstige Lage gegen die primäre getroffen hat, schreiben

$$d = C \cdot \frac{i_1}{r_2} \cdot l_1 l_2.$$

Für die Grösse r_2 gilt noch die Einschränkung, dass der Widerstand des Fernsprechers beiläufig dem des übrigen Theiles der sekundären Leitung gleich ist.

Es waren nun in den beiden erwähnten Fällen

d	i_1	r_2	l_1	l_2
3,8	12	55	0,95	0,25
5,7	12	100	0,95	0,90

Hieraus ergeben sich für C die Werthe:
für die erste Beobachtung $\quad C = 73$,
„ „ zweite „ $\qquad C = 55$.

Nun war im ersten Fall zwar der Ton zu hören, aber nicht so sicher, dass man ihn hätte zur telegraphischen Verständigung benutzen können; der Werth 73 ist demnach sicher zu hoch. Im zweiten Fall war der Ton ohne Anstrengung zu hören. Man war aber durch die Bodenverhältnisse gezwungen worden, die sekundären Elektroden nicht ganz in die günstigste Lage zur primären Leitung zu bringen. Daher darf man $C = 55$ noch für einen merklich zu niedrigen Werth ansehen. Der richtige Werth für C scheint 60 zu sein. Es gilt also bei Benutzung eines Wechselstromes von 45 Perioden die Formel

$$d = 60 \cdot \frac{i_1}{r_2} \cdot l_1 l_2.$$

5. Auch in Börnicke wurden Beobachtungen an der einzigen vorhandenen Telegraphenleitung angestellt. Die primäre Starkstromleitung bestand aus einem wohl isolirten starken Kupferdraht und war an einem eisernen Draht aufgehängt, der seinerseits nach der Art gewöhnlicher Telegraphenleitungen am vorhandenen Telegraphengestänge befestigt war. In der am gleichen Gestänge geführten Telegraphenleitung liess sich mittels des Fernsprechers der Ton der Maschine wahrnehmen; der Ton wurde erheblich schwächer, wenn der Eisendraht zur Erde abgeleitet wurde; er wurde sehr viel stärker, als der primäre Strom mittels Transformators von 200 V auf etwa 1200 V umgeformt und die primäre Leitung am Ende sowie die Tragleitung isolirt wurden, während er auf

einen ganz geringen Werth herabsank, als man die primäre Leitung wieder an Erde legte.

6. Die elektrische Bahn in Gross-Lichterfelde bot ein günstiges Versuchsfeld dar. Einerseits konnte man hier den praktisch wichtigen Fall der Störung von Telegraphenleitungen durch die Ausbreitung starker Ströme in der Erde schon mit dem gewöhnlichen Betriebsstrom gut studiren, andererseits war es durch das freundliche Entgegenkommen der Besitzerin der Bahn, der Firma Siemens & Halske, möglich, den Strom der Bahnanlage auch für Versuche der eben beschriebenen Art in ausgedehntem Maasse zu benutzen.

So wurden denn die Versuche in der Nähe von Gross-Lichterfelde fortgesetzt, und zwar wurde zunächst untersucht, bis zu welcher Entfernung etwa der Strom der Bahn, so wie sie betrieben wurde, in einer sekundären Leitung zu hören war. Die letztere bestand aus zwei starken unten zugespitzten Eisenstäben als Elektroden und einem 100 bis 300 m langen Draht; statt der Eisenstäbe, die unmittelbar in den Boden eingestossen wurden, benutzte man öfter Drahtnetze, Drahtringe u. ähnl., wenn ein Wasserlauf Gelegenheit bot, die Elektroden einzulegen. Die Versuche ergaben, dass mit den verwendeten sekundären Erdleitungen, die ziemlich erhebliche Widerstände besassen, der Ton der elektrischen Bahn noch auf rund 3 km Entfernung wahrzunehmen war.

Sehr auffallend ist, dass die Versuche, bei denen eine sekundäre Elektrode im Teltower See lag, trotz der ziemlich geringen Entfernung von 2 km von der elektrischen Bahn und verhältnissmässig guter Widerstandsverhältnisse keinen wahrnehmbaren Ton ergaben, während ganz nahe dabei, wenn keine Elektrode im See lag, der Ton recht wohl zu hören war. Dies zeigt, dass das im umgebenden Lande eingelagerte kleine Seebecken die Gleichmässigkeit der Ausbreitung des Stromes merklich störte.

Für den Fernsprechbetrieb ergiebt sich aus diesen Versuchen eine wichtige Folgerung. Die sekundäre Leitung hatte bei den Versuchen eine Länge von 120 bis 300 m, welche mit der Länge der in Stadt-Fernsprechnetzen gebrauchten Anschlussleitungen vergleichbar ist; bei grösserer Länge der sekundären Leitung würde man noch auf eine grössere Entfernung von der Bahn die Geräusche der letzteren gehört haben. Die Versuche zeigten nun, dass man bis etwa 3 km weit das Geräusch wahrnahm; in der Nähe einer elektrischen Bahn kann man also erwarten, bis auf mehrere Kilometer Entfernung hin durch Ueberleitung über die Erdleitungen der Vermittelungsanstalt und des angeschlossenen Theilnehmers den Ton der fahrenden Wagen zu vernehmen. Die Tonstärke nimmt indessen, wie die Versuche gezeigt haben, rasch ab, wenn die Entfernung wächst; und so wird man wirkliche Störungen durch Erdströme nur in der nächsten Nähe der Bahn bekommen. Man wird im Allgemeinen sagen können, dass ungefähr dieselben Leitungen, die durch Induktion und etwaige oberirdische Ueberleitung gestört werden, auch in Bezug auf die von der Bahn ausgehenden Erdströme im Störungsgebiete der Bahn liegen.

7. Zu den eigentlichen Untersuchungen über die Ausbreitung starker Ströme in der Erde wurde der Strom der elektrischen Bahn benutzt; vom Fahrdraht war an einer Stelle eine Abzweigung zu einem benachbarten Schuppen geführt, wo die Apparate der primären Leitung standen, und verlief von hier aus auf 1 km längs eines Telegraphengestänges von dem Netze der elektrischen Bahn weg; sie endigte in einer guten Erdleitung (eisernes Rohr von 165 mm Stärke, welches 19 m tief in die Erde getrieben war). In dem Schuppen war eine Unterbrechungsscheibe aufgestellt und in die primäre Leitung eingeschaltet. Die Scheibe wurde von einem Elektromotor angetrieben und erlaubte, den von der Bahnleitung abgezweigten Strom in rascher Folge zu öffnen und zu schliessen. Die Zahl der Unterbrechungen betrug bei der zuerst gebrauchten Scheibe etwa 240 in der Sekunde, bei einer später benutzten Scheibe war sie auf etwa 400 zu schätzen. Es wurde auf diese Weise ein „zerhackter" Strom erhalten, der mittels einer in die primäre Leitung eingeschalteten grossen Morsetaste unterbrochen und geschlossen werden konnte.

Die Fig. 1 stellt schematisch die Versuchsanordnung dar. Die Unterbrecherscheibe bestand aus Messing; sie besass einen breiten Rand, in den Stücke aus hartem Holz (später Schiefer) eingesetzt wurden. An der Fläche der Scheibe lag eine, an ihrem Rande lagen zwei Kontaktbürsten an; letztere waren so eingestellt, dass der Strom abwechselnd unterbrochen, durch die erste Bürste geschlossen, wieder unterbrochen, durch die zweite Bürste geschlossen und wieder unterbrochen wurde. Die Kontakte am Ende der Taste bestanden aus Kohlenstäben.

Die Stromstärke in der primären Leitung betrug bei dauerndem Schluss etwa 15 A.

Der Widerstand der primären Leitung von der Abzweigung vom Fahrdraht ab betrug: Drahtleitung rund 2 Ω, Erdleitung rund 5 Ω.

Nach einigen orientirenden Versuchen in der nächsten Nähe von Gross-Lichterfelde wurden in der Gegend von Gross-beeren Erdleitungen theils hergestellt, theils durch Benutzung vorhandener Brunnen gewonnen, und zwischen diesen sekundäre Leitungen von 600 bis 750 m Länge gezogen. Die in der günstigsten Lage angeordnete Leitung war 750 m lang und rund 10 km weit von der primären Leitung entfernt. Es gelang hier, die mittels der Taste der primären Leitung gegebenen

Das Gleise der Bahn wurde hierbei nicht als Erdleitung benutzt; vielmehr ging der Strom in der Maschinenstation durch eine besondere Erdleitung zur Erde, während er auf der anderen Seite wie vorher über den Fahrdraht, die Unterbrecherscheibe und Morsetaste zur Erde geführt wurde; dieser Strom schwankte (bei dauerndem Schluss der primären Leitung) zwischen 14 und 19 A. Nun waren die Geräusche der Unterbrecherscheibe in Löwenbruch wieder zu hören.

Hierbei ist aber zu bemerken, dass durch die Ausschaltung der Schienen die Entfernung der primären Elektroden von rund 1 km auf rund 3 km erhöht wurde; günstig war auch, dass der Versuch in nächtlicher Stille ausgeführt wurde.

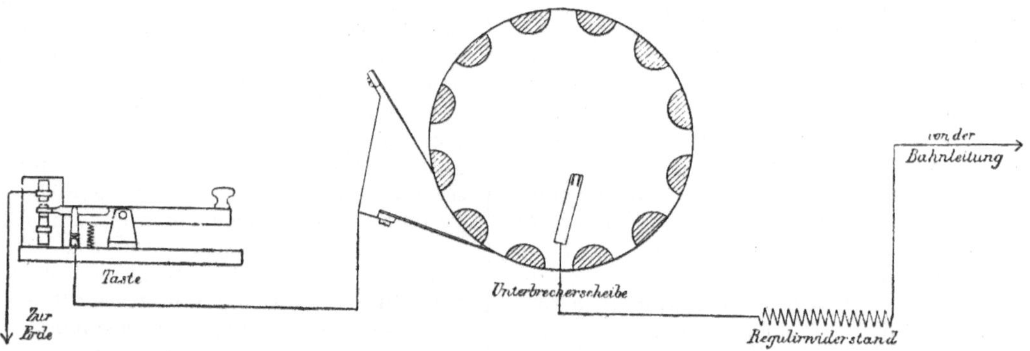

Fig. 1.

Zeichen zu hören; das Ergebniss war vom Wetter abhängig; es schien, als wenn bei feuchter Erdoberfläche die Ströme sich weniger weit oder weniger tief ausbreiteten; bei günstigem Wetter hörte man aber die Zeichen mit voller Sicherheit.

In der 8 km langen Fernsprechleitung Kleinbeeren-Grossbeeren-Sputendorf war das Geräusch der Unterbrecherscheibe nicht zu hören, vermuthlich wegen des hohen Widerstandes dieser Leitung, der mit allen Apparaten etwa 800 Ω betragen mag.

Nachdem diese Versuche zufriedenstellend ausgefallen waren, wurde in der Gegend von Löwenbruch, rund 17 km von der primären Leitung entfernt, eine sekundäre Leitung von 1,2 km Länge und 30 Ω Widerstand errichtet.

Hier war es nicht mehr möglich, in der vorher beschriebenen Weise das Geräusch der Unterbrecherscheibe zu hören. Es wurde nun nach Einstellung des Betriebes der elektrischen Bahn von einer besonderen Maschine ein Strom in die Erde gesandt.

Wenden wir auch auf diese beiden Versuche die Formel für d an, so haben wir:

d	i_1	r_2	l_1	l_2
10	15	24	1,0	0,75
16,6	16,5	30	3,0	1,2

woraus man für C die beiden Werthe 21 und 8 berechnet. Zunächst fällt hier der grosse Unterschied auf, den diese beiden Werthe unter einander aufweisen. Dieser lässt sich aber leicht erklären; zwischen den beiden primären Elektroden befand sich bei diesem Versuche das Schienennetz der elektrischen Bahn, welches ein so grosses Leitungsvermögen besitzt, dass es den gemessenen Abstand von 3 km in elektrischer Hinsicht bedeutend verkleinerte. Setzen wir hier den Abstand aus dem ersten Versuch ein, so wird C 3-mal so gross, und dieser Werth stimmt mit dem aus dem ersten Versuch ermittelten überein. Auffallend ist nur noch, dass der Ton in Löwenbruch erst zu hören war, als die besondere Erdleitung in der Maschinenstation der elektrischen Bahn von den Gleisen getrennt wurde; es wäre also doch anzunehmen, dass in die Formel für den Abstand l_1 statt 3 nicht 1, sondern vielleicht 1,5 eingesetzt werden müsste, was $C = 16$ ergäbe und mit $C = 21$ auch noch leidlich übereinstimmte.

Nun bleibt noch der Unterschied des Werthes $C \sim 20$ gegen den früheren 60 zu erklären. Bei den älteren Versuchen war Wechselstrom von der effektiven Stärke i benutzt worden; setzen wir voraus, dass der Strom Sinusform hatte, so beträgt der Unterschied zwischen dem höchsten Werth des Stromes der einen Richtung und dem höchsten Werth der entgegengesetzten Richtung unter Berücksichtigung der Vorzeichen $2\sqrt{2} \cdot i$ oder $2,8\,i$. Dies erscheint völlig genügend, um auch diesen Unterschied aufzuklären.

Dagegen scheint sich zu ergeben, dass die weit höhere Wechselzahl des „zerhackten Gleichstromes" keinen günstigen Einfluss gehabt habe; denn unter Beachtung aller Verhältnisse ist der Werth des C für diesen zerhackten Gleichstrom von mehr als 200 Stössen in der Sekunde mindestens nicht höher als für den Wechselstrom von 45 Perioden.

Vergleich mit anderen Beobachtungen.

Die Fig. 2 giebt den zu Anfang erwähnten Johnston'schen Versuch aus dem Jahre 1879 an. A, B, C, D sind Kupfer-

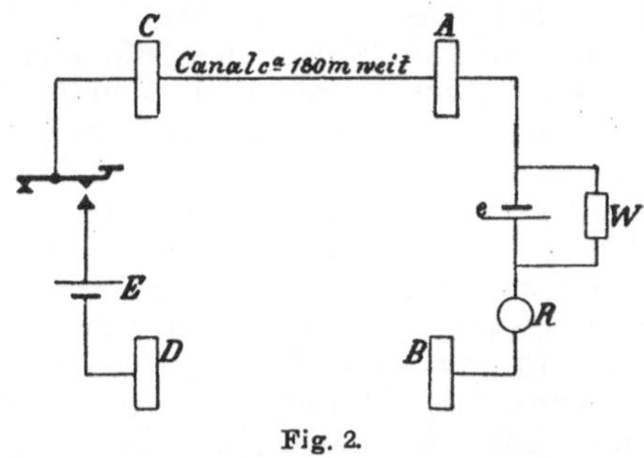

Fig. 2.

platten von 265×132 cm Grösse und 1,6 mm Stärke; A und B wurden am einen, C und D am anderen Ufer des 180 m breiten Kanals versenkt; die Entfernung zwischen A und B betrug 14 m, die zwischen C und D ebensoviel. E war eine Batterie von 10 hintereinandergeschalteten Bunsen'schen Elementen, R ein Telephon von 4 Ω Widerstand; die kleine Batterie e neben dem Widerstand W (1 Ω) diente zur Kompensation der

Erdströme, wenn statt des Telephons ein Nadelinstrument eingeschaltet wurde. Der Widerstand zwischen zwei Erdleitungen betrug 7,5 Ω. Man erhielt verständliche Zeichen.

Diese Anordnung ist fast genau die nämliche, die in den oben beschriebenen Versuchen verwendet wurde. Der primäre und der sekundäre Abstand war bei unseren Versuchen rund 1 km, die Entfernung, auf die man Zeichen vernahm, rund das Zehnfache, ganz wie bei Johnston. Es hat daher Interesse, auch hier die Formel

$$d = C \cdot \frac{i_1}{r_2}\, l_1\, l_2$$

anzuwenden, oder besser, das hier gültige C zu berechnen. i_1 darf man als rund 2 A, r_2 als 12 Ω annehmen, während $d = 0,18$ und $l_1 = l_2 = 0,014$ km sind. Es ergiebt sich hier

$$C = 5400,$$

ein Werth, der rund 250-mal so gross ist, als man ihn nach unseren Versuchen zu erwarten hätte.

Auch der im Wannsee mit zerhacktem Gleichstrom angestellte Versuch lässt erkennen, dass hier für C ein grosser Werth gilt. Leider fehlen die wichtigsten Zahlenangaben. Der primäre Strom betrug „im Mittel" 3 A, d. h. ein eingeschalteter Strommesser zeigte als mittlere Stärke des zerhackten Stromes 3 A an. Der primäre Abstand war 0,5 km, der sekundäre wird nicht angegeben. Ebenso fehlt eine Zahl für den sekundären Widerstand; hier kann man nur schliessen, dass der Widerstand ziemlich hoch war, weil bei der Besprechung der Versuchsergebnisse auf künftige Verringerung dieses Widerstandes grosser Werth gelegt wird. Setzen wir folgende Werthe an: $i_1 = 6$, $r_2 = 100$, $l_1 = 0,5$, $l_2 = 0,5$, $d = 4,5$, so wird

$$C = 300;$$

mit $r_2 = 200$ und $l_2 = 0,25$ dagegen wird

$$C = 1200.$$

Die verschiedenen bei den Versuchen zu Wasser und zu Land gefundenen Werthe von C zeigen deutlich den Einfluss des Mittels, in dem der Strom sich ausbreitet. Mit denselben Apparaten und Leitungen kann man eine telegraphische Verständigung im Wasser auf erheblich grössere Entfernungen erzielen, als auf dem Lande.

Im Uebrigen wird man den berechneten Werthen von C schon bei unseren Versuchen auf dem Lande, in viel höherem Maasse aber bei dem Versuch im Wannsee, für den die nöthigen Zahlenangaben fehlen, keine allzu grosse Bedeutung beilegen dürfen.

Schluss.

Fassen wir die Ergebnisse der besprochenen Versuche zusammen, so zeigt sich, dass als primäre Stromquelle das Geeignetste eine Wechselstrommaschine ist; denn sie liefert bei demselben Aufwand an maschineller Leistung für unsere Zwecke eine etwa 3-mal so grosse Wirkung als ein zerhackter Gleichstrom. Hierzu kommt nun noch, dass bei dem zerhackten Gleichstrom die Herstellung eines befriedigenden Unterbrechers wegen der hohen Geschwindigkeit des letzteren und dem Auftreten starker Funken sehr bedeutende Schwierigkeiten macht.

Es scheint, dass der Abstand d, auf den man mittels Fernsprechers ohne verbindenden Draht telegraphische Zeichen über Land übermitteln kann, sich unter bestimmten, sogleich näher anzugebenden Bedingungen durch die Formel

$$d = C \cdot \frac{i_1}{r_2} \cdot l_1 \, l_2$$

darstellen lässt, worin i_1 der primäre Strom, r_2 der ganze sekundäre Widerstand, l_1 und l_2 der primäre und der sekundäre Abstand sind. Werden d, l_1 und l_2 in Kilometer angegeben, so ist C für einen Wechselstrom von rund 45 Perioden in der Sekunde $= 60$, für einen zerhackten Gleichstrom von 200 bis 300 Stössen in der Sekunde $= 20$.

Geschieht die Ausbreitung des Stromes im Wasser, so ist C bedeutend grösser.

Die angegebene Formel für d hat keine allgemeine Berechtigung; sie gilt vielmehr nur unter ganz bestimmten, bei Versuchen, sowie bei etwaiger praktischer Verwerthung leicht einzuhaltenden Bedingungen.

1. d muss erheblich grösser sein als l_1 und l_2 (bei den Versuchen war das Verhältniss $d : l$ rund 10 : 1); 2. die Verbindungslinie der sekundären Elektroden muss derjenigen der primären parallel sein, und das Loth auf der Mitte der einen Verbindungslinie muss auch die Mitte der anderen treffen; 3. der Widerstand des Fernsprechers im sekundären Kreis muss etwa die Hälfte des ganzen sekundären Widerstandes ausmachen.

Die Bedingung (1) wird beim „Telegraphiren ohne Draht" von selbst erfüllt; denn man will ja auf eine erhebliche Entfernung hin Zeichen geben und sucht dabei die primäre und die sekundäre Leitung nicht grösser zu machen, als nöthig. Die Bedingung (2) schreibt zugleich die im Allgemeinen günstigste Anordnung zur Erreichung einer grossen Uebertragungsweite vor. (3) ist leicht zu erfüllen; der Widerstand r_2 soll im Interesse guter Verständigung so klein als möglich werden; man stellt zunächst die beiden Erdleitungen so gut her, als es die Umstände erlauben, wählt dann eine Verbindungsleitung von möglichst geringem Widerstand und versieht schliesslich den Fernsprecher noch mit einer Wickelung, die ungefähr denselben Widerstand hat, wie Draht und Erdleitung zusammen.

Indessen, wenn auch diese Bedingungen erfüllt werden, so gilt die Formel mit einem bestimmten Zahlenwerth für C auch wieder nur für bestimmte Fälle; C enthält nämlich noch die Leitungsfähigkeit des Mittels, in dem der Strom sich ausbreitet, und vielleicht auch noch die Perioden- oder die Stosszahl des Stromes.

Leider sind Versuche, wie die hier beschriebenen, ausserordentlich umständlich und zeitraubend; daher ist man gezwungen, auf ein wenig ausreichendes Beobachtungsmaterial seine Folgerungen zu bauen. Vielleicht dient gerade dieser Umstand Anderen zur Anregung, auf dem gleichen Gebiete zu arbeiten, da noch viele interessante Fragen der Lösung harren. Es darf wohl die Hoffnung ausgesprochen werden, dass sich die geschilderten Versuche nebst den daran geknüpften Betrachtungen und Berechnungen solchen späteren Arbeiten nützlich erweisen werden.

42. Schmelzsicherungen für Telegraphenleitungen.

Die Wirkungen, welche Starkströme in Telegraphenleitungen hervorbringen, sind bekanntlich recht verschiedener Art. Sie können auftreten als einfache Betriebsstörungen, die kürzere oder längere Zeit anhalten, aber keinerlei Schaden an der Telegraphenanlage selbst anrichten, oder als mehr oder minder erhebliche Beschädigungen der Apparate und Leitungen; der eindringende Starkstrom kann die Gebäude, in denen sich Telegraphen- und Fernsprechanlagen befinden, in Brand stecken, er kann schliesslich die Gesundheit, ja sogar das Leben der Beamten, die mit der Telegraphenanlage zu thun haben, und des Publikums, das die Anlage benutzt, gefährden.

Aus diesen Gründen sucht man das Eindringen des Starkstroms nach Möglichkeit zu verhindern; aber die bekannten Schutzmaassregeln, Isolirung blanker Lichtleitungen bei der Annäherung an Telegraphenanlagen, Schutzdrähte und Schutzleisten auf den Fahrdrähten der elektrischen Bahnen reichen doch nicht aus; es kommen trotz umfassender Schutzvorkehrungen immer wieder Beschädigungen an den Telegraphenanlagen vor, die auf das Eindringen starker Ströme zurückgeführt werden.

Die Reichs - Telegraphenverwaltung hat das statistische Material über eine grössere Anzahl von Beschädigungen der Telegraphenanlagen durch eindringende Starkströme aus den Jahren 1891 bis 1896 gesammelt, und ich bin in der Lage, aus diesem Material einige wichtige Zahlenangaben machen zu können.

Die vollständigen Mittheilungen über diese 76 Fälle, in denen der eindringende Starkstrom entweder die Telegraphenanlage beschädigt oder zugleich das Gebäude, in dem jene sich befand, in Brand gesteckt hat, zu veröffentlichen, schien aus mehreren Gründen nicht zweckmässig. Ganz besonders sprach dagegen der Umstand, dass die Statistik in einem Punkte unvollständig ist; sie giebt zwar diejenigen Fälle an, wo die Berührung einer Telegraphenleitung mit einer Starkstromanlage trotz vorhandener Schutzvorrichtungen eine Beschädigung zur Folge hatte, aber nicht die Fälle, wo die Schutzvorrichtungen die drohende Berührung verhindert oder unschädlich gemacht hat.

Wie schon gesagt, enthält die Zusammenstellung 76 Fälle aus den Jahren 1891 bis 1896 und zwar in den einzelnen auf einander folgenden Jahren:

$$5 — 4 — 2 — 15 — 31 — 19,$$

die letzten 19 Fälle in 4 Monaten, d. i. aufs Jahr umgerechnet 57. Die starke Zunahme seit 1894 steht in unmittelbarem Zusammenhang mit der Ausbreitung der elektrischen Bahnen.

Die 76 Fälle betreffen fast nur Fernsprechanlagen, und zwar sind es 70-mal oberirdische Fernsprechleitungen gewesen, durch die der Starkstrom eingedrungen ist; viermal gelangte der Starkstrom bei einer Fernsprechstelle eines Theilnehmers in die Fernsprechanlage; nur zweimal wurden oberirdische Telegraphenanlagen mit Morsebetrieb betroffen. Die Erklärung hierfür liegt auf der Hand; die grösste Gefahr droht von den Fahrdrähten der elektrischen Bahnen und in deren Nähe befinden sich fast nur Fernsprechleitungen und sehr wenig andere Telegraphenleitungen.

In 61 Fällen rührte der Strom aus einer elektrischen Bahnanlage her; in 59 dieser Fälle betrug die Betriebsspannung 500-550 V, in einem 600, in einem 330 V. Bei 15 Fällen handelte es sich um den Strom aus Gleichstromanlagen zu elektrischer Beleuchtung und Kraftübertragung, deren Spannung in 9 Fällen 100—120 V, in 4 Fällen 200—250 V, in je 1 Fall 425 und 900 V betrug.

In den 61 Fällen, in denen der Strom aus elektrischen Bahnen herrührte, waren über dem Fahrdraht in 8 Fällen keine Schutzvorkehrungen angebracht; in 11 Fällen waren Schutzdrähte über den Fahrdraht gespannt, in 40 Fällen waren Schutzleisten darauf befestigt. Man darf hier nicht übersehen, dass die Zahl der Fälle, in denen die Schutzdrähte und Schutzleisten die leitende Berührung verhindert haben, nicht ermittelt worden ist. Immerhin zeigt sich, dass weder die Schutzdrähte noch die Schutzleisten ausreichen; ein gerissener Fernsprechdraht ringelt sich um die Schutzdrähte oder die Leiste herum und berührt dennoch die Bahnleitung, oder er wird vom Kontaktarm des Wagens erfasst, oder schliesslich er wird durch ein daherkommendes Fuhrwerk von der Schutzleiste heruntergezogen und berührt dennoch den

Fahrdraht; auch sind Fernsprechleitungen öfter durch gerissene Schutzdrähte mit dem Fahrdraht der Bahn in Verbindung gesetzt worden.

In den 15 Fällen, wo andere als Bahnleitungen den eindringenden Starkstrom lieferten, waren 7-mal Schutzvorrichtungen vorhanden, 8-mal nicht.

Wenn wir nun die Ursachen der Berührungen in Betracht ziehen, so ist von vornherein zu erwarten, dass es sich in den weitaus meisten Fällen um Reissen der Leitungsdrähte handelt; der gerissene Draht fällt herab, und daher muss man erwarten, dass es fast immer ein gerissener Draht der höher geführten Leitung, also ein Schwachstromdraht ist, durch den die Berührung verursacht wird, während es fast

der Starkstromleitung ein. Zweimal wurde die zu tief hängende oberirdische Fernsprechleitung vom Kontaktarm des darunter durchfahrenden elektrischen Wagens oder dem von ihm aufgehobenen Fahrdraht berührt. Einmal wurde eine Berührung durch Umbrechen eines Fernsprech-Dachgestänges verursacht. In 5 Fällen vermittelten gerissene Schutzdrähte, in einem Falle eine Lichtleitung den Uebertritt des Stromes aus der elektrischen Bahnanlage. (In drei Fällen war die Ursache nicht näher aufzuklären).

In den bei weitem meisten Fällen verursacht der Starkstrom nur eine Beschädigung der Apparate und Leitungen; der Werth des Schadens war oft ganz unbedeutend, stieg aber nicht selten auf 50 bis

| | Art der Schwachstromleitung | | | Art der Starkstromleitung | | Schutzvorrichtungen**) an den Starkstromleitungen an Bahnleitungen | | | an den and. Leitungen | | Ursache des Schadens***) an der Schwachstromleitung | | | | | an der Starkstromleitung | | | Vermittelung durch | | |
	oberirdische Fernsprechleitung	oberirdische Telegraphenleitung	Fernsprechstellen	Bahn	Licht und Kraft	Keine	Schutzdrähte	Schutzleiste	Keine	vorhanden	Leitung gerissen	Gestänge umgebrochen	Isolator gelöst	Bauarbeiten	Leitung hängt zu tief	Leitung gerissen	Isolator gelöst	Bauarbeiten	gerissene Schutzdrähte	andere Leitungen	durch gemeinsame Befestigungsmittel
1891—93	10	1	—	7	4	3	3	2	3	1	4	1	—	2	1	1	—	—	1	—	—
1894	14	1	—	13	2	2	3	8	1	1	9	—	—	4	—	—	—	—	2	—	—
1895	29	—	2	26	5	2	2	21	3	2	17	—	—	7	—	—	1	1	2	1	—
1896*)	17	—	2	15	4	2	3	9	2	2	10	—	1	2	1	—	—	2	—	2	1
	70	2	4	61	15	9	11	40	9	6	40	1	1	15	2	1	1	3	5	3	1

*) In 4 Monaten.
**) In 1 Fall war an der Schwachstromleitung eine Schutzvorrichtung angebracht.
***) In 3 Fällen nicht näher festzustellen.

nie vorkommt, dass eine gerissene Starkstromleitung, die bekanntlich immer unterhalb der Schwachstromanlagen geführt wird, einen Telegraphendraht berührt.

Thatsächlich hat es sich bei 40 von den 76 Fällen um gerissene Fernsprech- und andere Telegraphenleitungen gehandelt; häufig berührte der gerissene Draht noch mehrere andere Schwachstromleitungen und zog diese in Mitleidenschaft. In zwei anderen Fällen vermittelten Feuerwehrleitungen die Berührung, in einem Falle löste sich ein Isolator, der eine Fernsprechleitung trug. Nur einmal war es eine gerissene Starkstromleitung; einmal löste sich ein Isolator, an dem eine Starkstromleitung befestigt war. In 15 Fällen trat die Berührung bei Bauarbeiten an der Schwachstromleitung, in 3 Fällen bei Arbeiten an

100 M, auch darüber hinaus; der durchschnittliche Schaden betrug rund 14 M; in 27 Fällen war es 3 M und weniger, in 21 Fällen 3 bis 10 M, in 25 Fällen mehr als 10 bis 115 M. (In einem Fall, wo es sich um einen bedeutenden Schaden an Apparaten handelt, steht der Werth des Schadens noch nicht fest.) In zwei Fällen dagegen kamen ernstliche Brandschäden an Gebäuden vor, in dem einen davon, der sich am 16. Juli 1894 in Dortmund ereignete[1], betrug der Schaden 5400 M, im anderen, der sich am 16. Juli 1894 in Barmen abspielte[1], gar 31 000 M; bezüglich des letzteren Falles ist hervorzuheben, dass es nicht ganz unzweifelhaft feststeht, dass die Ursache des Brandes der Uebertritt eines

---

[1] Vgl. Archiv für Post und Telegraphie 1894, S. 596.

Stromes aus der Bahnleitung war; immerhin dürfte das letztere die natürliche und sehr wahrscheinliche Erklärung und zugleich eine im Rahmen der gegenwärtigen Betrachtung durchaus erlaubte Annahme sein.

Aus den mitgetheilten Zahlen geht hervor, dass die angewandten Schutzvorrichtungen immerhin in manchen Fällen versagen. Die Telegraphenverwaltung hat nun ihrerseits daraus nicht die naheliegende Folgerung gezogen, dass die Schutzvorrichtungen an den Starkstromleitungen, für deren Beschaffenheit und Wirksamkeit natürlich die Erbauer dieser Anlagen verantwortlich sind, verbessert werden müssten; dies würde nur mit Aufwendung unverhältnissmässiger Kosten möglich sein. Vielmehr schien es zweckmässiger, den Schäden, die aus dem nicht allzu häufigen Versagen jener Vorrichtungen entstehen könnten, durch geeignete Einrichtungen an den Telegraphenanlagen selbst vorzubeugen, d. h. in die Telegraphenleitungen selbstthätige Stromunterbrecher einzuschalten, welche jedesmal in Thätigkeit treten, wenn ein zu starker Strom in der zu schützenden Leitung fliesst.

Der weitaus grösste Theil der Telegraphen- und Fernsprechleitungen benutzt die Erde als Rückleitung; ein fremder Strom kann also nur dann eindringen, wenn seine eigene Stromquelle von der Erde nicht genügend isolirt ist; nur im Falle eines Wechselstromes kann durch Ladungserscheinungen auch im ungeschlossenen Stromkreise ein Strom entstehen. Da die Telegraphenleitung an ihren beiden Enden zur Erde führt, so muss sie an beiden Enden unterbrochen werden können.

Bedenkt man die ungeheure Zahl der zu schützenden Leitungen — im Reichs-Telegraphengebiet weit über 100 000 — deren jede zwei Unterbrechungsvorrichtungen erhalten muss, so erhellt sofort, dass man nur eine wohlfeile Vorrichtung gebrauchen kann. Aus diesem Grunde wird man in erster Linie an eine Schmelzsicherung zu denken haben, während elektromagnetische Sicherungen schon wegen ihres hohen Anschaffungspreises zu verwerfen sind.

Aber auch andere Gründe sprechen gegen die elektromagnetischen Unterbrecher. Zunächst würde ein solcher Apparat einen erheblichen Widerstand in die Leitung einfügen; dieser Nachtheil ist schon ziemlich gross; zugleich wird auch eine erhebliche Selbstinduktion in den Stromkreis gebracht,

welche in den Fernsprechleitungen — und das ist ja der überwiegende Theil der zu schützenden Leitungen — sehr nachtheilig wirkt.

Diese Ueberlegungen — theils wirthschaftliche, theils technische — weisen auf die Schmelzsicherung hin. Es lassen sich nun zwei Arten solcher Sicherungen angeben. Die eine ist von der Art der in Beleuchtungsanlagen gebräuchlichen Bleisicherungen, bei der anderen wird der Draht, der schmelzen soll, von einem Widerstandsdraht in vielen Windungen umgeben; der Strom erzeugt in letzterem Draht Wärme, welche sich dem Schmelzdraht mittheilt; beim Schmelzen wird der Stromkreis unterbrochen. Die letztere Vorrichtung hat gegenüber der ersteren die Nachtheile grösserer Beschaffungskosten und grösseren Widerstandes; wenn sich der Zweck mit der einfachen Sicherung erreichen lässt, so ist diese vorzuziehen.

Es handelt sich nun zunächst darum, die Stromstärke festzustellen, bei der der Schmelzdraht in Thätigkeit treten muss.

Die telegraphischen Apparate mit ihren Bewickelungen aus vielen Windungen dünnen Drahtes können nur sehr geringe Stromstärken dauernd gut ertragen. Die Schreib- und Druckapparate und die Wecker der gewöhnlichen Formen halten dauernd nur etwa 0,20 A ohne Schaden aus, die Fernsprecher gar nur 0,12 A. Sucht man einen Schmelzdraht, der bei so geringer Stromstärke durchschmilzt, so stösst man auf nicht geringe Schwierigkeiten. Man braucht einen Draht von äusserster Feinheit: damit ein solcher nicht schon durch die Oxydation an der Luft in verhältnissmässig kurzer Zeit aufgezehrt wird, sollte man ein Edelmetall zu seiner Herstellung wählen, oder mindestens, wenn man ein oxydirbares anderes Metall verwendet, es mit Silber oder Gold überziehen. Unsere Versuche mit derartigen Drähten haben nun für die feinsten Drähte Schmelzströme von mehr als 0,25 A ergeben.

Diese feinen Drähte haben aber den Nachtheil ziemlich geringer Festigkeit. Es musste besonders befürchtet werden, dass atmosphärische Entladungen, die die Telegraphenleitungen durchlaufen, die dünnen Drähte zerschmelzen oder zerstäuben; die Sicherungen könnten zwar wie die Apparate durch den Telegraphen-Blitzableiter geschützt werden; aber dieser Schutz wäre nur unvollkommen; atmosphärische Entladungen, welche den Luftzwischenraum des Blitzableiters nicht zu durchbrechen vermögen, gehen durch die geschützten Apparate und vermögen hier Zerstörungen hervorzubringen, also auch die Schmelzdrähte zu zerstäuben. Es ist aber nicht ganz unbedenklich, den Schmelzdraht hinter den Blitzableiter zu schalten; denn bei einer Berührung zwischen einer Telegraphenleitung und dem Fahrdraht einer elektrischen Bahn würde der Strom der letzteren möglicherweise den nur wenige Zehntelmillimeter betragenden Luftzwischenraum des Telegraphen-Blitzableiters durchbrechen und dann an dieser Stelle einen gewaltigen Lichtbogen mit verheerenden Wirkungen erzeugen.

Die nachstehende Tabelle enthält die Ergebnisse unserer Versuche mit feinen

rungen zu wählen. Schon die geringe mechanische Festigkeit erschwert das Arbeiten mit den feinen Drähten; bedenklicher aber war, dass die Sicherungen möglicherweise durch schwache atmosphärische Entladungen beschädigt werden würden; es könnte sich dann leicht ereignen, dass bei einem länger dauernden Gewitter sämmtliche Schmelzsicherungen eines Fernsprechnetzes, oder wenigstens ein grösserer Theil davon, durchschmelzen, und dass also recht empfindliche Betriebsstörungen entständen.

Man hat nun zu bedenken, dass der Schaden, der durch ganz schwache Ströme an einem oder auch an mehreren Apparaten angerichtet werden kann, meist keinen sehr erheblichen Geldwerth darstellt; wenn

Schmelzsicherungen aus feinsten Drähten und ähnliche.

Drahtsorte	Durch-messer mm	Schmelzstrom		absolute Festigkeit g	zerstäubt bei	
		in atmo-sphärischer Luft	im Vacuum 12 mm Hg		einer Funken-länge von mm	aus einem Konden-sator von Mf.
Iridium	0,05	0,70—0,75	—	—	—	—
Constantan	0,025	0,35	—	—	—	—
„	0,03	0,34	0,27	56	0,3	0,086
Silber	0,02	0,37	—	45	0,34	0,086
Gold	0,02	0,37	—	35	0,33	0,086
Nickelin	0,025	0,31	—	—	0,32	0,086
Glühlampenform mit Thermotandraht (Gülcher)	0,4—0,5	—	—	—	—
Glühlampenform mit Kohlenfaden (Wahlström)	0,19—0,29	—	—	0,02—0,03	0,094
Silberpapier auf Pappe (Stegmann) .	0,10—0,11	—	—	0,75	0,074
Stanniolstreifen, frei gespannt (Union)	0,19—0,30	—	—	0,06—0,11	0,094

Drähten. Die Durchmesser der letzteren sind von den Lieferern angegeben, von uns aber nicht nachgemessen worden. Die Versuche sind zu sehr verschiedenen Zeiten während der Jahre 1893 bis 1895 angestellt worden und sind daher nicht ganz gleichmässig.

In der Tabelle findet man auch einige Angaben über andere Schmelzsicherungen, welche theils Glühlampenform mit eingesetztem sehr feinem Thermotandraht oder Kohlenfaden, theils die Form eines aufgeklebten schmalen Silberpapierstreifens hatten.

Aus diesen Versuchen gewannen wir die Ueberzeugung, dass es für die Sicherheit des Betriebes schädlich sein würde, die ganz feinen Schmelzdrähte als Siche-

an einigen Apparaten die Umspinnung des Bewickelungsdrahtes verkohlt, so kostet die Erneuerung einige Mark; z. B. wird eine Elektromagnetspule für einen Morseapparat mit 9 M berechnet. Erst wenn eine wirkliche Feuersgefahr hinzutritt, kann ein grosser Schaden entstehen. Das zeigt die Zusammenstellung der wirklich eingetretenen Beschädigungen. In 2 Fällen ist ein Brand entstanden, der Schäden im Werthe von 36 400 M verursacht hat. Kleinere Beschädigungen, von denen nur einzelne oder einige Apparate betroffen wurden, sind 73 vorgekommen, die zusammen einen Schaden von 1200 M verursacht haben. Es gilt also in erster Linie die eigentliche Feuersgefahr zu bekämpfen, und diese beginnt bei einer wesentlich höheren Stromstärke als diejenige ist, welche nur Beschädigungen von Apparaten hervorruft.

Die Kupferdrähte in den Kabeln der Vielfachumschalter bestehen aus einem verzinnten 0,6 mm starken Leiter; ein solcher Draht erträgt dauernd ohne Beschädigung 12 A; er wird dunkelroth bei 25 A und brennt durch bei 30 A. Die gewöhnlichen Guttaperchaadern der Telegraphenkabel, bestehend aus einer Litze von 7 Drähten von 0,66 mm Stärke, zusammen 2,4 mm² Querschnitt, und einer starken Guttaperchahülle, ertragen 25 A; der gewöhnliche Wachsdraht, der häufig in den Vermittelungsämtern verwendet wird, erträgt nahezu 30 A. Eine Feuersgefahr durch Erhitzen der Leitungen wäre ausgeschlossen durch eine Schmelzsicherung, die bei 10 A wirkt.

Wenn nun ein Strom von solcher Stärke plötzlich in einer Elektromagnetbewickelung aus ganz feinem Draht auftritt, so vermag er hier eine beträchtliche Wirkung hervorzubringen. Eine Rolle eines Morseapparates hat 300 Ω Widerstand und wiegt 250 g; ein Strom von 10 A (und von 3000 V Spannung) würde $3 \cdot 10^4$ Watt bedeuten und in der Sekunde 7200 g-cal erzeugen; da die Rolle zur Erwärmung um 1° C etwa 25 g-cal braucht, so sieht man, dass der Kupferdraht in einer Sekunde etwa eine Temperatur von 300° C erreicht; es wird sofort eine sehr lebhafte trockene Destillation der Seide beginnen; die Destillationsprodukte werden entzündet und liefern eine kurz dauernde, aber kräftige Stichflamme. Mit einem Elektromagnet aus einem Klappenschrank erhielten wir bei einem plötzlich auftretenden Strom von nur 2 A eine etwa 8 cm lange Stichflamme, die sehr leicht in einem Vermittelungsamte, wo sie etwa entzündbaren Staub vorgefunden hätte, die Ursache zu einem Brande hätte werden können.

Aus diesem Grunde muss man also die Schmelzstromstärke niedriger bemessen, und man wird soweit herabgehen, als man kann, ohne sich den durch die früheren Betrachtungen verworfenen allerfeinsten Drähten zu nähern.

Wir haben eine grosse Zahl verschiedener Widerstandsdrähte untersucht; die Ergebnisse sind in der nachstehenden Tabelle vereinigt; die mitgetheilten Zahlen sind nur Näherungswerthe, da sich sowohl die Schmelzstromstärke, als besonders die zur Zerstäubung erforderliche Funkenlänge bei verschiedenen Stücken desselben Drahtes immer etwas verschieden ergab. Im All-

gemeinen kann man sagen, dass von den untersuchten Drähten die zu 0,07 mm Stärke etwa 1 A, die zu 0,10 mm 1,6 A aushalten, während jene bei Funken von etwa 0,7 mm, diese bei etwa 1,3 mm zerstäuben. Der geeignetste Draht schien uns der Superiordraht von Fleitmann, Witte & Co. zu sein, den wir in einer Stärke von 0,07 mm für die Sicherungen wählten; sein Schmelzstrom beträgt 0,8 A.

Schmelzsicherungen aus 0,07 und 0,10 starken Drähten. Die Funken zur Zerstäubung lieferte ein Kondensator von 0,094 Mikrofarad.

Bezugsquelle	Material	Durchmesser	Schmelzstrom	Funkenlänge bei der Zerstäubung
		mm	A	mm
O. Wolff, Berlin	Manganin	0,07	1,2	0,6
		0,10	1,7	1,3
Dr. Geitner's	Nickelin	0,07	0,9	0,8
Argentan-		0,10	1,3	1,1
fabrik Auer-	Rheotan	0,07	0,8	0,5
hammer		0,10	1,2	1,3
	Extra Prima	0,07	1,1	0,7
		0,10	1,5	1,1
Basse u. Selve,	Nickelin	0,07	1,1	0,5
Altena		0,10	1,6	1,2
	Patentnickel	0,07	1,3	0,6
		0,10	1,6	1,2
	Constantan	0,07	1,0	0,9
		0,10	1,6	1,5
Fleitmann,	Nickelin I	0,07	1,0	1,2
Witte & Co.,		0,10	1,5	2,0
Schwerte	Nickelin II	0,07	1,1	1,2
		0,10	1,6	2,0
	Superior	0,07	0,8	1,5
		0,10	1,1	2,0
	Neusilber	0,07	1,0	1,0
		0,10	1,4	1,5
	W-Draht	0,07	1,0	1,0
		0,10	1,5	2,0
Felten & Guil-	Manganin	0,07	1,2	0,7
leaume, Mül-		0,10	1,6	1,0
heim a. Rh.	Constantan	0,07	0,9	0,8
		0,10	1,6	1,0
	Nickelin	0,10	1,7	1,0
	Nickelstahl	0,10	1,1	1,0

Nachdem nunmehr der wesentliche Theil der Sicherung, der Schmelzdraht, gefunden ist, handelt es sich um eine geeignete Konstruktion, um den Schmelzdraht bequem und sicher in die Leitung einschalten zu können. Bei unseren Versuchen hat sich gezeigt, dass es nothwendig ist, den Draht vollkommen in eine nichtleitende Hülle einzuschliessen. Bei unserer ersten Konstruktion war der Draht frei zwischen zwei um 4 cm von einander abstehenden Klemmen ausgespannt; machte man mit einer solchen Sicherung einen Kurzschluss von 500 V, d. h. brachte man die beiden Klemmen auf eine Spannung von 500 V, so erhielt man jedesmal einen Flammenbogen. Auch nachdem man den Draht lose mit einem Glasrohr umgeben hatte, bildete sich beim Kurzschluss mit 500 V jedesmal der Lichtbogen. Probestücke, an denen die Wirkungen des Lichtbogens zu sehen sind, habe ich ausgelegt.

Erst nachdem wir das Glasröhrchen beiderseits abgeschlossen hatten — es genügten zwei kleine Korkpfropfen — wurde die Bildung des Flammenbogens verhindert. Aber auch nicht in jedem Fall; bei einer bestimmten Drahtlänge und Wandstärke des Röhrchens brannte der 0,07 mm starke Draht durch, ohne dass man mehr bemerkte, als einige kleine im Glasröhrchen umhergespritzte Metalltröpfchen; dagegen lieferte ein solches Röhrchen mit 0,10 mm starkem Draht eine heftige Explosion und es bildete sich ein Lichtbogen. Der stärkere Draht hat geringeren Widerstand, und es entsteht daher bei gleicher Klemmenspannung eine weit heftigere Wärmeentwickelung, deren Folgen das Röhrchen nicht Stand hielt. Wählte man das Röhrchen stärker, so schmolz auch der stärkere Draht durch, ohne dass das Röhrchen sprang, und ohne dass sich ein Lichtbogen bildete. Wenn das Röhrchen durch Metallkappen abgeschlossen wurde, so entstand jedesmal ein Lichtbogen.

Diese Beobachtungen deuten darauf hin, dass der Lichtbogen immer entsteht, wenn die beim Zerstäuben des Metalldrahtes entstehenden Dämpfe die metallenen Elektroden verbinden können; ist dagegen eine nichtleitende Schicht dazwischen, z. B. ein dünnes Korkscheibchen oder ein dünner Siegellacküberzug im Innern der Metallkappen der Röhrchen, so kommt kein Lichtbogen zu Stande. Nur in einem Fall kann man den vollständigen Abschluss entbehren, nämlich wenn man den Draht durch eine feine Bohrung in einer Wand von mässiger Stärke führt; in dem engen langen Kanal kann sich kein Lichtbogen halten.

Nach diesen beiden Richtungen haben wir Formen ausgearbeitet, die ich in einigen Musterstücken vorlege. Von der älteren Form sehen Sie bereits die für den praktischen Gebrauch bestimmten Ausführungen, von der neueren habe ich nur Holzmodelle, bei denen die Theile, welche Porzellan vorstellen sollen, mit weisser Oelfarbe angestrichen sind.

In beiden Fällen handelt es sich um Schmelzsicherungen für Leitungen in Fernsprechnetzen; man braucht dafür zwei Formen, nämlich eine für die Vermittelungsanstalt, welche eine grosse Zahl Sicherungen auf kleinem Raume vereinigt, und eine für die einzelnen Theilnehmer.

Die Leitungen in den Vermittelungsanstalten bilden natürliche Gruppen von 28 oder 56, weil dies die Zahlen der in einem Kabel enthaltenen Adern sind. So viel Sicherungen lassen sich nicht leicht in einem Stück vereinigen, weil die Schmelzdrähte an einem Porzellantheil befestigt werden müssen, und Porzellanstücke von solcher Grösse nicht leicht genug herzustellen sind. Wir haben deshalb 14 als Gruppenzahl gewählt.

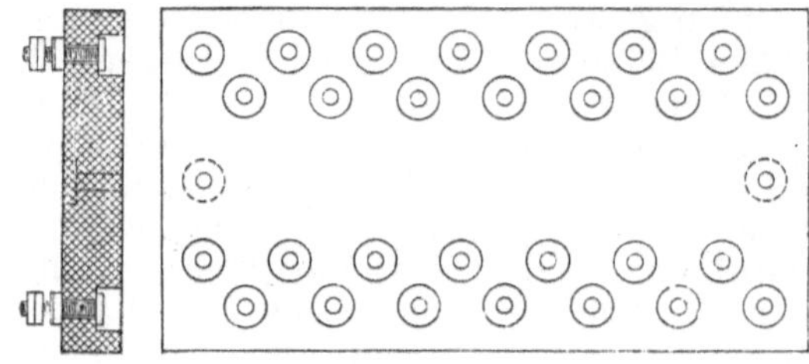

Sicherung für 14 Leitungen.
Fig. 1.

Bei der älteren Form (Fig. 1) sind 14 Paar Klemmen in einer Porzellanplatte

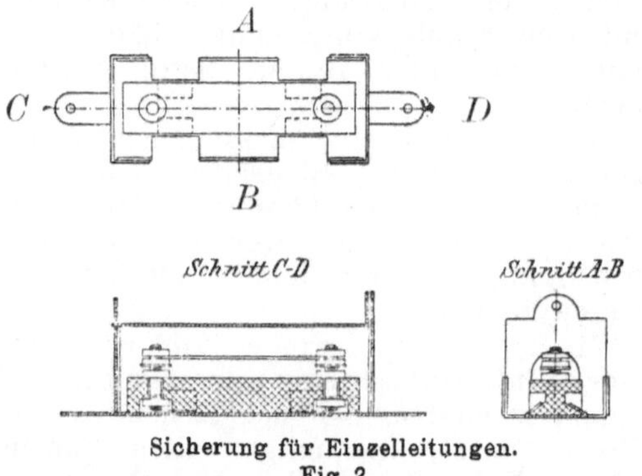

Sicherung für Einzelleitungen.
Fig. 2.

angebracht; die Klemmen eines Paares haben einen lichten Abstand von 4 cm; sie werden durch den feinen Draht oder besser durch eine Patrone, welche den feinen Draht enthält, verbunden.

Die Sicherung für Einzelleitungen (Fig. 2), d. i. für Theilnehmer, besteht aus einem Paar Klemmen derselben Art, wie die vorigen, die in einem parallelepipedischen Porzellanklötzchen befestigt und mit diesem in einem aus Eisenblech gestanzten und gebogenen Kästchen eingeschlossen sind. Die beiden Klemmen werden durch eine Schmelzsicherungspatrone verbunden.

verschlossen. Eine solche Patrone lässt sich leicht einklemmen und, wenn sie durchgebrannt ist, durch eine frische ersetzen.

Bei der neuen Form (Fig. 3 und 4) werden die Schmelzdrähte durch schräge Bohrungen einer etwa 1 cm starken Wand aus Porzellan gezogen; sie führen beiderseits zu Klemmen, welche unten an den Seitenflächen des Porzellankörpers sitzen. Zu dem letzteren gehört eine hölzerne Grundplatte mit eben soviel emporstehenden Federn, als Klemmen da sind; der Porzellan-

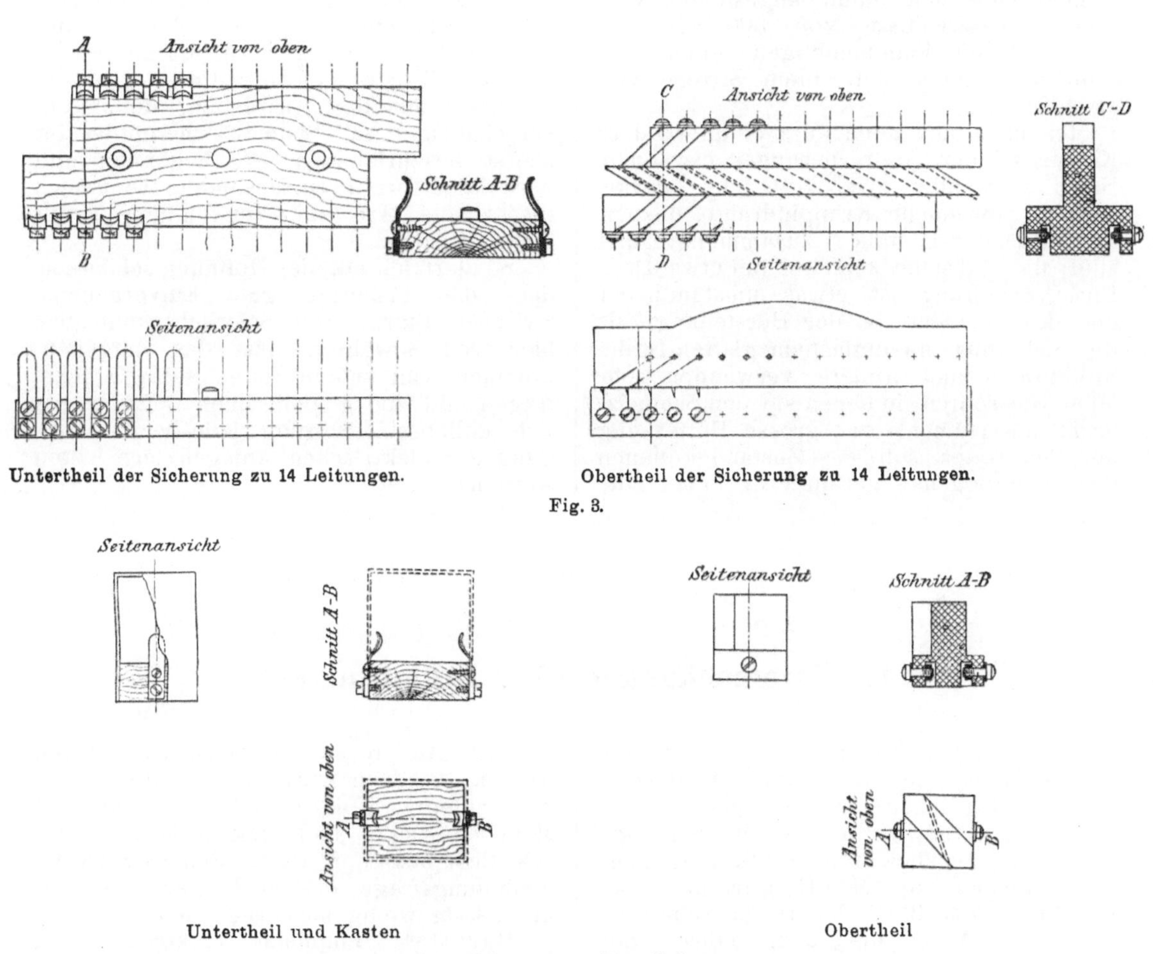

Fig. 3.

einer Sicherung für Einzelleitungen.
Fig. 4.

Die letztere besteht aus einem Glasröhrchen, das beiderseits aus Kupferblech gestanzte und gedrückte Kappen trägt, die aber das Röhrchen nicht abschliessen. Nachdem der feine Schmelzdraht durchgezogen und an beiden Kappen festgelöthet ist, werden die beiden Oeffnungen durch ein wenig Gyps, der hineingedrückt wird,

körper wird mit einem starken Druck auf die hölzerne Unterlage gebracht, wobei die Federn über die Klemmen gleiten und so den Obertheil fest halten. Die Konstruktion ist für die Sicherungen der Vermittelungsanstalten nur entsprechend länger wie für die der Theilnehmer. Um eine grössere Zahl der Sicherungen zu 14 Leitungen bequem an einander reihen zu können, sind die Endflächen der Stücke passend abgeschrägt worden.

Ist ein Sicherheitsdraht durchgeschmolzen, so wird der Porzellantheil von der Holzunterlage abgezogen und durch einen anderen, mit unversehrtem Draht versehenen ersetzt; der herausgenommene Porzellantheil wird später an anderer Stelle wieder verwendet, nachdem ein neuer Schmelzdraht eingezogen worden ist.

Die beiden Arten der Sicherungen ertragen nach den damit angestellten Versuchen Kurzschlüsse von 500 V, ohne dass sich ein Flammenbogen bildet, und schmelzen durch bei einem Strome von etwa 0,8 A.

Ich muss nun noch kurz einige andere Konstruktionen von Sicherungen erwähnen. Bose verwendet zwei 0,15 mm starke, spiralig gewundene Kruppindrähte, die mit Wood'schem Metalle zusammengelöthet sind; die Löthstelle zerreisst bei etwa 0,3 A. Diese Sicherung ist etwas umständlicher und kostspieliger in der Herstellung, als die Sicherung mit einfachem glatten Draht. Sesemann und Andere verwenden sehr lange Glasröhren, in denen sie den Schmelzdraht ausspannen; die grosse Entfernung der Elektroden soll das Zustandekommen des Lichtbogens verhindern; aber die

grosse Länge der Röhre erfordert auch entsprechend mehr Raum zur Aufstellung der Sicherung. Eine von der „Union" angebotene Schmelzsicherung ist zwar in ganz anderer Form als unsere und mit durchweg von den unsrigen verschiedenen Materialien konstruirt, beruht aber auf dem gleichen Gedanken, wie die erste unserer Sicherungen; das Schmelzstück, ein schmaler Stanniolstreifen, ist in nichtleitendem Material völlig eingeschlossen. Wir fürchten, dass dieser schwache Stanniolstreifen von atmosphärischen Entladungen zu leicht zerstört wird; ein praktischer Versuch, der dies wohl entscheiden wird, ist im Gange.

Die Telegraphenverwaltung hat inzwischen mit der Ausrüstung der Fernsprechanlagen mit Schmelzsicherungen der zuerst beschriebenen Art begonnen und wird damit fortfahren, besonders wenn auch die zweite Art zur Verwendung bereit stehen wird.

So darf ich mit der Hoffnung schliessen, dass das bisherige gute Einvernehmen zwischen Stark- und Schwachstrom auch hier sich bewähren, dass das Entgegenkommen von beiden Seiten seine Früchte tragen und die gemeinsamen Bemühungen jede unliebsame Störung, jede Beeinträchtigung der elektrischen Anlagen fern halten werden.

---

43. Untersuchungen über Erdleitungen.

Die Frage, in welcher Weise am besten und billigsten eine Erdleitung für Blitzableiter-, Telegraphen- und Telephonanlagen herzustellen, ist bis jetzt noch wenig geklärt. Die ziemlich reiche Literatur hierüber, welche von Meidinger in seiner Geschichte des Blitzableiters in sehr vollständiger Weise bis zum Jahre 1888 reichend zusammengestellt ist, zeigt dies deutlich. Sowohl über die vortheilhafteste Form, wie auch über das beste Material der Elektroden gehen die Ansichten weit auseinander. Als Elektroden werden, abgesehen von besonders komplicirten Formen, Platten, Netze, Seile und Cylinder empfohlen, als Material Blei, Kupfer, Eisen und Messing. Von Einigen wird es als genügend angesehen, die Erdleitung dicht unter der Erdoberfläche zu verzweigen,

während Andere sie möglichst tief verlegen wollen. Vielfach wird auch empfohlen, die Elektroden in Koks einzubetten, was von Manchen wieder als zwecklos, ja als direkt schädlich bekämpft wird. Seit 1888 ist die Erdleitungsfrage in der Literatur verhältnissmässig wenig hervorgetreten.

Baretta[1]) empfiehlt Elektroden aus kupfernem oder eisernem Wellblech, das nach beiden Seiten zur Vergrösserung der wirksamen Fläche mit Metallzapfen versehen ist.

Weiler[2]) empfiehlt, wenn nicht genügend feuchtes Erdreich zu erreichen ist, mehrere Erdplatten anzuwenden und dieselben unter-

---

[1]) Nouvel appareil de déperdition de l'électricité dans les paratonnères, Bullet. soc. belge d'électr. 1888. S. 393.
[2]) El. Echo 1889. S. 72.

einander in sorgfältigster Weise zu verbinden.

Von Ritgen[1]) hält eine Kupferplatte von 1 qm für gewöhnliche Fälle ausreichend, empfiehlt aber eine Vergrösserung der Platte, wenn die Gefahr des Abspringens nahe liegt.

Eine Erklärung für das Auseinandergehen der Meinungen ist wohl in dem Umstande zu finden, dass dieselben gebildet wurden auf Grund der Erfahrungen, welche mit einzelnen ausgeführten Anlagen gemacht worden waren. Dies ist aber nicht ohne Weiteres zulässig, weil die Güte einer Erdleitung ausser von der Konstruktion und dem verwendeten Materiale auch noch abhängig ist von der Leitungsfähigkeit des umgebenden Erdreichs. Letztere ist aber nicht nur durch den Feuchtigkeitsgrad, sondern auch noch durch manche andere Umstände bedingt, deren Feststellung bisher noch nicht gelungen ist. An manchen Orten zeigt die Leitungsfähigkeit des Bodens schon in geringen Entfernungen grosse Unterschiede. Es ist daher klar, dass eine vergleichende Beurtheilung der Konstruktionen von Erdleitungen nur dann statthaft ist, wenn sie in Erdreich von möglichst gleicher Leitungsfähigkeit eingebettet sind. Untersuchungen auf dieser Grundlage sind bisher nicht angestellt worden, wenigstens nicht zur allgemeinen Kenntniss gelangt; daher ordnete das Reichs-Postamt im Jahre 1892 die Vornahme solcher Versuche an. Es sollten darnach die Beziehungen festgestellt werden, welche zwischen der Grösse von Erdleitungswiderständen und der Grösse der Oberfläche sowie der Art der Einrichtung derjenigen Leiter obwalten, welche den Uebergang des elektrischen Stromes in die Erde vermitteln; ferner sollte gleichzeitig das Verhalten der zu den Elektroden verwendeten Materialien geprüft werden. In letzterer Hinsicht ist im Wesentlichen nur die Widerstandsfähigkeit gegen die zersetzenden Einwirkungen des Bodens maassgebend. Um hierüber ein Urtheil zu bekommen, ist natürlich eine längere Beobachtungszeit erforderlich, während über die beste Form unter sonst gleichen Umständen die Messung des elektrischen Widerstandes einige Zeit nach der Einbettung unmittelbar Aufschluss giebt.

Wenngleich nun die Prüfung über die Dauerhaftigkeit der Materialien noch nicht zum Abschluss gekommen ist, dürfte doch eine Mittheilung über die bisherigen Er-

gebnisse der Untersuchung auch für weitere Kreise von Interesse sein.

Die Aufgabe der Untersuchung bestand also darin, eine Anzahl verschieden geformter und aus verschiedenem Materiale hergestellter Elektroden in geringem Abstande von einander in Erdboden von möglichst gleicher Leitungsfähigkeit einzubetten, und ihren elektrischen Widerstand dauernd zu beobachten. Der Abstand sollte möglichst gering sein, damit die Lagerungsbedingungen möglichst gleich seien, andererseits jedoch auch gross genug, um ein gegenseitige Beeinflussung auszuschliessen. Es wurde im Mittel ein Abstand von 2,5 m eingehalten; hierbei liess sich eine gegenseitige Einwirkung nicht feststellen, selbst nicht bei 2 je 10 m langen und nur 1,5 m von einander entfernten Erdleitungen (No. 23 und 24 der Tabelle 5).

Bei der Wahl eines für diese Zwecke geeigneten Platzes musste in erster Linie darauf gesehen werden, dass das Erdreich möglichst gleichförmig und frei von Verunreinigungen war; ferner durfte das Grundwasser nicht zu tief liegen. Um die Haltbarkeit der Elektroden prüfen zu können, war noch die Forderung zu stellen, dass eine Bebauung des Platzes, also ein Herausnehmen der Elektroden für die nächsten Jahre nicht zu erwarten war.

Diesen Bedingungen entsprach ein Theil des in der Köpnickerstr. 132 liegenden reichseigenen Grundstückes. Das umfangreiche Gelände war früher lange Jahre zu Gärtnereizwecken benutzt worden; weder auf demselben, noch, soweit in Erfahrung zu bringen, in unmittelbarer Nähe waren Fabriken oder Gewerbe betrieben worden, welche durch scharfe oder sich zersetzende Abwässer eine Verunreinigung des Bodens oder des Grundwassers hätten herbeiführen können. Das Erdreich bestand aus einer oberen Schicht von losem Humusboden, unter dem sich eine gleichmässige feste Schicht von grobem Sand bis zu grosser Tiefe erstreckte. Das Grundwasser wurde in 2,6 m Tiefe unter der Oberfläche gefunden.

Bei der Wahl der zu prüfenden Elektroden wurde von allen ungewöhnlichen Formen abgesehen; es wurden nur cylindrische und ebene Formen verwendet. Als Material konnte nur Eisen, Kupfer, Blei und Koks in Betracht kommen.

In der Tabelle 1 sind die einzelnen Elektroden nach Form, Abmessungen, Gewicht und Einbettungsart aufgeführt. Die Drahtnetze hatten die von Ulbricht ange-

[1]) Plan, Ausführung und Veranschlagung von Blitzableitern. Dingler. B. 265, S. 145 ff.

3

gebene Form mit 75 mm Maschenweite, die Drahtstärke betrug 4 mm. Eines der Netze (No. 9) wurde mit 12 Bandeisenstreifen von je 1100 mm Länge, 65 mm Breite und 2 mm Dicke durchflochten zu dem Zwecke, festzustellen, ob es möglich und vortheilhaft sei, das Erdreich in der Nähe des Kupferdrahtnetzes mit den durch die Oxydation des Bandeisens entstehenden Eisensalzen zu durchtränken und dadurch einerseits eine Herabminderung des Uebergangwiderstandes, andererseits einen Schutz des Kupfers gegen Oxydation zu erzielen.

Röhren bot dies keine Schwierigkeit; sie wurden mittels Bohrrohr so tief versenkt, dass ihre Oberkanten sich mindestens 4 m unter der Erdoberfläche befanden, die Rohre also ihrer ganzen Länge nach dauernd im Grundwasser lagen. Die ebenen Elektroden auf diese Tiefe niederzubringen war ohne ganz bedeutende Mehrkosten für Versteifungen und Auspumpen der Gruben nicht möglich; sie wurden daher mit Ausnahme der No. 10 bis 13 nur auf etwa 3 m Tiefe und zwar wagerecht verlegt. Die 4 Elektroden 10 bis 13, welche den Einfluss einer

Tabelle 1.

Laufende Nummer		Der Elektroden					
	Form und Material	Abmessungen in mm			Oberfläche in qm	Gewicht einschliesslich Zuleitungen in kg	Einbettungsart
		Länge	Breite bzw. äusserer Durchmesser	Dicke			
1	Eisenrohr, roh	3135	102	3,75	1	40,85	im Grundwasser.
2	„ verzinkt . .	3130	„	„	„	39,55	„
3	„ verzinnt . .	„	„	„	„	37,12	„
4	Kupferrohr, roh . . .	„	„	2	„	22,3	„
5	„ verzinnt .	„	„	2	„	22,6	„
6	Bleirohr	2900	110	2	„	21,233	„
						ohne Zuleitungen	
7	Kupferplatte	1003	1003	2	„	19,38	„
8	Kupferdrahtnetz . . .	1000	1000	4	„	6,24	„
9	„ mit Bandeisen . . . . (12 St. v. 65 × 1100 × 2 mm)	„	„	„	„	15,04 mit / 5,25 ohne | Armatur	„
10	Eisenrohr, roh	1562	102	3,75	$^1/_2$	20,1	oberhalb d. Grundwassers.
11	„ „	„	„	„	„	—	wie 9, jedoch in 2½ cbm Koks.
12	Kupferdrahtnetz . . .	1000	1000	4	1	6,22	oberhalb d. Grundwassers.
13	„	„	„	„	„	6,09	wie 12, jedoch in 1½ cbm Koks.
	Ausserdem wurde noch gemessen:						
14	Wasserstandsrohr . . .	5100	105	—	$1^3/_4$	—	Oberkante 75 cm über Erdoberfläche.

Die rohrförmigen Elektroden sollten vorwiegend den etwaigen Einfluss des Materials auf den elektrischen Widerstand klarlegen und daher möglichst gleichmässig tief im Grundwasser liegen. Da nach den von dem Berliner städtischen Tiefbauamte an verschiedenen Stellen der Stadt regelmässig angestellten Erhebungen über den Grundwasserstand Jahresschwankungen desselben bis zu 1 m vorkamen, der überhaupt beobachtete niedrigste Grundwasserstand aber 1 m unter dem Jahresmittel betrug, so mussten die Elektroden mindestens bis auf 3,6 bis 4 m Tiefe eingebettet werden, wenn man sicher sein wollte, dass sie stets im Grundwasser bleiben würden. Bei den

Koksschüttung erkennen lassen sollten, wurden so verlegt, dass ihre wagerechte Schwerpunktsebene in gleicher Tiefe, etwa 2 m unter der Erdoberfläche lag.

Zur Beobachtung des Grundwasserstandes wurde das in der Tabelle unter No. 14 aufgeführte Wasserstandsrohr, dessen unterer 2 m langer Theil als Filterrohr ausgebildet war, mittels Bohrrohr so weit niedergebracht, dass die Oberkante sich etwa 75 cm über der Erdoberfläche befand. Auf diese Oberkante beziehen sich die Wasserstandsangaben der Tabelle 2 S. 24 u. 25. Durch eine aufgeschraubte Kappe wurde das Rohr oben geschlossen gehalten.

Der Widerstand dieses Rohres, dessen

einseitige Oberfläche etwa $1^3/_4$ qm betrug, wovon etwa $^3/_4$ qm stets im Grundwasser, wurde ebenfalls fortlaufend bestimmt. Die Zuleitungen bestanden bei den kupfernen Elektroden aus 6 mm starkem Kupferdraht, bei den übrigen aus Seilen von 10 mm Durchmesser, welche aus 7 verzinkten Eisendrähten von je $3^1/_4$ mm Stärke hergestellt waren. Das Gewicht des Kupferdrahtes betrug 0,25 kg auf das Meter, das des Seiles 0,5 kg. Die Verbindung zwischen Zuleitung und Elektroden wurde in der aus den Fig. 1, 2 und 3 zu er-

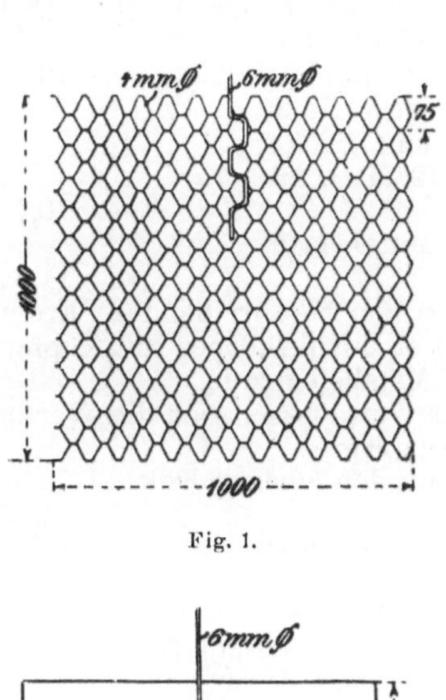

Fig. 1.

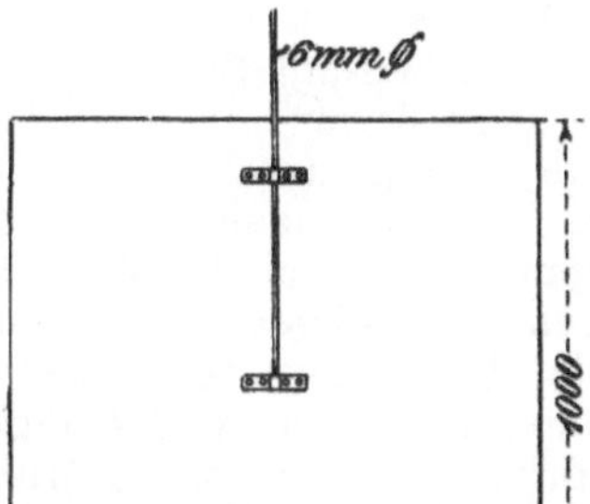

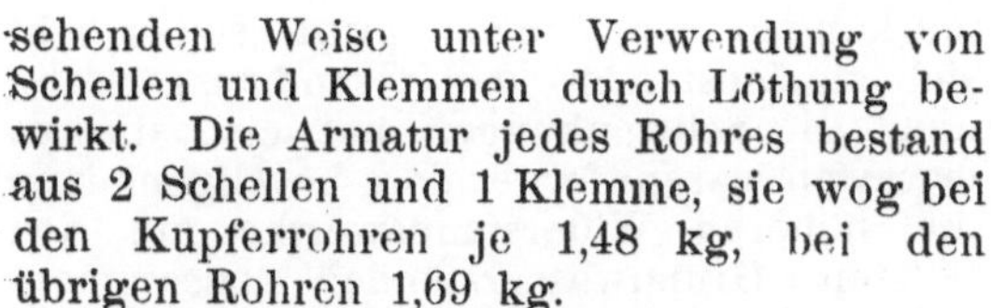

Fig. 2.

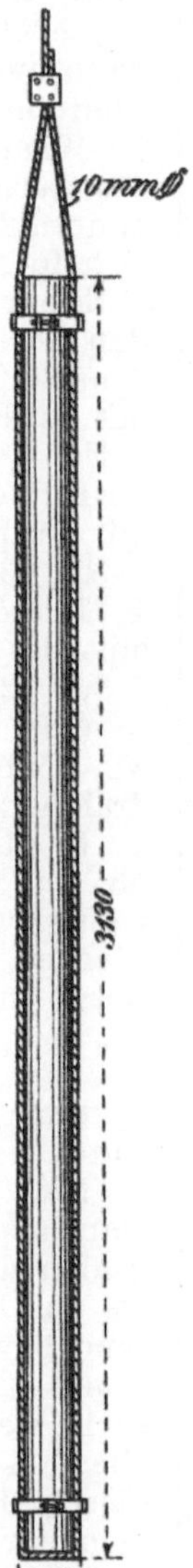

Fig. 3.

sehenden Weise unter Verwendung von Schellen und Klemmen durch Löthung bewirkt. Die Armatur jedes Rohres bestand aus 2 Schellen und 1 Klemme, sie wog bei den Kupferrohren je 1,48 kg, bei den übrigen Rohren 1,69 kg.

Die Gewichte aller Theile wurden vor der Einbettung genau festgestellt, damit

später bei einer Aufgrabung der Materialverlust durch Oxydation mittels Wägung leicht festgestellt werden kann.

Die Ergebnisse der im Laufe der Zeit vorgenommenen Messungen sind in Tabelle 2 (S. 24 u. 25) zusammengestellt. Die Messungen wurden bis Anfang 1894 in kürzeren Zwischenräumen wiederholt, sie ruhten vollständig 1895 und sind erst im letzten Jahre wieder häufiger vorgenommen worden.

Um festzustellen, welche Bedeutung den aus den Tabellen zu entnehmenden Widerstandsänderungen beizumessen war, musste noch die Genauigkeit der Messmethoden ermittelt werden.

Anfangs wurden die Messungen in bekannter Weise mit einer Induktionsmess-

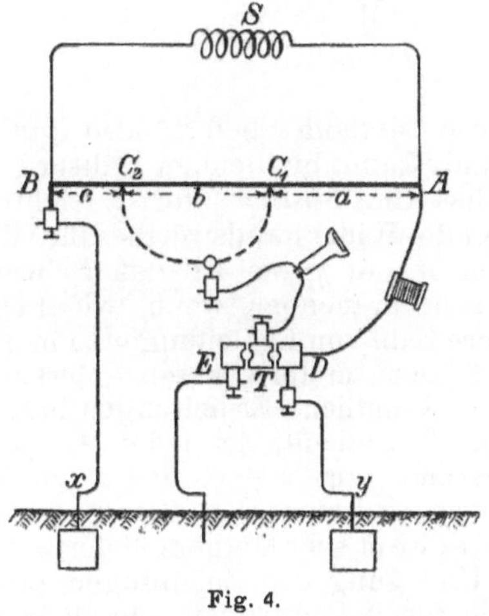

Fig. 4.

brücke von Hartmann & Braun vorgenommen; da aber hiermit wegen der geringen Länge des Messdrahtes hohe Werthe nur sehr ungenau gemessen werden können, so wurde später die Kirchhoff-Wheatstone'sche Drahtkombination in der Weise verwendet, dass als Messdraht ein 0,2 mm dicker Rheotandraht diente, der über einen Meterstab gespannt war. Durch Einschalten verschiedener genau abgeglichener Vergleichswiderstände konnte der Nullpunkt bei allen Widerstandswerthen nahe in die Mitte des Messdrahtes verlegt und somit recht genaue Ergebnisse erzielt werden. Später wurde die von Wiechert in der „ETZ" 1893 S. 726 veröffentlichte Methode mit der Abänderung angewendet, dass an Stelle des spiralig gewundenen Messdrahtes der Weinhold'schen[1] Anordnung, bei welcher der Gleitkontakt über 60 Knöpfen

---

[1] „ETZ" 1886, S. 84.

sich bewegt, der vorher beschriebene gerade Messdraht trat.

Das Schema ist in der Fig. 4 dargestellt. S ist das Induktorium, AB der Messdraht, W ein fester Widerstand, zwischen A und D eingeschaltet, hier 10 Ω, x und y die zu messenden Erden, E eine beliebige Hülfserde und T ein Telephon. Durch Stöpseln des rechten Loches im Umschalter erhält man einen Punkt im Abstande a von A, bei welchem das Telephon schweigt; wird nun der Stöpsel in das linke Loch gesteckt, so erhält man einen 2. Punkt im Abstande c von B; b ist dann $= 1000 - (a + c)$ mm. Es findet dann folgende Proportion statt:

$$W : y : x = a : b : c,$$

woraus

$$x = \frac{W \cdot c}{a} \quad \text{und} \quad y = \frac{W \cdot b}{a}.$$

Diese Methode liefert also mit Hülfe einer unbekannt bleibenden Hülfserde durch einfaches Umstöpseln sofort 2 leicht auszurechnende Widerstandswerthe für die gesuchten x und y, sie ist daher besonders dann sehr brauchbar, wenn, wie hier, eine grössere Zahl von Erdleitungen zu messen ist.

Bei der ersterwähnten Messmethode wurden sämmtliche Erdleitungen in Gruppen von je 3 getheilt, in jeder Gruppe der Widerstand von $x + y$, $y + z$ und $x + z$ gemessen und hieraus x, y und z berechnet; die Wiechert'sche Methode lieferte dagegen ohne Umlegung der Zuleitungen gleich die Werthe für 2 Elektroden. In jedem Falle aber wurde die Zahl der Messungen so bestimmt, dass für jede Erdleitung an jedem Beobachtungstage mindestens 2 Werthe gemessen wurden, aus denen das Mittel genommen wurde. Hierdurch wurde auch zugleich eine Kontrole auf etwaige Messfehler und Irrthümer ausgeübt, da die erhaltenen Werthe derselben Erdleitung keine wesentlichen Unterschiede aufweisen durften.

Einzelne grössere Abweichungen, bei welchen Irrthümer ausgeschlossen waren, führten dazu, für einzelne Elektroden ganze Reihen von Messungen vorzunehmen, deren Ergebnisse zum Theil aus den Bemerkungen der Tabellen 2 und 4 (S. 24 u. 25) zu ersehen sind. So ist der Widerstand des Eisenrohres No. 1 am 7. April 1897 als Mittelwerth aus 19 Messungen zu 10,5 Ω bestimmt worden, der kleinste Werth war 8,9, der grösste 12 Ω. Hierbei sind systematisch die Erden x und y gegen einander vertauscht, auch andere Hülfserden genommen worden,

um festzustellen, worin die Ursache der verhältnissmässig grossen Unterschiede besteht. Es hat sich aber in dieser Beziehung nur ermitteln lassen, dass die erhaltenen Werthe am geringsten sind, wenn die beiden Elektroden x und y gleichartig sind, bzw. aus demselben Materiale bestehen. Die höchsten Werthe wies jede Erdleitung dann auf, wenn die andere Unbekannte das Bleirohr war.

Wenn die oben erwähnten 19 Messungen für das Eisenrohr nach dem Material der andern Elektrode gruppirt werden, ergab sich folgendes:

Eisenrohr 1 ergab in Kombination mit den übrigen Eisenelektroden No. 2 (2 Mal), 3 und 10 als Mittelwerth den Werth 9,8 Ω mit den Kupferelektroden

No. 4, 5, 7, 8 und 12 „ „ 10,2 „
mit Kupfer und Eisen No. 9 „ „ 10,5 „
mit Kupfer und Koks
No. 13, 15 (2 Mal), 16
17 und 18 . . . . . „ „ 10,7 „
mit Blei (als Mittelwerth
aus 12 und 11,5) . . „ „ 11,8 „

(Die später zu beschreibenden Erden No. 15 bis 20 sind Kokskörper mit Kupferdrahtnetz als Metallelektrode.)

In gleicher Weise lassen sich die Werthe für No. 16 gruppiren:
Kombination mit den übrigen Koks-
erden ergab . . . . 11,5 Ω
Desgl. mit den Eisenelektroden . . 11,7 „
„ „ „ Kupferelektroden . 12,4 „
„ „ „ dem Bleirohr . . . . 13,5 „.

Eine bestimmte Erklärung für dies Verhalten liess sich nicht finden.

Die bekannte Erscheinung, dass an manchen Tagen und bei manchen Elektroden der Nullpunkt sich bei der Messung bis auf 1 mm genau einstellen liess, während zuweilen der Punkt des schwächsten Tones im Telephon zwischen $\pm$ 3 cm gesucht werden musste, beeinflusste natürlich ebenfalls die Genauigkeit der Messung. Aus diesen Beobachtungen ergiebt sich, dass man nur mit gewisser Vorsicht die Unterschiede der Widerstandswerthe als Grundlage der Beurtheilung der Güte der Elektroden benutzen kann.

Wenn man nun nach diesen Vorbemerkungen die Tabelle prüft, so ergiebt sich zunächst, dass der Grundwasserstand nicht die Schwankungen aufweist, die zu erwarten waren; ferner dass im Allgemeinen die höheren Widerstandswerthe mit den tiefsten Grundwasserständen zusammenfallen. Eine Ausnahme machen die oberhalb des Grundwassers liegenden Elektroden; bei ihnen spielt die Einwirkung der Austrocknung des Bodens, durch Sonne und Wind in den heissen Sommermonaten, sowie die Niederschlagsmenge eine grössere Rolle, als der Grundwasserstand. Nach den Beobachtungen sind die im Grundwasser liegenden Röhren weitaus am besten; die ebenen Elektroden haben fast den 2,5-fachen Widerstand. Das Material der Rohre spielt in Bezug auf den Widerstand zunächst wenigstens fast keine Rolle, es scheint allerdings nach den letzten Beobachtungen, als wenn das rohe Kupferrohr eine allmähliche Vergrösserung, das Bleirohr umgekehrt eine Verringerung des Widerstandes erführe. Welches Material sich am haltbarsten erweist, lässt sich erst später, wenn die Elektroden aus dem Erdreich entfernt werden, ersehen. Auffällig gross erwies sich die Verbesserung der oberhalb

Jahres 1892 erkennbare Resultat gab Veranlassung, die Wirkung der Koksschüttung näher zu untersuchen, und zwar nach der Richtung hin, festzustellen, ob die **Masse** oder die **Oberfläche** des Kokskörpers von entscheidendem Einfluss sei; ferner, welche Bedeutung die Form und Grösse der überleitenden Metallelektrode habe, und ob die bisher verwendete feingesiebte sogenannte Koksasche, oder ob Koks in groben Stücken vortheilhafter sei.

Zu dem Zwecke wurden Ende März 1893 noch die in Tabelle 3 angegebenen Elektroden hergerichtet.

Diese 6 Kokskörper waren so hergestellt, dass ihre horizontale Schwerpunktsebene in der gleichen Tiefe, 1 m unter der Erdoberfläche sich befand, sodass der Feuchtigkeitsgehalt des umgebenden Erdreichs bei allen nahezu der gleiche sein musste. In

Tabelle 3.

No.	Der Kokserde				Inhalt	Ober-fläche	Form der Metallelektrode
	Material	Abmessungen in m			cbm	qm	
		Länge	Breite	Höhe			
15	Koksasche	2	2	0,25	1	10	Kupferdrahtnetz 1 qm. Ausserdem 4 Eisenrohrstangen.
16	„	1,5	1,5	1	2,25	8,5	Kupferdrahtnetz 1 qm.
17	„	1	1	1	1	6	„ „
18	Grobe Koksstücke . .	1	1	1	1	6	„ „
19	Koksasche	1	1	1	1	6	2 Kupferdrahtnetze von ¼ u. ¹⁄₁₆ qm Fläche.
20	„	1	1	1	1	6	6 Eisenrohrstangen.

des Grundwassers liegenden Elektroden durch die Koksschüttung.

Während bei den Netzen der mittlere Widerstand durch die Koksschüttung von 51 Ω auf 26,4 Ω herabgemindert wurde, betrugen diese Werthe bei den Eisenrohren 111 bzw. 13,3 Ω. Ausserdem war der Widerstand während der ganzen Beobachtungszeit bei dem Rohr ein viel gleichmässigerer, als bei dem Netz; bei Ersterem betrug der Unterschied zwischen dem höchsten und dem niedrigsten beobachteten Werthe nur 11,9 Ω, während diese Zahl bei dem Netz 24,2 Ω beträgt. Der Grund für das günstigere Verhalten des Rohres kann wohl hauptsächlich nur in der grösseren Menge des umgebenden Koks gesucht werden, obwohl auch die Möglichkeit vorhanden ist, dass die Uebertragung durch die Metallelektrode bei dem Rohr eine günstigere ist, als bei dem Netz. Dieses bereits nach den Messungen des

dieser Schwerpunktsebene lagen auch die Drahtnetze; eine Ausnahme bildete No. 19, wo 2 Netze von verschiedener Grösse und jedes mit besonderer Zuleitung versehen 5 cm oberhalb bzw. ebenso tief unterhalb dieser Ebene lagen. Fig. 5 zeigt die Anordnung. Es konnte also der Widerstand der Erde unter Benutzung der einen oder der anderen Zuleitung gemessen werden.

Da im Allgemeinen wohl anzunehmen war, dass die Metallelektroden innerhalb des Koks einer verhältnissmässig raschen Zerstörung durch Oxydation unterliegen würden, andererseits die Koksschüttung so ausserordentlich günstige Wirkung auf den Uebergangswiderstand zeigte, so wurde nach Mitteln gesucht, wie etwa zerstörte Metallelektroden ohne Beschädigung der Kokserde ersetzt werden könnten. Dieses Mittel fand sich in der Verwendung von eisernen Stangen statt von Drahtnetzen. Es wurden schmiedeeiserne Gasrohre von

40 mm Weite und 3 m Länge an dem unteren Ende mit einer angeschweissten Spitze versehen und oben durch eine aufgeschraubte Muffe geschlossen. Solche Rohre liessen sich mit Leichtigkeit vermittelst einer kleinen Handramme durch einen Kokshaufen von 1 m Höhe hindurchtreiben; etwa verrostete Stangen konnten somit jederzeit durch neue ersetzt werden. Um den Uebergangswiderstand bei Verwendung solcher Rohre statt der Drahtnetze zu bestimmen, diente die No. 20 der Tabelle 4 S. 24 und 25. Der Kokshaufen war genau gleich dem in Fig. 5, die Vertheilung der Rohre auf die horizontale Fläche zeigt Fig. 6. Es wurde bei den Messungen der Uebergangswiderstand be-

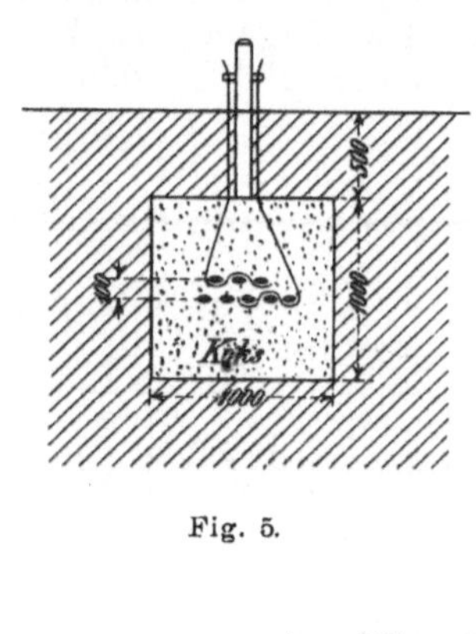

Fig. 5.

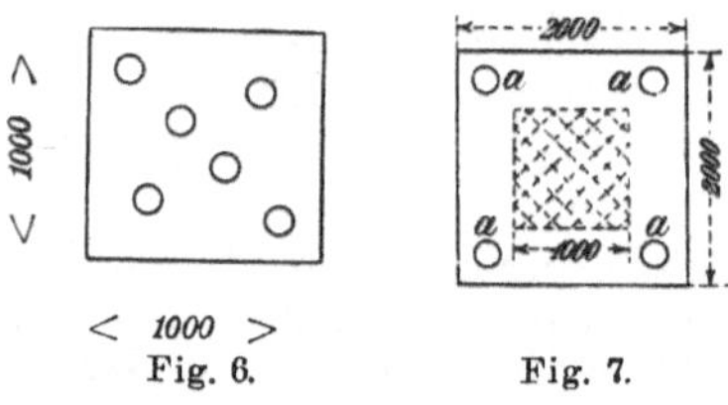

Fig. 6.

Fig. 7.

stimmt, wenn alle 6 Rohre unter einander verbunden waren (*a* der Tabelle 4), oder 3 in der Diagonale liegende (*b*), oder wenn nur das in der Mitte liegende Rohr den Uebergang des Stromes vermittelte (*c*). Da die Berührungsfläche zwischen jedem Rohr und der Kokserde etwa 0,16 qm beträgt, so entsprach den Fällen *a*, *b* und *c* eine Metallelektrodenoberfläche von ca. 1 qm bzw. 0,5 und 0,16 qm. Auch bei No. 15 wurden 4 solcher Stangen eingetrieben (Fig. 7) und zwar eine in der Nähe jeder Ecke. Hier betrug die Berührungsfläche zwischen jedem Rohr in dem Kokskörper entsprechend der geringeren Höhe des Letzteren nur 0,04 qm, die Berührungsfläche aller 4 Stangen ist hier also nur so gross wie diejenige einer Stange bei No. 20.

Die Werthe der Tabelle für No. 15, 19 und 20 zeigen, dass die Metallelektrode, wenn eine günstige Ueberleitung erreicht werden soll, eine gewisse Grösse nicht unterschreiten darf, dass aber eine dieses Maass übersteigende Grösse die Leitungsfähigkeit nicht mehr wesentlich verbessert. Dass ferner die Lage der Metallelektrode zum Kokskörper ebenfalls nicht gleichgültig ist, zeigt der Vergleich zwischen 15b und 20c, wo in beiden Fällen gleiche Koksmengen und gleiche Berührungsflächen vorhanden sind, und doch die Widerstandswerthe erhebliche Unterschiede zeigen. Man sollte annehmen, dass bei No. 15 die Vertheilung der Berührungsfläche auf 4 Punkte des Kokskörpers eine bessere Ueberleitung zur Folge haben müsste, als bei 20c, die Messungsergebnisse zeigen aber, dass das Gegentheil der Fall ist, offenbar weil bei No. 15 die 4 Rohre soweit an den Ecken liegen, dass die Uebertragung auf dem mittleren Theil der Kokserde Widerstand verursacht, und dieser Theil an der Ueberleitung des Stromes zur Erde also nur geringen Antheil hat. Die Werthe No. 20 liefern den Beweis, dass eine durch Zerstörung der Metallelektrode herbeigeführte Vergrösserung des Widerstandes einer Kokserde durch Hineintreiben einiger Rohre wieder behoben werden kann. Ein Vergleich zwischen No. 17 und 18 zeigt noch, dass Koks in groben Stücken besser ist, als fein gesiebte Koksasche.

Aus dem vorher Gesagten, sowie aus dem Vergleich zwischen No. 15 und 18 dürfte wohl der Schluss zu ziehen sein, dass eine möglichst grosse Oberfläche der Kokserde in Verbindung mit einer guten und gleichmässig vertheilten Metallelektrode von genügender Grösse die geringsten Widerstandswerthe ergeben müsste. Dieser Forderung würde die Seilform für die Metallelektrode und eine diese allseitig in nicht zu grosser Stärke umgebende Koksschicht am einfachsten genügen. Um die Richtigkeit dieser Annahme praktisch festzustellen, wurden noch die fünf mit No. 21 bis 25 bezeichneten Erden in etwa 120 m Abstand von den bisher besprochenen hergestellt.

Bei No. 21 diente als Elektrode ein Seil von 12 m Länge, dessen beide Enden in einer Länge von 1 m rechtwinklig umgebogen waren. Das Seil bestand aus 4 je 4 mm starken verzinkten Eisendrähten, demnach kann die Oberfläche des mittleren 10 m langen Theiles des Seiles zu etwa $^3/_{10}$ qm angenommen werden. Dieser Theil wurde in einer Tiefe von 0,5 m in die Erde gelegt, die umgebogenen Enden wurden an Pfählen befestigt und dienten als Zuleitungen. Die No. 22 bis 24 waren untereinander ganz gleich, bei ihnen wurde ein eben solches Seil wie bei 21 in derselben Tiefe eingegraben, es wurde aber allseitig mit einer 20 cm dicken Koksschicht umgeben, bildete also die Längsachse eines rechtwinkligen aus Koks in groben Stücken hergestellten Parallelepipeds von 10 m Länge und 0,2 × 0,2 m Querschnitt. Diese 3 einander möglichst gleich gemachten Erdleitungen konnten mit einander verbunden werden, um zu prüfen, in welcher Weise sich der Widerstand mit der Länge änderte.

Die No. 23 und 24 lagen dicht nebeneinander, in einem lichten Abstande von nur 1,5 m von einander, während die No. 22 sowie 21 und 25 je 5 m Abstand von einander hatten. Diese Anordnung war gewählt worden, um erkennen zu können, ob dicht neben einander liegende Erdleitungen auf einander Einfluss bezüglich des Widerstandes haben können. Wenn

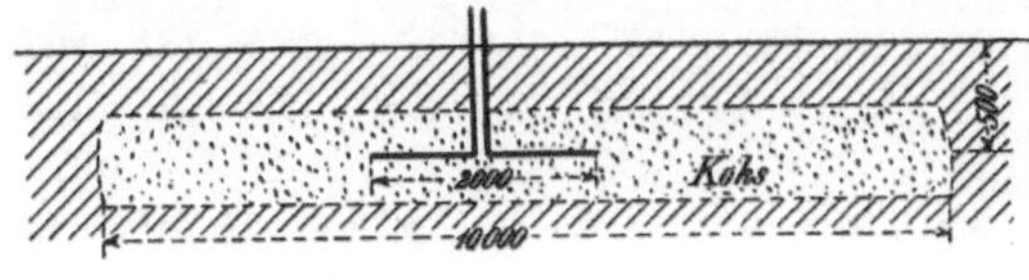

Fig 8.

ein solcher Einfluss nachzuweisen war, musste derselbe auch bei der Beurtheilung der vorherbesprochenen Erdleitungen berücksichtigt werden. Die Erde No. 25 unterschied sich von No. 22 bis 24 nur dadurch, dass hier als Metallelektrode nur 2 je 1 m lange Stücke des vorhin beschriebenen Drahtseiles eingelegt wurden. (Fig. 8).

Auch dieser Versuch diente, wie No. 20, nur dazu, festzustellen, ob solche Kokserden, wie No. 22 bis 24, beim Verrosten der Drahtseile durch Einlegen kürzerer Stücke wieder gebrauchsfähig gemacht werden könnten.

Diese 5 Erdleitungen wurden im Januar 1894 hergestellt. Im September 1895 mussten dieselben entfernt werden, weil der Platz zur Bebauung herangezogen werden sollte. Sie wurden aufgegraben und unter Benutzung derselben Seile und des Koks in die Nähe der früher verlegten Erden überführt, jedoch nun nicht mehr parallel zu

einander, sondern so gelegt, dass die Längsachse von 22 bis 24 in eine Gerade fiel, während 21 in etwa 4 m Abstand parallel zu 22 verlegt wurde.

Bei der Aufgrabung zeigten die Seile keine Spur von Rost.

Die Messergebnisse sind in der Tabelle 5 S. 26 und 27 zusammengestellt. Aus denselben ergiebt sich zunächst, dass der Widerstand aller Erden an der zweiten Lagerungsstätte durchweg viel geringer ist, als er an der ersten war. Bei keiner einzigen Erde erreicht der höchste Werth des Widerstandes an der jetzigen Stelle den niedrigsten Werth an der früheren Stelle. Dies erklärt sich zum Theil daraus, dass die frühere Stelle ganz frei lag und der bodenaustrocknenden Wirkung von Sonne und Wind völlig ausgesetzt war, während die jetzige Lagerstätte durch nebenstehende Häuser stets beschattet und von den Wurzeln einiger grösserer Bäume durchzogen ist. Dieser Unterschied fällt aber im Frühjahr und Winter, wo die Bodenfeuchtigkeit überall gross ist, weg; es muss also angenommen werden, dass trotz der geringen Entfernung der beiden Lagerstellen von einander die Leitungsfähigkeit des Bodens an sich an der ersteren sehr viel kleiner als bei der zweiten sein muss. Ein Grund für diese Verschiedenheit ist nicht zu erkennen, da Bodenart und Benutzung an beiden Stellen dieselbe war.

Die Erdleitungen 22, 23 und 24, welche ganz gleich sein und daher auch annähernd gleiche Werthe aufweisen sollten, zeigen nach der Verlegung grössere Unterschiede. Der Grund dafür ist der, dass die Verlegung sehr rasch ausgeführt werden musste, wobei die früheren Maasse nicht genau eingehalten werden konnten. Es war dies auch nicht mehr von Wichtigkeit, da ein Vergleich der drei Erden untereinander nicht mehr beabsichtigt war, nachdem die Ergebnisse der Messung nicht hatten erkennen lassen, dass sehr nahe bei einander liegende Elektroden einen Einfluss auf einander ausüben. Die Fortführung dieses Versuches hatte nur noch den Zweck, über die Dauerhaftigkeit solcher Erdleitungen Erfahrungen zu sammeln. Die zuletzt überführte Erdleitung war No. 25; da bei der Verlegung ein Theil des Koks naturgemäss verloren ging, konnte die No. 25 nicht wieder 10 m lang gemacht werden, sie ist nur etwa 7,5 m lang. Dies ist bei der Beurtheilung der Widerstandswerthe für No. 25 in Rücksicht zu ziehen.

Tabelle 2.

Nummer	Beschaffenheit	Lage der Elektrode	1892							1893			
			4 Juni	14. Juni	22. Juni	29. Juli	11. Oktbr.	1. Novbr.	23. Dec.	20. Jan.	22. März	8. April	23. Mai
			Widerstands-										
1	Eisenrohr roh	im Grundwasser	8,2	7,4	7,1	7,2	6,0	7,1	7,7	8,0	7,9	7,7	7,2
2	Eisenrohr verzinkt	„ „	6,1	6,9	6,6	6,0	6,2	6,0	5,2	4,9	6,0	5,7	6,6
3	Eisenrohr verzinnt	„ „	6,7	6,8	6,5	6,4	5,8	6,7	5,3	13,1[3)	7,1	7,4	10,5
4	Kupferrohr roh	„ „	6,8	6,0	6,5	6,8	5,2	6,9	5,7	6,3	7,0	6,5	8,6
5	Kupferrohr verzinnt	„ „	5,8	6,4	6,5	6,2	5,2	5,3	5,7	6,4	6,4	6,5	8,7
6	Bleirohr	„ „	8,3	8,5	8,5	8,1	7,3	7,2	8,2	8,6	9,3	7,7	9,7
7	Kupferplatte	„ „	11,8	14,6	16,3	15,3	14,3	15,9	16,9	16,3	13,8	15,8	12,8
8	Drahtnetz	„ „	16,2	17,0	17,3	15,7	16,3	18,3	19,2	21,2	18,2	21,3	22,5
9	Drahtnetz mit Bandeisen	„ „	16,3	16,0	16,0	15,7	17,2	18,5	19,2	21,9	22	20,4	18,9
10	Eisenrohr ($\frac{1}{2}$ qm)	in trockener Erde	75	73	74	73	93	>100	94	93	>100	>100	>100
11	„ ($\frac{1}{2}$ qm)	in Koks	13	13,2	13,8	13,4	16,7	17,5	18,7	18,6	15,5	15	13
12	Drahtnetz	in trockener Erde	42	43	45	42	51,2	63,5	63	66	54	51	45
13	„	in Koks	19,1	21	22	21	29	33	35,5	38	18,5	18,8	20,7
14	Wasserstandsrohr		15	15,3	15,8	15,6	16,4	16,5	17,3	17,3	17,3	20	19,8
	Wasserstand unter Oberkante Standrohr m		3,15	3,18	3,21	3,22	3,23	3,32	3,30	3,30	3,02	3,03	3,10

[1) Mittelwerth aus 19 Messungen. Max. 12,0; Min. 8,9.   [2) Mittelwerth aus 7 Messungen. Max. 11,7; Min. 8,7 Max. 7,9.   [3) Die Werthe > 100 sind nicht berücksichtigt.

Tabelle 4.

Nummer	Beschaffenheit und Lage der Elektrode	1893						
		8. April	23. Mai	23. Juni	5. Aug.	10. Oktbr.	3. Novbr.	14. Dec.
		Widerstands-						
15 a	Drahtnetz in $2 \times 2 \times 0{,}25$ m Koks	21	17,5	23	30	25,7	23,9	20,5
15 b	4 Stangen in $2 \times 2 \times 0{,}25$ m Koks	—	—	27	32,7	33,3	26,3	26,7
15 c	Drahtnetz $+$ 4 Stangen	—	—	22	29	25,3	22,8	20
16	Drahtnetz in $1{,}5 \times 1{,}5 \times 1$ m Koks	17	18,5	23	30	26,7	24,2	19,8
17	Drahtnetz in $1 \times 1 \times 1$ m Koks	29	30,5	29	32,7	33,5	30,2	23,3
18	Drahtnetz in $1 \times 1 \times 1$ m möglichst groben Koks	18	—	19	27	24,5	23	20
19 a	Drahtnetz ($\frac{1}{16}$ qm) in $1 \times 1 \times 1$ m Koks	—	—	25	31,8	28,2	26,2	25,7
19 b	Drahtnetz ($\frac{1}{4}$ qm) in $1 \times 1 \times 1$ m Koks	19	—	22	28,4	24,1	22,8	21,5
20 a	6 Stangen in $1 \times 1 \times 1$ m Koks	20	—	18	25	19,7	17,9	18,4
20 b	3 Stangen in $1 \times 1 \times 1$ m Koks	—	—	19	25,7	20,3	19,2	20,3
20 c	1 Stange in $1 \times 1 \times 1$ m Koks	—	—	22	28,8	22,8	21,7	23,3

Tabelle 2.

werthe in Ohm

| | 1893 | | | | 1894 | | 1896 | | 1897 | | | | | | | |
23. Juni	5. August	10. Oktbr.	3. Novbr.	14. Dec.	30. Jan.	27. Juni	12. Febr.	19. März	10. März	16. März	7. April	4. Mai	10. Juni	14. Aug.	21. Aug.	Mittelwerthe
7,0	7,2	7,1	6,5	6,0	6,9	7,3	8,2	—	8,8	10,6	10,5[1]	—	9,5	8,9	10,7[2]	7,9
7,2	6,2	5,9	5,6	5,9	7,0	6,9	7,2	—	9,5	10,6	8,9	—	8,3	8,1	9,8	6,9
6,7	7,1	7,1	7,2	7,8	8,7	8,6	11,5	9,8	9,5	9,3	7,8	—	7,6	7,9	—	7,9
7,3	6,8	6,2	6,1	5,8	6,4	7,1	7,3	7,7	9,7	10	8,4	8,8	9,0	9,1	9,1	7,2
7,2	6,7	6,4	6,2	6,4	6,7	6,9	8,1	7,8	8,3	9	7,9	—	8,5	7	—	6,9
7,8	8,3	8,2	8,3	7,8	7,9	7,9	8,1	8,0	6,3	6	6	—	6,4	7,7	6,7[4]	7,8
14,8	13,8	14	14,8	14,5	15,3	14,9	16,8	18,3	14	17	15,6	—	14,3	12,4	—	15,0
19,0	16,3	17,6	17,9	18,3	19,6	13,8	15,4	16,8	14,5	15	15	17	10,7	10,8	—	17,0
16,0	15,6	15,9	15,2	15,7	15,2	13,9	13,4	15,2	13	12,1	12,8	—	—	10,3	—	16,1
203	178	225	178	130	143	128	107	134	71	68	55	—	53	83	—	111[5]
12,3	12,7	14,3	13,1	12,7	13,7	10,1	12	12,3	10	9,3	8,4	—	6,8	7,2	—	13,3
59	65	81	72	59	59	49	45	56	44	43	36	22	29	41	—	51
24	19,7	25,6	22,8	18,7	22,8	19	21,4	23,2	22	22	17	—	13,8	15,2	16,7	26,3
17	17,5	18,4	17,9	16,5	17,0	16,8	—	16 8	14	—	—	12	—	14,8	—	16,6
3,19	3,2	3,2	3,17	3,2	3,18	3,07	—	3,35	3,4	—	—	—	—	—	—	—

³) Ohne diesen ausserordentlich hohen Werth ist der Mittelwerth = 7.4.   ⁴) Mittelwerth aus 9 Messungen, Min. 6,0;

Tabelle 4.

werthe in Ohm

| | 1894 | | 1896 | | 1897 | | | | | | | | |
30. Jan.	27. Juni	12. Febr.	19. März	10. März	16. März	7. April	4. Mai	10. Juni	14. Aug.	21. Aug.	Mittelwerthe	Bemerkungen
23,8	18	21,4	20,6	21	17,7	16	—	11,2	11,2	12,7	19,1[1]	
27,1	32	—	—	—	—	—	—	—	—	—	29,3	
23,2	17,5	—	—	—	—	—	—	—	—	—	22,7	
22,9	13,9	12,3	13,2	12,8	12 [2]	10,9	—	8,2	8,2	8,9	16,6	
26,3	21,6	23,4	30,6	19	19,5	24	26	—	18,5	23	25,9	
22,5	19,6	19,2	21,3	19	22	19	—	—	12,9	13	25	
28,2	22	26,9	35,9	29,5	—	—	31	—	—	—	28,2	
23,2	19,5	23,1	29,5[3]	19	—	—	27	—	—	—	23,3	
21	15,6	19,4	—	—	—	—	—	—	—	—	19,6	
22,6	16,6	20,5	—	—	—	—	—	—	—	—	20,5	
25,6	25	24,2	—	—	—	—	—	—	—	—	24,2	

¹) 23,6 wenn nur 3. bis 9. Messung berücksichtigt wird.

²) Mittelwerth aus 14 Messungen, Max. 13,8, Min. 10,6.

³) 27,5 für 19a + 19b.

Tabelle 5.

Nummer	Datrum der Messung: / Beschaffenheit und Lage der Elektrode	1894 10. Dec.	1895 12. März	8. Mai	8. Juni	8. Aug.	12. Aug.	29. Aug.	18 Sept.	Mittelwerthe	
			Widerstandswerthe in Ohm								Verlegung der Elektroden an einen anderen Platz
21	Eisenseil 10 m lang in trockener Erde . .	33,6	48	54	60	279	246	194	189	138	
22	Eisenseil 10 m lang in Koks	13,4	18	16	16	45	41	29	32	26,3	
23	Eisenseil 10 m lang in Koks	20,5	16,7	18	24	33	38	40	36	29,5	
24	Eisenseil 10 m lang in Koks	23,3	19	20	26	45	44	35	—	30,0	
25	Eisenseil 2 m lang in 10 m langer Koksbettung	22,7	20,7	21	23	46	47	37	36	31,8	
	Mittelwerthe der 3 gleichen Elektroden II, III u. IV	19,1	17,9	18	22	41	41	34,7	34	28,5	

Zur Erleichterung der Uebersicht wird hier noch eine zusammenfassende Tabelle gegeben, welche die höchsten, die niedrigsten und die Mittelwerthe der Widerstände aller Elektroden enthält.

Tabelle 6.
Zusammenstellung der Max.-, Min.- und Mittelwerthe der Elektroden.

	Max.	Min.	Mittel
Eisenrohr, im Grundwasser			
roh	10,7	6,0	7,9
verzinkt . .	10,6	4,9	6,9
verzinnt . .	11,5	5,8	7,9
	(13,1)		
Kupferrohr, im Grund-			
wasser, roh	10,0	5,2	7,2
verzinnt . .	9,0	5,2	6,9
Bleirohr im Grundwasser .	9,7	6,0	7,8
Kupferplatte im Grund-			
wasser	18,3	11,8	15,0
Drahtnetz im Grundwasser	22,5	10,8	17,0
Drahtnetz mit Bandeisen im			
Grundwasser	22,0	10,3	16,1
Eisenrohr in trockener Erde	225	53	111
Eisenrohr in Koks . . .	18,7	6,8	13,3
Drahtnetz in trockener Erde	81	22	51
Drahtnetz in Koks . . .	38	13,8	26,3
Wasserstandsrohr	20	12,0	16,6
Drahtnetz			
$2 \times 2 \times 0{,}25$ m Koks . .	30	18,0	23,6
4 Stangen	33,3	26,3	29,3
beides	29	17,5	22,7
$1{,}5 \times 1{,}5 \times 1{,}0$ m Koks .	30	8,2	16,6
$1 \times 1 \times 1$ m Koks . . .	33,5	18,5	25,9
$1/16$ qm in $1 \times 1 \times 1$ m Koks			
möglichst grob. Stücke	27	12,9	20,0
$1/16$ qm in $1 \times 1 \times 1$ m Koks	35,9	22	28,2
$1/4$ „ „ „ „ „	29,5	19	23,3
6 Stangen „ „ „ „	25	15,6	19,6

	Max.	Min.	Mittel
3 Stangen in $1 \times 1 \times 1$ m Koks	25,7	19	20,5
1 „ „ „ „ „	28,8	22	24,2
Eisenseil			
10 m lang in trockener			
Erde	279	33,6	138
	(47)	(21,5)	(33,1)[1]
10 „ „ „ Koks . .	41	18	28,5
	(10,7)	(6,9)	(8,6)
2 „ „ „ „ . . .	47	20,7	31,7
	(22)	(12,7)	(17,3)

Der Widerstand sämmtlicher Kokserdleitungen ist seit etwa einem Jahre theilweise erheblich geringer geworden. Dies dürfte wohl daran liegen, dass der ganze Platz, an welchem die Erdleitungen liegen, regulirt und dabei um ca. 40 cm durchschnittlich aufgehöht ist. Die oberen Schichten der hochliegenden Kokserden, sind also dem Austrocknen weniger ausgesetzt und daher leitungsfähiger geworden. Eine Ausnahme bildet No. 23, welche bei der letzten allgemeinen Messung am 14. August 1897 den hohen Werth 12,7 Ω aufwies. Infolgedessen wurde diese Erde 8 Tage später nochmals gemessen, wobei die Zuleitung abwechselnd an das nördliche und das südliche Ende der Elektrode gelegt wurde. Als Mittelwerth aus fünf Messungen wurde 14,8 Ω gefunden, das Maximum betrug 15,8, das Minimum 14,2 Ω. Der Widerstand ist demnach noch weiter gestiegen. Es ist nicht unmöglich, dass das Seil in der Mitte durchgerostet und davon die von beiden Seiten gleichen, an sich höheren Werthe herrühren. Thatsächlich ist bei

---

[1]) Die eingeklammerten Werthe beziehen sich auf die 2. Lagerstelle.

T a b e l l e 5.

| 1895 | | 1896 | | | | | | 1897 | | Mittelwerthe | Bemerkungen |
23. Sept.	5. Novbr.	21. Jan.	3. Febr.	19. März	4. Mai	2. Juli	11. Aug.	10. Juni	14. Aug.		
					Widerstandswerthe in Ohm						
30	24	33	38	38,5	39	34,5	47	25,5	21,5	33,1	[1]) Das Seil war etwa 1 m von seinem südlichen Ende durchgerostet.
7	5	10,5	12,4	7,7	8	5,5	5,3	7	6,9[1])	7,5	[2]) Mittelwerth aus 2 nahezu gleichen Messergebnissen, wurde wegen des hohen Werthes 8 Tage später aus 5 von beiden Seiten ausgeführten Messungen zu 14,8 Ω gefunden. Max. 15,8, Min. 14,2. Die anderen ergaben dabei I = 25,7; IV = 10,4; V = 15,5.
15	11	10,8	9,5	9,4	9,7	8,9	8	7,9	12,7[2])	10,3	[3]) No. V nach der Verlegung nur noch ca. 7 m lang.
10	7	9,8	9,5	8,2	9,0	6,8	7,3	7,7	8,2	8,4	
22	17	22	20	19	20	14	13	12,7	13,7	17,3[3])	
10,7	7,7	10,4	10,5	8,4	8,9	7,1	6,9	7,5	7,6	8,57	

einer am gleichen Tage vorgenommenen Untersuchung, bei welcher das äusserste Ende der Erdleitung 22 behufs Prüfung des Zustandes des Eisenseiles freigelegt wurde, festgestellt worden, dass das Seil ca. ³/₄ m von der Stelle, wo es im rechten Winkel umgebogen war, durchgerostet war. Die Untersuchung wurde nicht weiter ausgedehnt, da hierbei der frühere Zustand nicht hätte wieder hergestellt werden können; es sollen vielmehr die Messungen in der bisherigen Weise vierteljährlich fortgeführt und bei weiterer Vergrösserung des Widerstandes versucht werden, auf dem bei No. 25 befolgten Wege eine Verbesserung durch Einlegen neuer kurzer Seilenden zu erreichen.

Sollte diese so leicht und billig herzustellende Form der Erdleitung sich nicht als dauerhaft genug erweisen, so würde die ebenfalls leicht herzustellende Anlage nach Art der No. 20 sich empfehlen, da die Rohre bis jetzt nach 4½-jährigem Lagern noch wenig durch Rost angegriffen sind, auch gegebenenfalls sich leichter ersetzen lassen. Da der Widerstand solcher Erden höher als der von Seilerden ist, müssten unter Umständen deren mehrere angelegt und unter einander verbunden werden, um genügend niedrige Werthe zu erhalten. Der Widerstand derartig verbundener Erdleitungen ist bei genügend grosser Metallelektrode fast genau so gross, wie er nach der Berechnung über den kombinirten

T a b e l l e 7.

| Datum der Messung | Laufende Nummer der parallel geschalteten Erdleitungen | Kombinirter Widerstand | | Einzelwerthe gemessen in Ohm | Bemerkungen |
		gemessen in Ohm	berechnet in Ohm		
12. März 1895	22. 23. 24. 25.	8,5	6,3	22=18. 23=16,7. 24=19. 25=20,7	
5. Nov. 1895	21. 22. 23. 24.	2	2,1	21 = 24. 22 = 5. 23 = 11. 24 = 7	
„	22. 23. 24.	2	2,3	„ „ „ „	
„	23. 24.	4,4	4,3	„ „ „ „	
12. Febr. 1896	1. 3.	4,5	4,8	1 = 8. 3 = 11,5	
„	5. 4.	3,6	3,8	5 = 8,1. 4 = 7,3	
„	2. 11. 3.	5,7	3,3	2 = 7,2. 11 = 12. 3 = 11,5	
19. März 1896	22. 23. 24.	3,3	2,8	22 = 7,7. 23 = 9,4. 24 = 8,2	mit No. 21 gemessen
„	„	„	„	„ „ „	mit No. 16 gemessen.
11. Aug. 1896	21. 23.	6,6	6,8	21 = 47. 23 = 8	
„	22. 23.	3,2	3,2	22 = 5,3. 23 = 8	
10. März 1897	1. 2.	5,9	4,6	1 = 8,8. 2 = 9,5	
„	2. 4.	5,4	4,8	2 = 9,5. 4 = 9,7	
14. Aug. 1897	2. 11. 3.	3,3	2,6	2 = 8,1. 11 = 7,2. 3 = 7,9	

4*

Widerstand von Leitern sein müsste. Durch zahlreiche Messungen ist dies festgestellt, die vorstehende Tabelle 7 enthält eine vergleichende Zusammenstellung mehrerer solcher Messungen nebst den durch Rechnung sich ergebenden Werthen.

Auf Grund dieser Ergebnisse wird bereits im Reichs-Telegraphengebiete von der Anlage von Seilerdleitungen an Stellen, wo das Grundwasser nur mit grossen Kosten zu erreichen ist, versuchsweise Gebrauch gemacht, und es ist zu erwarten, dass man auf diese Weise ein sicheres Urtheil über die praktische Brauchbarkeit und das Verhalten solcher billiger Erdleitungen erlangen werde.

44. Marconi'sche Funkentelegraphie mittels des Hughes'schen Typendruckers.

Der Versuch, den ich Ihnen hier aufgestellt habe, hat den Zweck, Ihnen zu zeigen, dass man mit der Marconi'schen Funkentelegraphie auch noch Wirkungen hervorbringen kann in Fällen, wo es auf eine sehr grosse Genauigkeit ankommt. Wenn man Morsezeichen mit Hülfe Marconi'scher Funkentelegraphie giebt, kommt es nicht darauf an, ob ein Punkt $^1/_{10}$ kürzer oder länger oder der Zwischenraum um die Hälfte grösser, oder der Strich ein bischen länger wird. Man hat sich in vielen Fällen sogar mit recht langen Punkten und Strichen behelfen müssen. Bei Hughes wird aber eine grosse Genauigkeit der Funkengebung und der Aufnahme der Funkenwirkungen er-

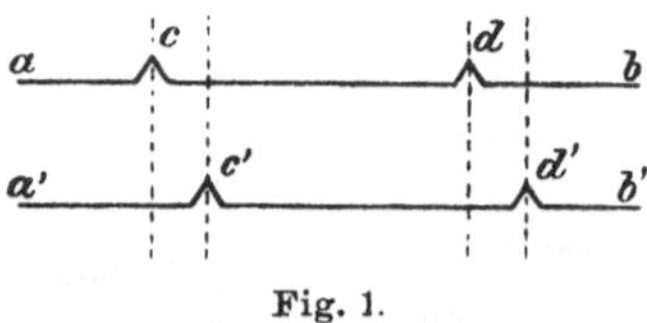

Fig. 1.

fordert. Der Hughes arbeitet bekanntlich mit lauter gleich langen, oder besser gleich kurzen, Stromstössen, die bei unserem Hughesapparat 0,07 Sekunde dauern. Es wird gefordert, dass die Zeit zwischen den Funken bis auf $^1/_{100}$ Sekunde genau der Dauer gleich ist, die man auch mit einer Drahtleitung bekommt. Ich hätte also, um das graphisch darzustellen, am gebenden Ende einen Stromstoss, dem ein zweiter Stromstoss nach einer bestimmten Zeit folgt (Fig. 1).

Die Stromstösse des Gebers werden durch Erhöhungen in der Linie $a\,b$, ihr zeitlicher Abstand durch die Länge $c\,d$ dargestellt. Die Wirkung des Stromes am Empfänger ist ebenso auf der Linie $a'\,b'$ dargestellt. Es kommt nicht darauf an, dass die Stösse in $a'\,b'$ genau unter denen auf $a\,b$ liegen, sie können beide ein wenig verschoben sein; es wird nur gefordert, dass der zweite Stromstoss um genau ebensoviel verschoben ist, wie der erste, sodass der Abstand $c'\,d'$ genau $= cd$ ist und zwar müssen diese Abstände auf hundertel Sekunden genau gehalten werden; andernfalls bekommt man falsche Buchstaben.

Ich möchte, um Missverständnisse auszuschliessen, hervorheben: Ich beabsichtige natürlich nicht zu sagen, dass man mit Vortheil beim Hughesbetriebe Funkentelegraphie anwenden kann; es kann sich höchstens um die Frage handeln: Ist es, wenn doch Funkentelegraphie angewandt wird, besser, den Hughes oder den Morse zu benutzen? Ich stehe nicht an zu sagen, dass man zweckmässig den Morse benutzt. Der hier vorzuführende Versuch hat lediglich einen Studienzweck, um zu sehen, mit welcher Genauigkeit man mit diesen Funken arbeiten kann, und zu gleicher Zeit, um zu sehen, welche Apparate man zu solchen Wirkungen gebrauchen kann. Sie sehen hier zu Ihrer Linken den gebenden Apparat und in einer Entfernung von beiläufig 13 m auf der anderen Seite den empfangenden Apparat. Die Aufstellung ist so angeordnet, dass man nur in der einen Richtung arbeiten kann (Fig. 2). Diese beiden Apparate sind ohne leitende Verbindung miteinander aufgestellt. Der gebende Apparat schickt die Stromstösse nicht in die Leitung hinein, sondern in einen Ortsstromkreis, der ein Relais enthält, und dieses Relais schliesst mit seinem Anker den primären Stromkreis des Funkeninduktors. Der letztere giebt ganz kleine Funken. An den beiden Kugeln, die sie aufgestellt sehen, sind **zwei seitliche Drähte** angesetzt, um die Dämpfung der Schwingungen etwas zu verringern. Die schwachen Fünkchen wirken bis auf diese Entfernung herüber. Sie sehen vom Induktor ausgehend einen Draht, der hinüberführt bis zur Gasleitung. Es ist also eine Erdleitung. Nicht der Hughes liegt an Erde, sondern der eine Pol der Funkenstrecke. Auf der anderen Seite ist die Erdleitung angelegt an eins von den beiden Aluminiumblechen, zwischen denen der Fritter befestigt ist. Ich habe denselben Fritter benutzt, den ich neulich bei meiner Vorführung gebraucht habe: ein Glasröhrchen von 7 mm lichter Weite, 10 cm Länge, locker gefüllt mit groben Rothguss-

des Arbeitens betrifft, so hängt diese von den mechanischen Eigenschaften der Apparate ab. Es kommt zunächst darauf an, wie man den Induktor unterbricht. Ich konnte hier keinen grösseren verwenden, weil sein Unterbrecher zu träge wäre. Dieser kleine Induktor reicht für die geringe Entfernung vollständig aus: um ihn durch einen grösseren ersetzen zu können, müsste man etwas andere Mittel anwenden. Es beginnt die Schwierigkeit schon im primären Stromkreise des Induktors bei der raschen Unterbrechung des starken Stromes. Auch auf der Empfangsstation haben wir einen elektromechanischen Apparat; es ist weniger das Relais, welches träge arbeitet, sondern es ist in erster Linie der Klöppel, der das

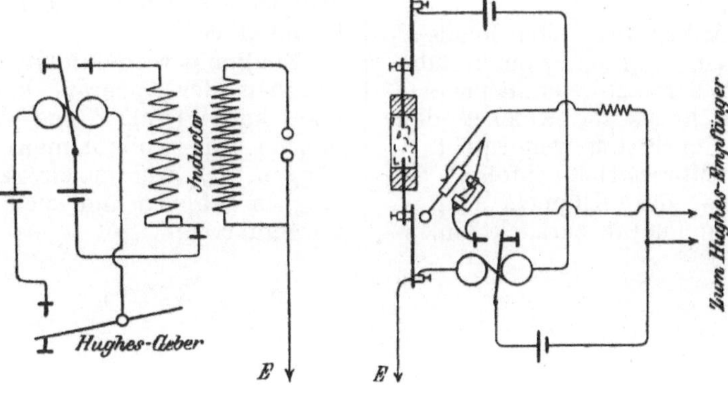

Fig. 2.

drehspänen und verschlossen mit zwei Korkstopfen, durch welche je ein 1,5 mm starker Broncedraht in die Späne ragt. Ich habe hier auch viel empfindlichere Röhrchen angewandt, habe aber gefunden, dass sie weit weniger gut arbeiten. Es kommt darauf an, dass das Röhrchen etwas massig konstruirt ist. Dieses Röhrchen ist in einen Ortskreis geschaltet, welcher ein Relais enthält, ausserdem eine Stromquelle, sodass jedesmal, wenn ein Funke von links ankommt und das Röhrchen leitend gemacht wird, die Batterie des Ortskreises das Relais erregt; das Relais schliesst seine Stromkreise, und diese bewirken einmal, dass in den Hughes ein Stromstoss geschickt wird, und zweitens, dass vom Klöppel eines Weckers gegen das eine Aluminiumblech (auf eine Korkscheibe) ein leichter Schlag ausgeführt wird, sodass das Röhrchen erschüttert wird. Dann geht das Relais zurück und ist bereit, ein neues Zeichen zu geben. Was nun die Geschwindigkeit

Röhrchen erschüttern soll. Voraussetzung für gutes Arbeiten ist, dass die Apparate, die mechanische Bewegungen ausführen, bereits vollständig zur Ruhe gekommen sind, bevor ein neues Zeichen gegeben wird. Es ist deshalb bei meiner Aufstellung nicht möglich, mit dem Hughesapparat mehr als zwei Buchstaben während eines Umganges zu geben, und diese dürfen nicht zu nahe aneinander liegen; aber man kann nicht regelmässig zwei Buchstaben in einem Umgange abgeben; man muss sie bei dauerndem Arbeiten langsamer auf einander folgen lassen. Wir geben gewöhnlich einen bei jedem Umgange ab, es fallen aber manche Umgänge dabei aus, damit die Buchstaben nicht trotzdem zu dicht auf einander folgen. Es kommt die Geschwindigkeit eines mittelmässigen Morsebetriebes heraus. Also irgend einen besonderen technischen Vortheil für die Funkentelegraphie kann man aus diesen Versuchen nicht ableiten.

Ich habe noch einen zweiten Versuch aufgestellt, den ich im Thema meiner Mittheilung nicht genannt habe, eine Morseschaltung für Funkentelegraphie mit einer Abänderung gegen die bisher übliche, um die Schrift zu verbessern. Was ich Ihnen neulich gezeigt habe, waren sehr lange Punkte und sehr viel längere Striche. Es ist jetzt gelungen, die Sache mit ziemlich einfachen Mitteln so einzurichten, dass man fast so schnell wie auf einer oberirdischen Leitung geben kann und ganz kurze Punkte und Striche bekommt durch eine einfache Anordnung, die einer Delany'schen Schaltung entnommen ist. Das Relais, welches mit dem Fritter zusammen im Stromkreise liegt, arbeitet nicht direkt auf den empfangenden Morseapparat, sondern es ist noch ein Ruhestromkreis dazwischen geschoben (Fig. 3).

Solange der Anker des ersten Relais R_1 nicht angezogen ist, schliesst er einen Ruhestromkreis, und dieser letztere enthält seinerseits wieder ein Relais R_2, welches dem Morseapparat M den Strom weitergiebt.

Kommt ein Morsestrich infolge des raschen Arbeitens des Klöppels (Fig. 2 rechts) in mehrere Punkte zerhackt an, so wird die Zunge des Relais R_1 allerdings nicht ruhig auf dem Kontakt liegen bleiben; aber sie wird in ihren kurzen raschen Bewegungen den oberen Kontakt nicht erreichen und also den Ruhestromkreis nicht wieder schliessen können, bis eine Pause in der raschen Folge der

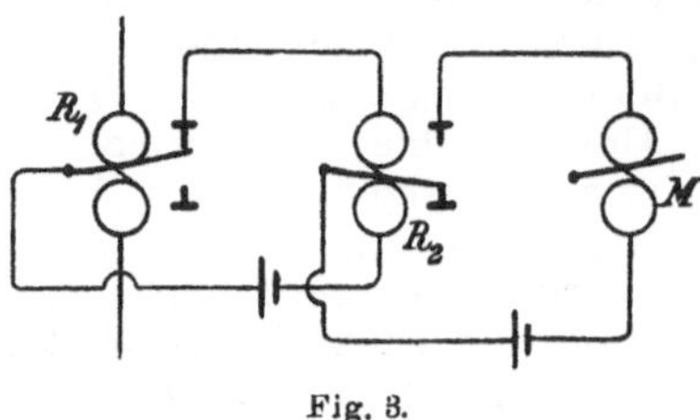

Fig. 3.

Stromstösse eintritt, d. h. bis der Strich beendigt ist.

Ein Punkt wird infolge der verdoppelten Trägheit der Apparate kürzer. So erhält man kurze Punkte und keine zu langen Striche, die vollkommen gut zusammenhängen. (Es werden einige Zeilen auf dem Hughes gegeben und auch die Morseschrift vorgeführt.)

45. Ueber die Berechnung der elektrostatischen Kapacität oberirdischer Leitungen.

Zur Berechnung der elektrostatischen Kapacität einer Doppelleitung, wenn ihre Zweige auf gleichen und entgegengesetzten Potentialen gehalten werden, bedient man sich der Formel

$$c = \frac{1}{2 \log \mathrm{nat.} \left(\dfrac{a}{r} \right)^2},$$

in welcher a und $2r$ den mittleren Abstand der Leitungen und den Durchmesser derselben bedeuten. Der Abstand der Leitungen von der Erde kommt in der Formel nicht vor; es ist indessen zweifellos, dass in extremen Fällen, also wenn die Leitungen sehr nahe am Erdboden gezogen wären, die Beeinflussung der Elektricitätsvertheilung durch die Erde nicht vernachlässigt werden dürfte. Die genannte Formel würde also selbst in dem Falle, dass ihre Ergebnisse mit den wirklichen Werthen übereinstimmen sollten, nur als eine Näherungsformel angesehen werden können.

Es soll hier eine Methode beschrieben und an einigen Beispielen von besonderer praktischer Bedeutung erläutert werden, welche bei der Berechnung der elektrostatischen Kapacität von oberirdischen Leitungen die Wirkung der Erdoberfläche auf die elektrische Vertheilung berücksichtigt.

Wir wollen die Aufgabe von vornherein ganz allgemein fassen und fragen, wie man die Kapacität eines beliebig zusammengestellten Systems von parallelen geradlinigen Leitungen, die parallel zur Erdoberfläche in der Nähe der Erde verlaufen, zu bestimmen hat.

Unter Kapacität eines Leiters versteht man das Verhältniss der Elektricitätsmenge, welche auf dem Leiter angesammelt ist, zu seinem Potential. Befinden sich in der

Nähe des Leiters noch andere, so ist der Werth der Kapacität des betrachteten Leiters nicht nur von der geometrischen Anordnung der Leiter abhängig, sondern auch von den Potentialen, welche auf ihnen herrschen. Wenn nichts Anderes gesagt wird, setzt man voraus, dass alle Leiter ausser dem betrachteten auf dem Potential Null, also geerdet seien. In diesem Falle ist die Kapacität eine durch die geometrischen Verhältnisse eindeutig bestimmte Grösse. Für unsere weiteren Untersuchungen ist es nothwendig, die Beschränkung, dass alle Leiter ausser dem betrachteten geerdet seien, fallen zu lassen und auf allen Leitern beliebige Werthe des Potentials zuzulassen. Auch für diesen Fall bleibt die Definition der Kapacität gültig; aber bei der Angabe ihres Werthes müssen die Werthe des Potentials auf sämmtlichen Leitern ausdrücklich erwähnt werden.

Den weiteren Erörterungen soll zunächst vorausgeschickt werden, dass die im Folgenden gebotene Lösung keine durchaus strenge ist; aber für alle praktischen Zwecke bietet sie eine Genauigkeit, welche über diejenige hinausgeht, mit welcher die wesentlichen Grössen, also Drahtstärke und Drahtabstände, in bestimmten Grenzen gehalten werden können; die Lösung wird also zu Berechnungen der Kapacität für praktische Zwecke gebraucht werden können. Die Vernachlässigungen sind übrigens dieselben wie bei allen anderen Kapacitätsformeln.

Zunächst sei der Vollständigkeit wegen die Berechnung der Potentialvertheilung zwischen zwei Leitungen wiederholt, die auf gleichen und entgegengesetzten Potentialen gehalten werden. Wir sehen zuerst diese Leitungen als Linien mit nur einer Dimension an. Auf der einen, die wir zunächst ins Auge fassen, enthalte jede Längeneinheit die Elektricitätsmenge q. Die Länge der Leitung sei sehr gross gegenüber dem senkrechten Abstande a_1 des betrachteten Punktes, dessen Entfernung vom Mittelpunkte der Leitung b sei. Ist r die Entfernung des Punktes $a_1 b$ von dem Elemente dx, so liefert dies zu dem Potential den Beitrag

$$dV_1 = \frac{q\,dx}{r}$$

$$V_1 = q \int_{-\frac{l}{2}}^{+\frac{l}{2}} \frac{dx}{\sqrt{(x-b)^2 + a_1^2}}$$

$$= q\left[-\log\left(\sqrt{a_1^2 + (x-b)^2} - (x-b)\right)\right]_{-\frac{l}{2}}^{+\frac{l}{2}}$$

$$= q \log \frac{\sqrt{a_1^2 + \left(\frac{l}{2}+b\right)^2} + \left(\frac{l}{2}+b\right)}{\sqrt{a_1^2 + \left(\frac{l}{2}-b\right)^2} - \left(\frac{l}{2}-b\right)}.$$

Die Logarithmen beziehen sich auf e als Basis.

Wir beschränken uns nun auf solche Strecken der Linie, für welche selbst $\frac{l}{2} - b$ noch gross gegen a_1 ist (praktisch etwa 10 - mal so gross). Dann lässt sich schreiben

$$\sqrt{\left(\frac{l}{2}+b\right)^2 + a_1^2} = \left(\frac{l}{2}+b\right)\left(1 + \frac{1}{2}\left(\frac{a_1}{\frac{l}{2}+b}\right)^2\right)$$

$$\sqrt{\left(\frac{l}{2}-b\right)^2 + a_1^2} = \left(\frac{l}{2}-b\right)\left(1 + \frac{1}{2}\left(\frac{a_1}{\frac{l}{2}-b}\right)^2\right)$$

während noch höhere Potenzen der Grösse

$$\left(\frac{a_1}{\frac{l}{2} \pm b}\right)^2$$

vernachlässigt werden können.

Im Zähler des Ausdruckes für V_1 kommt

$$\frac{1}{2}\left(\frac{a_1}{\frac{l}{2}+b}\right)^2,$$

welches gegen

$$2\left(\frac{l}{2}+b\right)$$

steht, wegen seiner Kleinheit nicht in Betracht, während im Nenner alle höheren Potenzen von

$$\left(\frac{a_1}{\dfrac{l}{2}-b}\right)^2,$$

welches selbst kleiner als $\dfrac{1}{100}$ ist, gegen dieses verschwinden.

Dann ist also

$$V_1 = q \cdot \log \frac{2\left(\dfrac{l}{2}+b\right)}{\dfrac{1}{2}\,\dfrac{a_1{}^2}{\left(\dfrac{l}{2}-b\right)^2}\left(\dfrac{l}{2}-b\right)}$$

$$= q \log \frac{4\left(\left(\dfrac{l}{2}\right)^2-b^2\right)}{a_1{}^2}.$$

Die zweite Leitung habe von dem betrachteten Punkte den Abstand a_2, ihr Potential in diesem Punkte ist dann

$$V_2 = - q \log \frac{4\left(\left(\dfrac{l}{2}\right)^2-b^2\right)}{a_2{}^2}.$$

Das Gesammtpotential wird $V = V_1 + V_2$

$$V = q \log \frac{a_2{}^2}{a_1{}^2} = 2\,q \log \frac{a_2}{a_1}.$$

Es lässt sich leicht zeigen, dass diejenigen Punkte, in welchen das Potential einen vorgeschriebenen Werth hat, auf zwei Schaaren von Kreiscylinderflächen liegen, derart, dass je eine Schaar eine der beiden Leitungen umgiebt. Die Mittellinien dieser Cylinder liegen in der durch die Leitungen gehenden Ebene, parallel zu den Leitungen.

Für alle diejenigen Punkte, in welchen $a_2 = a_1$ ist, ist das Potential Null. Diese Punkte liegen in der zur Ebene der Leitungen senkrechten Mittelebene.

Wir nehmen über die Fortpflanzung der elektrischen Vertheilung durch den Raum an, dass alle Körper, die leitenden wie die Dielektrika, gleich grosse positive und negative Elektricitätsmengen enthalten. Im elektrischen Kraftfelde werden die elektrischen Theilchen gerichtet, indem ihre positiven Ladungen in der Richtung der wirkenden Kraft, ihre negativen entgegen derselben verschoben werden unter Ueberwindung der zwischen ihnen wirkenden Anziehungskräfte. Die Wirkung der Verschiebungskräfte ist anders in Nichtleitern, als in Leitern. In diesen trennen sich die beiden Elektricitäten, in jenen dagegen nicht. Man kann sich aber jede Potentialniveaufläche so vorstellen, als ob alle positiven Ladungen der Theilchen nach der Seite der positiven Richtung der Kraft aus ihr herausgedrängt seien, während alle negativen nach der anderen Seite verschoben seien. Die Niveaufläche hat also gleichsam zwei elektrische Belegungen, die aber wegen der Unmöglichkeit der Trennung der Elektricitäten nicht wahrnehmbar sind.

Wenn wir aber die Fläche, in der das Potential Null ist, also die zu der Ebene der Leitungen senkrechte Mittelebene, durch eine leitende ebene Fläche, in welcher das Potential Null besteht, uns ersetzt denken, so tritt an dieser leitenden Fläche eine Trennung der Elektricitäten ein, und die vorher aus der Ebene nach aussen verschoben gewesenen Elektricitätsmengen treten als Ladungen an ihrer Oberfläche auf. An diese Ladungen schliessen sich die verschobenen Theilchen im Dielektrikum in genau derselben Weise wie vorher an, also wird an der Vertheilung ausserhalb der Ebene nichts geändert. Wenn die leitende Ebene die Oberfläche eines Körpers ist, so entsteht folgender Zustand: ausserhalb des Körpers bleibt alles wie vorher, innerhalb wird das Potential konstant; es endigen also alle Kraftlinien an der Oberfläche.

Physikalisch heisst dies aber, dass die Vertheilung der von der ersten Leitung gegen eine Ebene verlaufenden Kraftlinien und der zugehörigen Niveauflächen so ist, als wenn hinter der Ebene, gleichsam als Spiegelbild, eine Leitung mit der entgegengesetzten Ladung sich befände.

Aus dieser übrigens bekannten Darlegung ziehen wir den für die weitere Entwickelung wichtigen Schluss, dass eine Leitung in Verbindung mit der Erdoberfläche sich in der Wirkung im umgebenden Raume so verhält, als wenn auf der entgegengesetzten Seite der Oberfläche in gleichem Abstande von dieser eine entgegengesetzt geladene Leitung bestände; diese ersetzt also in der Wirkung genau die Erdoberfläche.

Haben wir mehrere Leitungen mit den Ladungen $q_1, q_2, q_3 \ldots$ für die Längeneinheit, so ist das Potential in einem Punkte, der von den Leitungen die Abstände $a_1, a_2, a_3 \ldots$, von ihren Spiegelbildern die

Abstände D_1, D_2, D_3 . . . hat, gleich dem Ausdrucke

$$V = 2 q_1 \log \frac{D_1}{a_1} + 2 q_2 \log \frac{D_2}{a_2} + \ldots$$
$$= 2 \, \Sigma \, q \log \frac{D}{a}.$$

Die Flächen, in denen das Potential einen konstanten Werth hat, sind Cylinderflächen, d. h. durch die Bewegung einer geraden Linie parallel zu den Leitungen hervorgebracht, ihr Schnitt mit einer die Leitungen senkrecht schneidenden Ebene ist aber im allgemeinen nicht bestimmbar.

Nun bieten aber die praktischen Verhältnisse eine besondere Vereinfachung dar. Die Abstände der Leitungen von einander und besonders von der Erde sind sehr gross im Verhältniss zu ihren Durchmessern. Wenn selbst 4 mm starke Drähte in 20 cm Abstand geführt würden, wäre für die Oberfläche eines Drahtes das Verhältniss $\frac{D}{a}$ immer noch 100. Wenn man also das Potential an den einzelnen Punkten der Oberfläche eines der Drähte bestimmt, so ändern sich wohl die Abstände a und D der Oberflächenpunkte von den Linien, in welchen wir uns die Elektricitätsmengen koncentrirt denken, aber nur so wenig, dass die Aenderung praktisch nicht in Betracht kommt.

Man darf also für die Punkte der Oberfläche einer Leitung folgendes setzen: Der Abstand von der in der Mittellinie koncentrirt gedachten Ladung ist gleich ihrem Radius r, während der Abstand von den übrigen Leitungen gleich dem Abstand der Mittellinien gesetzt werden kann.

Um zu sehen, wie weit dies richtig ist, wurde folgende Rechnung ausgeführt.

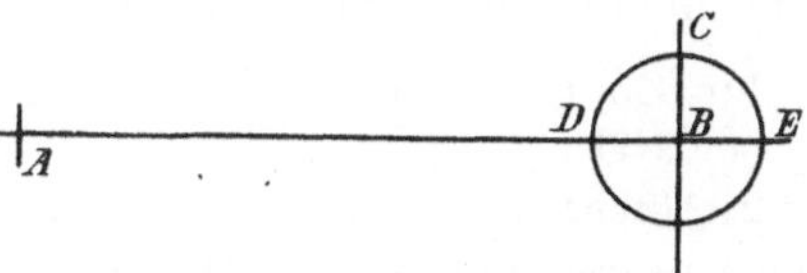

Fig. 1.

Auf einer durch den Punkt A gehenden Linie (Fig. 1), welche zur Zeichnungsebene senkrecht steht, sei eine Ladung q_1 auf die Längeneinheit koncentrirt gedacht, welche auf den $2r = 3$ mm starken Draht B, der geerdet ist, aus $a = 20$ cm Entfernung inducirt.

In der Mittellinie von B wird also eine Ladung q_2 koncentrirt gedacht; damit das Potential im Punkte C, der von A um fast genau 20 cm entfernt ist, Null sei, muss also

$$0 = 2 q_1 \log \frac{D_1}{a} + 2 q_2 \log \frac{D_2}{r}$$

sein.

Die Höhe der Leitungen über der Erde sei 700 cm, dann ist D_1 und fast genau auch $D_2 = 1400$.

Es muss dann also $q_2 = -0{,}465 \, q_1$ sein.

Damit das Potential in D und E ebenfalls den Werth Null habe, muss

$$BD = 0{,}1470$$
$$BE = 0{,}1526$$

sein. D und E liegen also um 0,2996 cm auseinander. Man sicht, dass innerhalb der Genauigkeit, mit der die Drähte überhaupt kreisförmigen Querschnitt haben, ihre Oberflächen mit den theoretischen Niveauflächen zusammenfallen, und dass man die inducirte Ladung mit sehr grosser Genauigkeit im Mittelpunkte der Drähte vereinigt annehmen darf. Dieselbe Annahme wird übrigens auch bei den gewöhnlichen Formeln für die Kapacität von Drähten gemacht.

Um die Kapacität zu berechnen, haben wir für jede Leitung unter Einsetzung des für sie vorgeschriebenen Potentials den Ausdruck $V = 2 \, \Sigma \, q \log \frac{D}{a}$ zu bilden; wir erhalten dann so viele Gleichungen, wie Leitungen vorhanden sind, und können also aus ihnen die in gleicher Zahl vorhandenen Unbekannten q_1, q_2 . . . q_n berechnen.

Nach unserer Definition ist aber dann die Kapacität der einzelnen Leitungen:

$$c_1 = \frac{q_1}{V_1} \, ; \; c_2 = \frac{q_2}{V_2} \ldots$$

Man erhält die c zunächst in elektrostatischen Einheiten und für 1 cm Leitungslänge. Wenn man statt der natürlichen Logarithmen gewöhnliche anwenden und ausserdem Angaben in Mikrofarad für 1 km erhalten will, so hat man den Ausdrücken für c noch den Faktor 0,0483 hinzuzufügen.

Wir gehen nunmehr dazu über, einige praktisch wichtige Fälle besonders zu besprechen.

Zwei Leitungen sollen sich im Abstande a von einander und im gleichen Abstande h von der Erde befinden. Dann ist

$$V_1 = 2q_1 \log \frac{2h}{r} + 2q_2 \log \frac{\sqrt{(2h)^2 + a^2}}{a}$$

$$V_2 = 2q_1 \log \frac{\sqrt{(2h)^2 + a^2}}{a} + 2q_2 \log \frac{2h}{r}.$$

Daraus folgt, dass

$$q_1 = \frac{V_1 \log \frac{2h}{r} - V_2 \log \frac{\sqrt{(2h)^2+a^2}}{a}}{2\left\{\left(\log \frac{2h}{r}\right)^2 - \left(\log \frac{\sqrt{(2h)^2+a^2}}{a}\right)^2\right\}}$$

oder

$$q_1 = \frac{V_1 \log \frac{2h}{r} - V_2 \log \frac{\sqrt{(2h)^2+a^2}}{a}}{2 \log \frac{2h\sqrt{(2h)^2+a^2}}{a\,r}\, \log \frac{a}{r}\, \frac{2h}{\sqrt{(2h)^2+a^2}}}.$$

$$q_2 = \frac{-V_1 \log \frac{\sqrt{(2h)^2+a^2}}{a} + V_2 \log \frac{2h}{r}}{2 \log \frac{2h\sqrt{(2h)^2+a^2}}{a\,r}\, \log \frac{a}{r}\, \frac{2h}{\sqrt{(2h)^2+a_2}}}.$$

1. Setzt man nun z. B.

$$V_2 = -V_1,$$

so wird

$$q_2 = -q_1$$

und dies wird

$$q_1 = \frac{V_1 \log \frac{2h}{r}\frac{\sqrt{(2h)^2+a^2}}{a}}{2 \log \frac{2h\sqrt{(2h)^2+a^2}}{a\,r}\, \log \frac{a}{r}\, \frac{2h}{\sqrt{(2h)^2+a^2}}}$$

$$q_1 = \frac{V_1}{2 \log \frac{a}{r}\, \frac{2h}{\sqrt{(2h)^2+a^2}}},$$

also $c_1 = \dfrac{1}{2 \log \frac{a}{r}\, \frac{2h}{\sqrt{(2h)^2+a^2}}}.$

Diese Angabe bezieht sich auf elektrostatische Einheiten. Wenn $\dfrac{2h}{\sqrt{(2h)^2+a^2}} = 1$ angenommen wird, so stimmt dieser Ausdruck mit dem am Anfange für die Kapacität angegebenen bis auf den Faktor 2 überein.‘

Der Faktor 2 rührt daher, dass bei der gewöhnlich gebrauchten Formel die Potentialdifferenz der Leitungen gegeneinander, bei der hier entwickelten die Potentialdifferenz einer Leitung gegen Erde zu Grunde gelegt ist. Für statische Vorgänge kommen beide Formeln auf dasselbe hinaus; wenn man aber die Fortpflanzung variabler Ströme längs der Leitungen darstellen will, hat man der Leitung die nach der neuen Formel berechnete Kapacität zu geben. Wir werden übrigens an einem späteren Beispiele sehen, dass die Kapacität der beiden Leitungen gegeneinander nicht allein von ihrer Potentialdifferenz abhängt, sondern auch von den Werthen der beiden Potentiale gegenüber dem der Erde. Aus diesem Grunde halten wir es für besser, die Kapacität jedes Zweiges einer Doppelleitung, wenn beide Zweige auf gleich grossen, aber entgegengesetzten Potentialen sind, durch die hier angegebene Formel darzustellen.

Durch die Nähe der Erde wird die Kapacität vergrössert und dies kommt um so mehr in Betracht, je grösser a im Verhältniss zu $2h$ ist.

Für praktische Fälle ist $a < 100$, $h > 500$, also liegt $\dfrac{2h}{\sqrt{(2h)^2+a^2}}$ zwischen den Grenzen 1 und $\sqrt{\dfrac{100}{101}}$.

Für $a = 100$, $h = 500$, $r = 0{,}2$ ist die Kapacität für 1 km, wenn der Einfluss der Erde in Rechnung gezogen wird: $\dfrac{0{,}0483}{2\,.\,2{,}6968}$, wenn der Einfluss der Erde vernachlässigt wird: $\dfrac{0{,}0483}{2\,.\,2{,}6990}$.

Der Unterschied beider Werthe kommt für praktische Zwecke nicht in Betracht, die Formel

$$c = \frac{1}{2 \log \frac{a}{r}} \quad \text{elektrost. Einh.}$$

stellt also eine gute Annäherung dar.

Man darf indessen hieraus nicht etwa den Schluss ziehen, dass die Mitwirkung der

Erde bei der Potentialvertheilung überhaupt nicht wahrnehmbar sei; es wird von Interesse sein, den Verlauf der Niveaulinien in einem solchen Falle kennen zu lernen. Da die Niveaulinien der beiden Punkte, welche die Leitungen darstellen, für sich Kreise sind, ebenso diejenigen der beiden Spiegelpunkte, so lässt sich der Verlauf der Niveaulinien ziemlich leicht konstruiren.

In der Fig. 2 sind die Niveaulinien bis zu einer Höhe von 3 m über dem Erdboden dargestellt. Das Potential ändert sich von Linie zu Linie um 0,001, unter der einer

$$\frac{q_1}{2\,r\,\pi} = \frac{1}{1{,}2\,\pi}$$

sei. Die Fig. 3 stellt die Vertheilung der negativen Elektricität durch die Grösse $\dfrac{-h}{\delta}10^6$ dar. Die Dichte wächst vom Fusspunkte der Leitung von Null aus zu einem Maximum an, um dann sehr allmählich bis auf Null wieder abzunehmen. Auf der anderen Seite des Nullpunktes ist natürlich, entsprechend der negativen Ladung des zweiten Drahtes, eine Schicht positiver

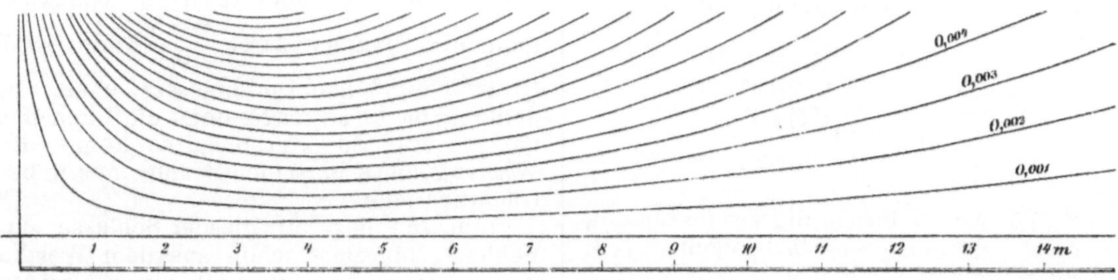

Fig. 2.

bequemen Konstruktion halber gemachten Annahme, dass $q_1 = \dfrac{1}{2}$ sei. Dies ergiebt für die Leitungen selbst das Potential 4,97. Diese Werthe beziehen sich auf elektrostatisches Maass; natürlich sind die Verhältnisszahlen im praktischen Maasssystem dieselben.

Die von der Leitung ausgesandten Kraftlinien verlaufen senkrecht zu den Niveaulinien, also in der Nähe der Erdoberfläche in senkrechter Richtung. Wenn man die Elektricität auf dem Drahte als positiv bezeichnet, so muss sich durch Influenz auf der Erde eine Schicht negativer Elektricität anhäufen, und zwar ist diese am dichtesten dort, wo das Potentialgefälle am grössten ist.

Nach einem bekannten Satze lässt sich aus dem Potentialgefälle die Dichte der Elektricität an einer Fläche berechnen und zwar ist

$$h = -\frac{1}{4\,\pi}\;\frac{\partial V}{\partial n}.$$

Bestimmt man also durch Ausmessung, um wieviel sich in der Nähe der Erdoberfläche das Potential für 1 cm ändert, so erhält man durch Division mit $4\,\pi$ die Dichte an dieser Stelle, und zwar unter der Annahme, dass die Dichte δ auf der Leitung gleich

Elektricität vorhanden; im Fusspunkte selbst ist die Dichte Null.

Der Flächeninhalt der Kurve stellt die Elektricitätsmenge dar, welche auf 1 cm Länge längs der Leitung gerechnet, auf der Erdoberfläche senkrecht zur Leitung sich

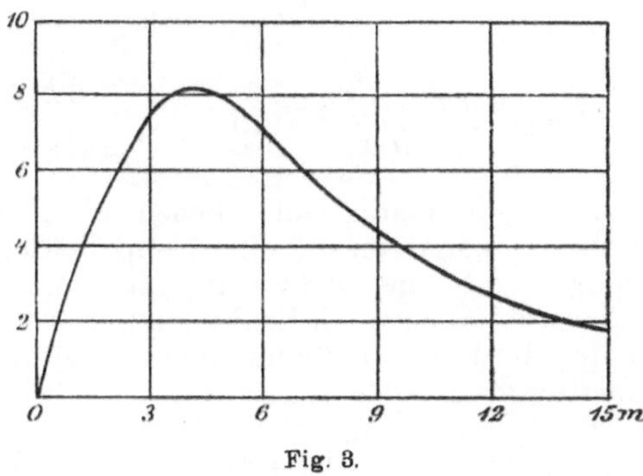

Fig. 3.

angesammelt hat. Dieselbe beträgt $172 . 10^{-4}$ von der auf der gleichen Länge des Drahtes angesammelten. Es findet demnach erst auf etwa 58 vom Drahte ausgehende Kraftlinien eine den Weg zur Erde, während die anderen zur zweiten Leitung übergehen.

Die Fig. 2 stellt natürlich nur die eine Hälfte der Niveaulinien dar; symmetrisch dazu liegt eine kongruente Schaar auf der

5*

anderen Seite der senkrechten Achse, nur ist auf ihnen das Potential negativ; [1])

2. Wir betrachten ferner den Fall, dass

$$V_1 = V_2 = V$$

sei, dass man also beide Leitungen mit demselben Pole einer Batterie verbinde. Dann wird $q_1 = q_2$ und es ist

$$q_1 = \frac{V}{2 \log \dfrac{2 h \sqrt{(2h)^2 + a^2}}{a\, r}}.$$

Die Kapacität der Leitung ist also in diesem Falle

$$c_2 = \frac{1}{2 \log \dfrac{2 h \sqrt{(2h)^2 + a^2}}{a\, r}}.$$

3. Wir wollen ferner die zweite Leitung an Erde legen, also $V_2 = 0$, dagegen $V_1 = V$ setzen.

Dann wird

$$q_1 = \frac{V \log \dfrac{2 h}{r}}{2 \log \dfrac{2 h \sqrt{(2h)^2 + a^2}}{a\, r} \; \log \dfrac{a}{r} \dfrac{2 h}{\sqrt{(2h)^2 + a^2}}}$$

und es ist

$$c_3 = \frac{\log \dfrac{2 h}{r}}{2 \log \dfrac{2 h \sqrt{(2h)^2 + a^2}}{a\, r} \; \log \dfrac{a}{r} \dfrac{2 h}{\sqrt{(2h)^2 + a^2}}}$$

Berechnet man nach diesen Formeln die drei Kapacitäten für eine Doppelleitung, welche aus 3 mm starken, 20 cm von einander und 700 cm vom Erdboden entfernten Drähten besteht, so findet man in Mikrofarad für 1 km

$$c_1 = 0,01138,$$
$$c_2 = 0,00416,$$
$$c_3 = 0,00777.$$

Es dürfte besonders der grosse Unterschied zwischen c_2 und c_3 auffallen, welcher zeigt, dass die elektrostatische Influenz zweier paralleler Drähte sehr beträchtlich

[1]) Es sei beiläufig bemerkt, dass die Vertheilung an der Erde sich auch direkt analytisch berechnen lässt; die bei der Rechnung sich ergebenden Werthe stimmen fast genau mit den durch Ausmessung gefundenen überein.

ist. Vaschy[1]) ist der Ansicht, dass die Kapacität eines Drahtes durch benachbarte Drähte nicht erheblich beeinflusst werden könnte. Um dies plausibel zu machen, berechnet er die Kapacität eines Drahtes, der von einem vollständigen metallischen Cylinder umschlossen ist, dessen Radius gleich dem Abstande der betrachteten Drähte ist. Es ergiebt sich z. B. für einen 3 mm starken Draht, der in 50 cm Entfernung von einem solchen Cylinder umschlossen ist, eine Kapacität von 0,00958 Mikrofarad für 1 km, während der Draht ohne den Cylinder gegen die Erde 0,00609 Mikrofarad für 1 km besitzt. Nun wäre nach Vaschy's Gedankengang der Cylinder durch $\dfrac{2 \pi \, 50}{0,3}$ oder 1047 Drähte von 3 mm Durchmesser ersetzt zu denken; da diese insgesammt die Kapacität nur um etwa 36 % erhöhen, so könne die Wirkung eines einzelnen Drahtes nur unbeträchtlich sein.

Indessen liegt in diesem Schlusse ein Fehler. Man sieht schon aus dem Werthe von c_2, dass die Kapacität eines Drahtes verringert wird, wenn parallel zu ihm ein zweiter auf demselben Potential gehalten wird; man könnte sagen, die Drähte üben auf einander eine entelektrisirende Wirkung aus; deshalb darf man nicht den Zuwachs an Kapacität der Zahl der Drähte proportional setzen.

Wenn die Formel, welche wir für die Berechnung der Kapacität eines Systems von Leitungen angegeben haben, richtig ist, so müssen sich, wenn man die Kapacität eines Drahtes in der Nähe anderer, auf dem Potential Null gehaltener, für eine wachsende Zahl solcher Drähte berechnet, Werthe ergeben, welche der Kapacität des von einem Cylinder umgebenen Drahtes als Grenze sich nähern. Es bedarf dazu nur einiger einfacher Rechnungen. Man vertheile auf dem Umfange des Cylinders von 50 cm Radius in symmetrischer Anordnung, also in den Eckpunkten einbeschriebener regelmässiger Polygone 2, 3, 4, 6, 8 Drähte; es werde ferner angenommen, dass alle den gleichen mittleren Abstand von der Erde haben, was durch eine schraubenförmige Anordnung der Drähte praktisch erzielt werden könnte. Man berechne dann die Elektricitätsmenge q auf dem inneren Drahte, unter der bei den gemachten Voraussetzungen gültigen Annahme, dass die Ladungen aller übrigen Drähte unter einander gleich seien. Die Resultate, vereinigt mit

[1]) Traité d'él. et de magnét. I § 41 Anm.

denen für einen einzelnen Draht und denen für den Cylinder, sind in der Tabelle zusammengestellt, welche ferner noch die Grösse $\frac{-q_1}{q}$, das Verhältniss der Ladungen auf jedem der influenzirten Drähte zu derjenigen des influenzirenden enthält:

Zahl der umgebenden Drähte	Kapacität Mikrof für 1 km	$\frac{-q_1}{q}$
0	0,00609	
2	766	0,283
3	811	0,227
4	838	0,188
6	874	0,139
8	892	0,109
∞	958	—

(Cylinder)

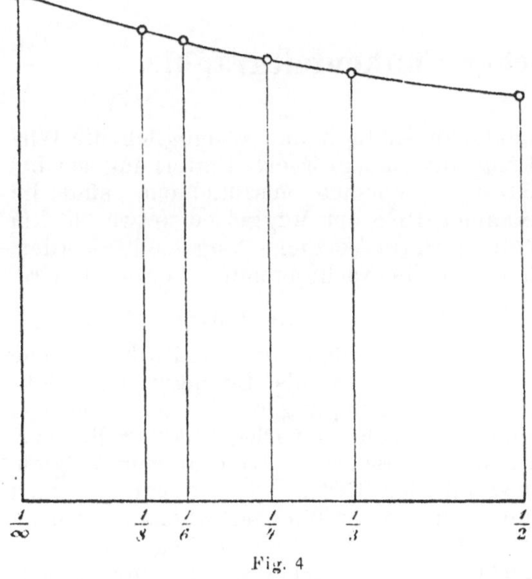

Fig. 4

Trägt man die Resultate so auf, dass man $\frac{1}{n}$ als Abscisse, die Kapacität als Ordinate wählt — auf diese Weise erhält man alle Punkte in endlicher Entfernung, so ergiebt sich die Fig. 4, aus welcher hervorgeht, dass unsere Rechnung bei wachsender Zahl der Drähte zu dem gleichen Resultate führen würde, wie die Formel für den von einem Cylinder umgebenen Draht.

Aus den Zahlen für $\frac{-q_1}{q}$ ergiebt sich, dass bei 6 Drähten insgesammt 0,834, bei 8 Drähten 0,872 der Menge q sich auf den influenzirten Drähten befindet, d. h. es endigen im ersten Falle 83,4, im zweiten 87,2 aller Kraftlinien, die von dem inneren Drahte

ausgehen, auf den umgebenden Drähten, während nur ein ziemlich kleiner Theil die Erde erreicht.

Auf die Wirkung der benachbarten Drähte dürfte bei der engen Anordnung auch die hohe Kapacität von Stadtfernsprechleitungen zurückzuführen sein, für welche Franke bei Broncedrähten den hohen Werth von etwa 0,021 gefunden hat.

Eine weitere interessante Anwendung der Formeln bildet die Berechnung der elektrostatischen Kapacität einer Leitung eines Drehstromsystems unter der Annahme, dass Drehstrom in den Leitungen verläuft.

Zunächst wollen wir auch hier, um die Formeln symmetrisch zu halten, die mittlere Entfernung der drei Leitungen von der Erde als gleich ansehen, sie betrage h; es kann ferner ohne merklichen Fehler die Entfernung jeder Leitung von den Spiegelbildern der anderen zu $2\,h$ angenommen werden. Haben endlich die Leitungen von einander den Abstand a und bedeutet $2\,r$ ihren Durchmesser, so lauten die drei Gleichungen:

$$V_1 = 2\,q_1 \log \frac{2\,h}{r} + 2\,q_2 \log \frac{2\,h}{a} + 2\,q_3 \log \frac{2\,h}{a},$$

$$V_2 = 2\,q_1 \log \frac{2\,h}{a} + 2\,q_2 \log \frac{2\,h}{r} + 2\,q_3 \log \frac{2\,h}{a},$$

$$V_3 = 2\,q_1 \log \frac{2\,h}{a} + 2\,q_2 \log \frac{2\,h}{a} + 2\,q_3 \log \frac{2\,h}{r}.$$

Hieraus ergiebt sich für q_1 folgender Werth:

$$q_1 = \frac{1}{2} \cdot \frac{V_1 \log \frac{(2\,h)^2}{a\,r} \quad (V_2 + V_3) \log \frac{2\,h}{a}}{\log \frac{a}{r} \log \left(\frac{2\,h}{a}\right)^2 \frac{2\,h}{r}}.$$

Nun besteht zwischen V_1, V_2 und V_3, wenn es sich um dreiphasigen Strom handelt, die Beziehung

$$V_1 + V_2 + V_3 = 0.$$

Da also

$$-(V_2 + V_3) = + V_1$$

ist, geht das Resultat nach Ausscheidung

der im Zähler und Nenner gemeinsamen Faktoren in folgende Form über:

$$q_1 = \frac{V_1}{2 \log \dfrac{a}{r}}.$$

Die Kapacität eines Zweiges der Drehstromleitung ist also gleich

$$\frac{1}{2 \log \dfrac{a}{r}}.$$

Sie hat denselben Werth, als wenn statt der beiden Leitungen, in welchen Spannungen mit 120^0 und 240^0 Phasenunterschied bestehen, eine Leitung im gleichen Abstande vorhanden wäre, welche die Spannung $- V_1$, also einen Phasenunterschied von 180^0 gegen die Spannung des betrachteten Zweiges hat.

Beispielsweise ergiebt sich für einen Zweig eines Drehstromleitungssystems, welches aus drei von einander um 1 m entfernten Leitungen von 4 mm Durchmesser besteht, unter der Voraussetzung, dass Dreiphasenstrom in dem System fliesst, eine Kapacität von 0,00895 Mikrofarad für 1 km.

---

46. Versuche mit Marconi'scher Funkentelegraphie.

Aufgabe.

Marconi hat bei seinen Versuchen und auch bei den betriebsmässigen Einrichtungen zur Funkentelegraphie an der gebenden wie an der empfangenden Stelle stets einen mit der Erde verbundenen, senkrecht nach oben geführten Draht benutzt, der zur Ueberwindung recht grosser Entfernungen oft eine bedeutende Höhe, 40 m, erreichen musste. Slaby hat diesen Draht sogar, um ihn recht lang wählen zu können, an einem Luftballon befestigt.

Die Errichtung solch langer, nach oben führenden Leitungen macht nicht geringe Schwierigkeiten. Es schien daher angezeigt, zu versuchen, ob nicht auch wagrecht geführte Drähte den Zweck erfüllen. Die Vortheile springen in die Augen; man hat keinerlei besonders schwierige Baukonstruktion, ja man kann vielleicht mit den gewöhnlichen Telegraphenbaumaterialien auskommen; und es ist nicht schwierig, bedeutend längere Drähte und damit längere Wellen zu verwenden, als bei senkrecht gespannten Drähten.

Einen Versuch solcher Art beschreibt Slaby in seinem Vortrag über Funkentelegraphie. Er benutzte Drähte von 100 m Länge, die etwa 2 m über der Erdoberfläche wagrecht ausgespannt waren, und konnte damit auf 3 km Entfernung klare Zeichen senden.

Um die Bedingungen, unter denen man auch mit wagrechten Drähten arbeiten kann, näher zu studiren und womöglich die Wirkung auf eine grössere Entfernung als bei Slaby's Versuch auszudehnen, sind im Sommer 1898 am Müggelsee (etwa 20 km von Berlin) Versuche angestellt worden, über die im Nachfolgenden berichtet wird.

Apparate und Hülfsmittel.

Da sich bisher der Ruhmkorff'sche Induktionsapparat als Erzeuger der elektrischen Schwingungen bewährt hat, so wurde er auch im vorliegenden Falle verwendet. Versuche im Laboratorium zeigten, dass mit der Grösse des Apparates auch die Weite seiner Wirkung wuchs; es wurde deshalb, um nicht den Erfolg an der zu geringen Grösse der zur Verfügung stehenden Apparate scheitern zu lassen, ein Induktionsapparat für 50 cm Funkenlänge beschafft.

Der Induktor besass einen besonders aufgestellten und aus einer besonderen Batterie gespeisten Motorunterbrecher, einen kleinen elektrischen Motor, der an beiden Enden der Achse Kurbeln trug; durch letztere wurden kupferne Stifte in Quecksilbergefässen auf- und niederbewegt, wobei sie den primären Strom des Induktionsapparates abwechselnd schlossen und öffneten (Fig. 1). Der Motor konnte demnach während jeder Umdrehung den Strom zweimal schliessen und zweimal öffnen. Die Drehungsgeschwindigkeit des Motors konnte in weiten Grenzen verändert werden. Sie betrug bei den Versuchen etwa 600 U.

p. M., was einer Zahl von 20 Unterbrechungen des primären Stromes in der Sekunde entspricht.

Die Absicht bei der Verwendung des grossen Induktionsapparates war, bei jedem Stoss eine grössere Energiemenge auszusenden. Indessen glaube ich aus dem nicht allzu günstigen Erfolge schliessen zu sollen, dass es wichtiger ist, die Stösse rascher auf einander folgen zu lassen, wenn auch der Induktionsapparat kleiner ist, als einen sehr grossen Induktor zu verwenden, wenn man damit nur eine kleine Unterbrechungszahl erreichen kann.

Im primären Stromkreis lag noch eine vergrösserte Morsetaste mit Kohlenkontakten; solange diese Taste offen stand, hatten die Bewegungen des Motorunterbrechers keinen Schluss des Stromes zur Folge; erst wenn die Taste niedergedrückt wurde, konnte der primäre Strom geschlossen werden, und erst dann wirkte

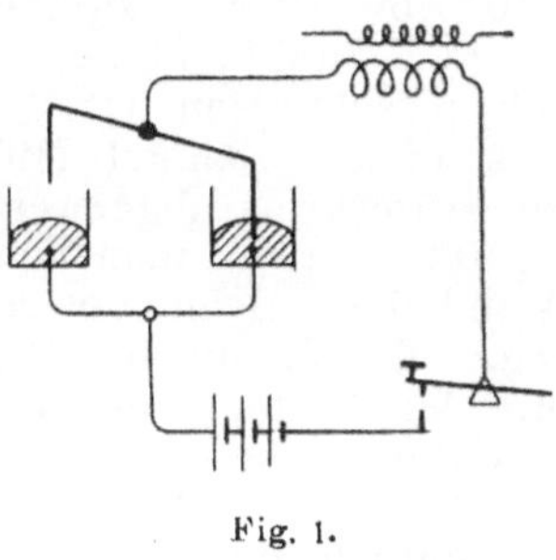

Fig. 1.

der Motorunterbrecher und erzeugte am Induktionsapparat in einer Luftstrecke von 50 cm einen starken Funkenstrom, solange die Taste niedergedrückt blieb (Fig. 1).

Nach Righi's Vorgang wurde zur Erzeugung wirksamer Funken die Funkenstrecke in eine isolirende Flüssigkeit verlegt. Der verwendete Erreger bestand aus zwei grossen Zinkkugeln von 10 cm Durchmesser, die in der Flüssigkeit einen Abstand von 1 bis 3 mm hatten, und daneben zwei kleinere Zinkkugeln von 2,3 cm Durchmesser, die in einigen Centimetern Abstand von den grossen Kugeln aufgestellt wurden. Diese Maassverhältnisse sind ungefähr die gleichen wie die bei Slaby's Versuchen. Aber die Anordnung war etwas anders; die von Slaby gewählte Aufstellung, wobei die Kugeln wagrecht neben einander stehen, schien für die Befestigung der Kugeln bei deren grossem Gewicht weniger sicher, besonders aber schien sie die Abdichtung der isolirenden Flüssigkeit

zu erschweren. Es wurde deshalb eine Aufstellung mit senkrechter Achse gewählt, alle Kugeln in einer Reihe über einander. Fig. 2 stellt den Apparat dar. Die Kugeln liegen auf den angegossenen Rändern, die untere auf einer Ebonitplatte, die obere auf einem Stück Ebonitrohr, welches zugleich das Gefäss für die isolirende Flüssigkeit bildet. An die untere Kugel ist das umgebende Rohr festgekittet und die Fugen sind abgedichtet. In der Wand des Rohrs war zur Beobachtung der Funken ein kleines Fenster aus Glas angebracht worden.

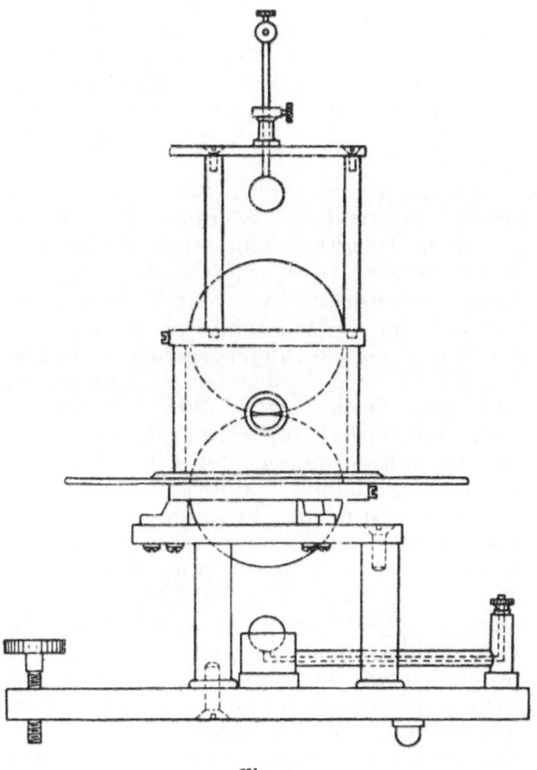

Fig. 2.

Ueber den Rand der unteren Kugel musste noch eine Ebonitscheibe von grösserem Durchmesser gelegt werden, um zu verhindern, dass die Funken ihren Weg von der oberen zur unteren Kugel aussen um das Gefäss durch die Luft nahmen. Unterhalb der unteren und oberhalb der oberen grossen Kugel sind die beiden kleinen Kugeln an leicht aufstellbaren Ständern angebracht.

Diese senkrechte Anordnung bietet nicht nur den Vortheil einer sicheren Abdichtung der Flüssigkeit, sondern gestattet auch, die Hauptfunkenstrecke bequem zu ver grössern oder zu verkleinern; man braucht nur unter die obere Kugel Ringe von passender Dicke zu legen.

Die sonst meist verwandten isolirenden Flüssigkeiten, Petroleum-, Vaselin- und Paraffinöl, Xylol, verkohlen beim Durchgang der energischen Funken des grossen Induktionsapparates sehr rasch; es bilden sich Brücken aus Kohle, die das Zustandekommen der Funken eine Zeit lang verhindern, um dann wieder zu zerreissen. Als geeignetes Dielektrikum hat sich Ricinusöl bewährt, das zwar auch verkohlt, aber doch so langsam, dass man mit einer Füllung Stunden lang arbeiten kann.

Der Funkeninduktor nebst Motorunterbrecher, sowie die Righi'sche Funkenstrecke waren von Herrn F. Ernecke in Berlin hergestellt, der letztere Apparat nach dem Entwurf des Telegrapheningenieurbüreaus.

Als Empfänger wurde der Coherer oder Fritter verwendet. Sämmtliche Coherer waren im Telegrapheningenieurbüreau hergestellt worden; es wurden theils Rothguss-, theils Nickelspähne verwendet, theils ein Gemisch der beiden, ohne dass man für das eine oder das andere einen entschiedenen Vorzug gefunden hätte. Nur schien eine ganz leichte Oxydation bei Nickelspähnen erforderlich, während die Rothgussspähne wohl schon bei der Herstellung an der Luft genügend oxydirten. Die Elektroden waren kleine Messingcylinder oder Silberbleche; der Zwischenraum betrug gewöhnlich etwa 2 bis 3 mm; hierbei war die erforderliche Empfindlichkeit zu erreichen. Bei kleinerem Abstand wurde die Empfindlichkeit leicht zu gross, und es traten häufige Störungen auf. Neben dem Fritter wurde ein Klopfer, der aus einem gewöhnlichen Wecker hergestellt war, angebracht; dieser Klopfer hatte, wie bekannt, die Aufgabe, jedesmal, nachdem im Fritter ein Strom zu Stande gekommen war, durch einen oder einige Schläge den hohen Widerstand wiederherzustellen; es waren auch Versuche angestellt worden, den Klopfer ununterbrochen arbeiten zu lassen; aber ihr Ergebniss war nicht befriedigend. Um nicht in der unmittelbarsten Nähe des Coherers eine Stromunterbrechungsstelle anbringen zu müssen, wurde die Wickelung des Klopfers mit einem zweiten Wecker, der beliebig weit aufgestellt wurde, verbunden (vgl. Fig 3).

Als Relais für den Fritterkreis wurden einige sehr empfindliche Telegraphenrelais versucht, doch mit geringem Erfolg; besser liess sich ein Relais verwenden, das nach Art des Siemens'schen Russschreibers gebaut war; am besten arbeitete — wie bei Slaby — ein Relais, das aus einem Deprez d'Arsonval'schen Galvanometer hergestellt worden war. Von dem bei Slaby beschriebenen unterschied es sich nur in minder wesentlichen Punkten; die Spule war nicht zwischen zwei Spitzen gelagert, sondern ruhte mittels Achathütchens auf einer Spitze; der Zeiger der Spule wurde von der Spiralfeder des Galvanometers gegen eine feine Blattfeder gedrückt, deren Ende zum Zwecke der Isolation mit Schellack bestrichen war; der Zeiger war also federnd eingeklemmt. Die Blattfeder trug, wie bei Slaby, ein Kontaktplättchen, das mit einem dahinterliegenden Kontaktstifte in Berührung kam, sobald der Zeiger der Spule eine kleine Bewegung nach der richtigen Seite ausführte.

Die Empfindlichkeit dieses Galvanometerrelais war sehr hoch; als Galvanometer zeigte es 10^{-5} bis 10^{-6} A an, als Relais, wobei es einen Kontakt mit dem erforderlichen Druck zu schliessen hatte, brauchte es allerdings einige Zehntel Milliampère. Die für den Fritterkreis abgezweigte Spannung betrug 0,1 V, auch manchmal mehr; der Widerstand des Galvanometerrelais war 200 Ω, sodass der Strom im Fritterkreis, selbst wenn der Widerstand des Fritters ganz verschwand, meist unter 1, jedenfalls aber unter 2 Milliampère blieb.

Es ist wesentlich, dass durch den Kontakt des ersten Relais nur ein ganz schwacher Strom fliesst; sobald der Strom über eine gewisse, ganz geringe Stärke geht, haften die beiden Kontakte nach der Herstellung der Berührung dauernd zusammen. Man kann zwar durch geeignetes leises Klopfen am Instrument erreichen, dass eine etwas höhere Stromstärke verwandt werden darf, aber auf jeden Fall sollte man von diesem Galvanometerrelais nur einen einzigen Stromkreis mit einem empfindlichen Relais schliessen lassen. Erst die Zunge des letzteren darf benutzt werden, um kräftigere Ströme in Thätigkeit zu setzen. Das Relais R_1 bedurfte weniger Milliampère.

Die hohe Empfindlichkeit des Fritters und des ersten, im Fritterkreis benutzten Relais sind zwar von ausschlaggebender Bedeutung; aber das gute Arbeiten der Empfangsstation hängt noch von einigen anderen Umständen ab.

Zunächst ist sehr wichtig, dass im Fritterkreis kein Apparat mit höherer Selbstinduktion liegt; sobald ein bewickelter Eisenkern eingeschaltet wird, bietet es grosse Schwierigkeiten, den Fritter stromlos zu machen; ein Fritter, der, mit der Batterie und einem Galvanometer in einen Stromkreis geschaltet, stets sicher mit einem einzigen leichten Schlag stromlos wird. verliert diese Eigenschaft, sobald in den Stromkreis die Elektromagnetwindungen eines Relais eintreten.

Ferner ist es wichtig, dass die zum Betriebe des Fritterkreises erforderliche elektromotorische Kraft möglichst gering sei. Stellt man einen Fritter mit Batterie und Galvanometer zu einem Stromkreis auf, und besitzt die Batterie etwa 10 V, so sieht man bei ruhigem Stehen der Apparate nach kurzer Zeit die Nadel des Galvanometers einen schwachen Strom anzeigen, welcher bald rascher wächst, um schliesslich zu beträchtlicher Höhe anzusteigen. Aehnliches spielt sich schon ab, wenn die Batterien auch nur schwach sind; zwar reicht eine Spannung von 1—2 V gewöhnlich nicht aus, um bei ruhigem Stehen einen starken Strom im Coherer zu erzeugen; wenn aber ab und zu an den Coherer geklopft wird, so bringt auch die schwache Batterie einen genügend starken Strom zu Stande, um die anderen Empfangsapparate in Thätigkeit zu versetzen.

Man sieht leicht, dass erst ein sehr empfindliches Relais ermöglicht, mit der Spannung im Fritterkreis beträchtlich herabzugehen. Und da die Galvanometer mit beweglicher Spule sowohl sehr empfindlich sind, als auch eine verhältnissmässig kleine Selbstinduktion[1]) besitzen, so scheint ein Relais, wie es von Slaby und nach seinem Vorgange bei den hier zu beschreibenden Versuchen verwendet worden ist, am besten geeignet zu sein.

Fig. 3 zeigt die Schaltung mit den wesentlichen Einzelheiten. Bei F ist der Fritter angegeben, K bedeutet den Klopfer, der mit dem Wecker W in Reihe geschaltet ist. Die Spannung für den Fritterkreis beträgt etwa 0,1 V und wird durch Abzweigung aus dem Kreis der Batterie B erhalten. Bei G ist das empfindliche Relais mit geringer Selbstinduktion angegeben.

Dieses Galvanometerrelais hat, wie oben bemerkt, den Stromkreis für ein zweites, etwas weniger empfindliches Relais R_1, ein polarisirtes Telegraphenrelais, zu öffnen und zu schliessen. Es hat sich bei den Versuchen als zweckmässig herausgestellt,

---

[1]) Das verwendete Galvanometerrelais hatte bei 200 Ω Widerstand eine Selbstinduktion von 0,05 Henry.

dieses Relais mit Stromverstärkung arbeiten zu lassen; daher sieht man, dass die Zunge des Galvanometerrelais nicht den Stromkreis öffnet und schliesst, sondern nur einen Widerstand aus- und einschaltet. Die Zunge des Relais R_1 liegt in dem Stromkreis des Relais R_2 und zwar so, dass in letzterem Kreis Ruhestrom herrscht; erst die Zunge des Relais R_2 schliesst und öffnet den Stromkreis der Batterie B_3, welche in Arbeitsstromschaltung den Wecker W nebst Klopfer K und den Morseschreibapparat M betreibt.

Es wird also eine mehrgliedrige Kette von Uebertragungen benutzt. Der Zweck

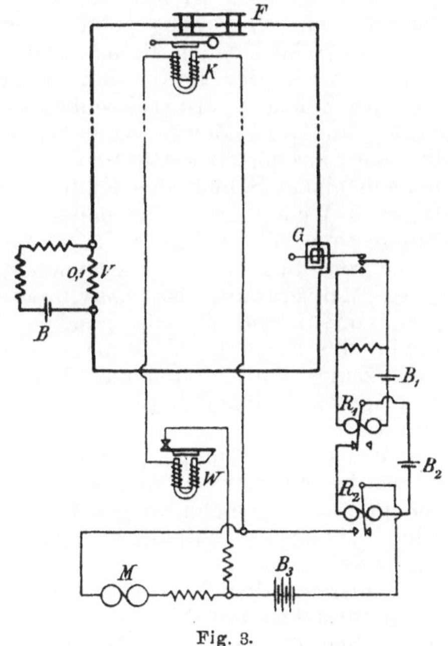

Fig. 3.

der ersten Verkettung ist bereits genannt worden; die Uebertragung von dem äusserst empfindlichen Relais G auf das weniger empfindliche Relais R_1 ist nothwendig, um im Fritterkreis nur ganz schwache Spannungen und Ströme benutzen zu können. Die zweite Verkettung, die Einschaltung eines Ruhestromkreises ergiebt sich aus folgender Ueberlegung. Sobald ein Zug elektrischer Wellen den Coherer trifft, entsteht — vorausgesetzt, dass schon die Zunge von R_1 den Morseapparat in Thätigkeit setzt — auf dem Morseapparat ein Zeichen, welches durch den Schlag des Klopfers beendet wird; ein Unterschied zwischen Punkt und Strich wird hier nicht gemacht. Die Folge davon

6

ist, dass überhaupt nur einerlei Zeichen, gewöhnlich Punkte auf dem Streifen erscheinen; sie stehen entweder einzeln, oder zu dreien enger gruppirt; letzteres stellt den Strich dar. Bei Zwischenschaltung des Ruhestromkreises gestaltet sich aber der Verlauf anders. Treffen die elektrischen Wellen den Coherer, so schliesst zunächst G die Kontakte des ersten Nebenkreises, worauf die Zunge von R_1 ihren Ruhekontakt verlässt, und den Strom von R_2 unterbricht. Die Zunge von R_1 geht bis zu ihrem Arbeitskontakt; mittlerweile hat der Morseapparat begonnen, sein Zeichen zu schreiben, und der Klopfer schlägt gegen den Fritter; darauf öffnet G die Kontakte, der Strom in R_1 wird wieder schwach, und die Zunge von R_1 verlässt den Arbeitskontakt; aber ehe sie den Ruhekontakt erreicht hat, spricht der Fritter auf die Fortsetzung des Zeichens an; G schliesst die Kontakte und die Zunge von R_1 geht wieder zu ihrem Arbeitskontakt. Erst wenn nach einem Schlag des Klopfers die elektrischen Wellen aufgehört haben, kann die Zunge von R_1 zu ihrem Ruhekontakt zurückkehren und das Morsezeichen beendigen. Man erkennt also, dass zwar die Zungen von G und R_1 die raschen Bewegungen des Klopfers K mitmachen, dass aber die Zunge von R_2 sich nur dann bewegt, wenn ein Zeichen beginnt und wenn es aufhört.

Der Wecker W und Klopfer K werden zweckmässig aufeinander abgestimmt, damit sie möglichst gleichmässig arbeiten.

Alle Stromkreise enthalten regulirbare Widerstände.

Das Auftreten der Funken an den Unterbrechungsstellen der Nebenkreise wurde durch Nebenschalten von Widerständen und Kondensatoren verhindert.

Versuche.

Die Umgebung von Friedrichshagen (Fig. 4) war für die anzustellenden Versuche besonders günstig. Einerseits liegt zwischen der Stadt und den Wasserwerken W nördlich des Sees eine ziemlich grosse Fläche ebenen Landes mit sehr wenig Baumwuchs, die für die ersten Vorversuche gute Gelegenheit bot; andererseits war es möglich, quer über den See hinüber (zwischen den mit ○ angegebenen Punkten) auf etwa 2 bis 2,5 km und über die Länge des Sees auf etwa 5 bis 6 km Zeichen zu senden.

Durch Vorversuche wurde zunächst festgestellt, dass die Verwendung langer, hoch über dem Erdboden gespannter Drähte für eine gute Wirkung nöthig war. Von diesen Vorversuchen sei hier nur kurz erwähnt, dass sie nicht mit der ganzen Schaltung der Fig. 3 ausgeführt wurden, sondern dass die beiden Relais R_1 und R_2, sowie der Morseapparat fehlten; der unmittelbar beim Fritter aufgestellte Klopfer wurde durch das im Fritterkreis befindliche Telegraphenrelais in Thätigkeit gesetzt, und die Zeichen wurden an einem im Fritterkreis liegenden Galvanometer abgelesen. Bei den geringen Entfernungen dieser Versuche reichte die einfachere Aufstellung noch aus.

Zuletzt wurden die gebende und die empfangende Leitung jede von 100 m Länge 5,7 km von einander entfernt und parallel aufgestellt. Zur Errichtung dienten hölzerne Telegraphenstangen mit angesetzten eisernen Rohrständern; an letzteren befanden sich

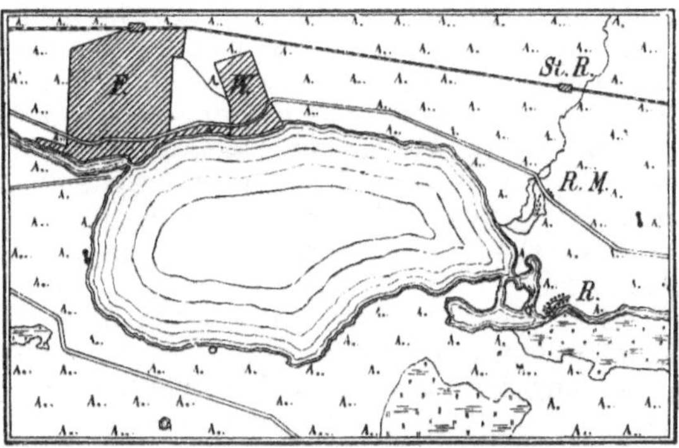

F. Friedrichshagen. *W.* Wasserwerke.
R. Rahnsdorf. *R. M.* Rahnsdorfer Mühle.
St. R. Station Rahnsdorf.

Fig. 4.

Querträger mit grossen Porzellandoppelglocken zur Befestigung des Drahtes. Es wurde an der gebenden Stelle Broncedraht von 4,5 mm Stärke, an der empfangenden meist dünnerer Broncedraht, zuletzt 2 mm starker, verwendet. Es wurden an jeder Seite mehrere Drähte parallel geschaltet, aber die Ergebnisse der Versuche reichen nicht aus, zu entscheiden, ob ein einziger Draht günstiger oder ungünstiger ist als mehrere.

Die gebende Stelle befand sich nordöstlich von Rahnsdorf, etwa 800 m vom östlichen Ende des Sees entfernt auf einem Hügel (Schonungsberg), der noch niedrige Kiefernbüsche als Ueberbleibsel der vorhergegangenen Bewaldung trug; gleich dahinter lag Kiefernwald, davor und tiefer Felder und einige Wohngebäude. Die empfangende Stelle lag am westlichen See-ufer auf der ersten Bodenwelle; zwischen der Leitung und dem See war nur Wiese und Schilfbestand, hinter der Leitung Kiefern-wald.

Die Stellen der gebenden und empfangen-den Leitung sind als kurze Striche mit starken Endpunkten im Plane angegeben. Im Maassstab des letzteren werden 100 m wirkliche Länge durch 1 mm dargestellt.

Längs der Eisenbahn und sämmtlicher im Plane durch Doppellinien angegebenen Chausseen führten Telegraphen- oder Fern-sprechlinien; von den nächsten Punkten der letzteren wurden nach den beiden Ver-suchsstellen dünne Drähte gezogen, auf denen man sich über Beginn, Fortgang und Schluss der Versuche verständigte.

Beide Leitungen hatten eine Länge von 100 m, während die Höhe der gebenden Leitung über dem Erdboden 9,6 m, die

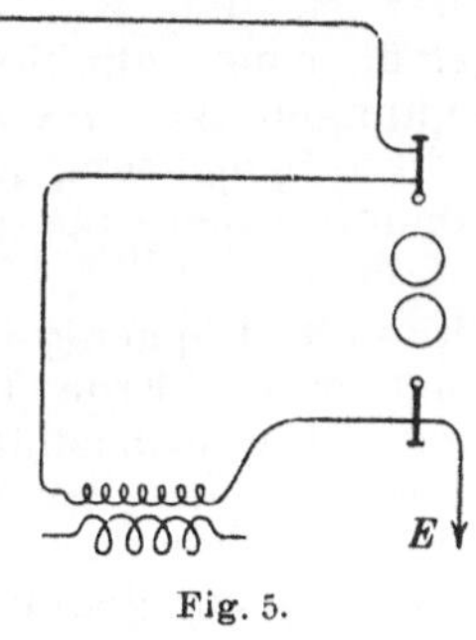

Fig. 5.

der empfangenden 8,4 m betrug. Hinder-nisse wie Bäume, Gebäude u. dgl. lagen nicht in der zwischen beiden Leitungen ge-dachten Luftlinie.

Die gebende Leitung wurde mit ihrem einen Ende an den einen äusseren Pol der Funkenstrecke (zugleich des Induktions-apparates) gelegt, während ihr anderes Ende isolirt war; der zweite Pol der Fun-kenstrecke und des Induktionsapparates lag an Erde (Fig. 5). Die empfangende Lei-tung wurde mit dem einen Ende an den Fritter gelegt und dessen anderer Pol zur Erde abgeleitet; im Uebrigen war die Schaltung des Fritterkreises und seiner Nebenkreise die in Fig. 3 dargestellte; der Fritter selbst mit dem zugehörigen Klopfer konnten beliebig weit von den anderen Apparaten, die zur Aufstellung gehörten, aufgestellt werden. Das zweite Ende der empfangenden Leitung war entweder isolirt, oder es wurde durch einen Kondensator von etwa 0,24 . 10 −6 F zur Erde abgeleitet.

Auffallender Weise wurde mit letzterer Schaltung besser empfangen, als bei isolir-tem Ende; bei Verwendung einer wenig grösseren oder kleineren Kapacität war aber die gute Wirkung nicht zu erzielen. Dies lässt auf Resonanz schliessen.

Es waren auch mit mancherlei anderen Anordnungen Versuche angestellt worden. Man hatte die beiden Leitungen in der Mitte getrennt und einerseits die Funken-strecke, andererseits den Coherer hier hin-eingeschaltet; die empfangende Leitung war auf 300 m verlängert worden, und Anderes mehr. Alle diese Versuche gaben keinerlei entschiedene Verbesserungen.

Sie kosteten aber sehr viel Zeit. Das Wetter war fortgesetzt feucht, häufig sehr regnerisch, und die Apparate konnten an ihrem Standort nur nothdürftig gegen den Einfluss der Witterung geschützt werden. Sie befanden sich zwar in guten Packkisten und wurden während des Nichtgebrauchs stets mit Decken sorgfältig zugedeckt; nachdem sie aber mehrere Wochen lang Tag und Nacht im Freien verblieben waren, liess ihr Arbeiten schliesslich zu wünschen übrig.

Infolge der nicht tadellosen Beschaffen-heit der Apparate konnte man nicht stets dieselben Versuchsbedingungen einhalten; die Erfolge waren deshalb auch häufig un-sicher. Es ergab sich zwar bald, dass die Zeichen — alle zehn Sekunden ein Strich — ankamen; sie liessen sich an ihrem zeit-lichen Abstand mit Sicherheit erkennen. Aber zwischen vielen richtig ankommenden fehlten auch manche. Die Schriftzeichen waren noch sehr lang, die Telegraphirge-schwindigkeit gering. Schliesslich gelang es aber doch, ganz klare Morsezeichen zu erhalten; sie waren immer noch etwas lang; mitten in den Bemühungen, sie zu ver-kürzen, versagten indessen die gebenden Apparate gänzlich.

Vor der etwaigen Fortsetzung der Ver-suche mussten die Apparate unbedingt ge-reinigt und ausgebessert werden. Daher wurden die Versuche vorläufig abgebrochen, schliesslich aber ihre Fortführung gänzlich aufgegeben, da das gesteckte Ziel im Wesentlichen erreicht worden war.

Die Versuche haben gezeigt, dass man mit Hülfe wagrecht gespannter Drähte Zeichen auf eine Entfernung von 5,7 km übertragen kann, die mehr als das 50-fache der Länge der gebenden Leitung beträgt, und dass zur Errichtung der gebenden und empfangenden Leitung die im Telegraphen-bau üblichen Konstruktionstheile ausreichen.

47. Ueber die Bestimmung der elektrischen Kapacität von Fernsprechkabeln mit Doppelleitungen.

Für die Uebertragung der Fernsprechströme kommt in hohem Maasse die elektrische Kapacität der Leitungen in Betracht; sie ist hauptsächlich schuld, dass das Verhältniss zwischen den an der gebenden Stelle entsandten und den im Empfangsapparate aufgenommenen Strömen ungünstig ist. Da ferner die Töne höherer Schwingungszahl stärker als die geringerer Schwingungszahl geschwächt werden, so wird im Ganzen der Klang verzerrt, die Stimme wird dumpf und undeutlich. Ganz besonders ist dies der Fall in Fernsprechkabeln, weil deren Kapacität durch die enge Lagerung der Leitungen im Vergleiche zur Kapacität von oberirdischen Leitungen sehr gross ist.

Durch Verbesserung der Konstruktion ist es in den letzten Jahren gelungen, die Kapacität auf etwa die Hälfte des Standes, den sie vor 3 bis 4 Jahren noch hatte, herabzusetzen. Es ist von grossem Interesse, zu wissen, wie weit die Verbesserung der Kabel überhaupt getrieben werden kann. Freilich kann die Kapacität verringert werden, wenn man bei gleichbleibendem Drahtdurchmesser die übrigen Dimensionen vergrössert; allein dies macht die Kabel dicker und theurer, und bietet keine wirthschaftlich befriedigende Lösung. Die Frage ist vielmehr so zu stellen, dass eine Konstruktion des Kabels gesucht werden soll, welche ein Minimum von Raumbeanspruchung und Kapacität mit einem Maximum von Leitungsfähigkeit verbindet.

Die Beantwortung dieser Frage setzt die Möglichkeit einer Berechnung der Kapacität aus gegebenen Dimensionen voraus. Die bisher bekannten Formeln zur Berechnung der Kapacität von Kabelleitungen beziehen sich auf Kabel mit koncentrischer Anordnung von Leiter und Bewehrung; für die Fernsprechtechnik kommt dagegen das Doppelleitungskabel mit excentrischen Leitern vor Allem in Betracht.

Ohne den Anspruch zu erheben, die oben gestellte Frage abschliessend zu beantworten, werde ich mir erlauben, Ihnen die Resultate einer Untersuchung über die Bestimmung der Kapacität von Doppelleitungskabeln vorzutragen, aus welcher

sich immerhin einige zur Beantwortung obiger Frage wichtige Schlüsse ziehen lassen.

Für die Kapacität einer Doppelleitung kommen in Betracht die beiden Leitungsdrähte und die zur Erde abgeleiteten metallischen Massen in der Nachbarschaft, also die Nachbarleitungen und die Bewehrung. Bisher hat man sich mit derartigen Problemen, bei denen drei Leiter auf verschiedenen Potentialen sich befinden, wenigstens mit Anwendungen auf praktische Fälle, kaum beschäftigt. Davon mag es auch herrühren, dass die Definition der Kapacität für diese Fälle nicht mit vollständiger Klarheit gefasst ist. Ich will deshalb zunächst einiges über die Definition der Kapacität von Leitungen vorausschicken, und zwar gelten diese Bemerkungen nicht allein für Kabel, sondern auch für oberirdische Leitungen.

Die Definition der Kapacität einer Einzelleitung gegenüber der Erde bietet keine Schwierigkeiten. Die Kapacität ist gleich dem Verhältnisse der auf der Leitung befindlichen Elektricitätsmenge zur Potentialdifferenz der Leitung gegen Erde.

Bei einer Doppelleitung definirt man die Kapacität als das Verhältniss der in jedem Zweige vorhandenen Elektricitätsmenge zur Potentialdifferenz der Leitungen gegeneinander, wobei allerdings vorausgesetzt ist, dass die beiden Zweige auf entgegengesetzt gleichen Potentialen gehalten werden.

Wenn diese Definition auch an und für sich genommen nicht falsch ist, so muss man ihr doch den Vorwurf machen, dass sie von vornherein zu einseitig ist. Um nur auf die praktischen Erfordernisse hinzuweisen, benutzt man allerdings meistens eine Doppelleitung in der Art, dass die Ströme in den beiden Zweigen in gleicher Stärke und in entgegengesetzter Richtung fliessen; allein es kommen in der Praxis auch andere Verwendungen vor. Zunächst kann es in dem Falle, dass eine Doppelleitung gestört ist, nöthig sein, auf einem Zweige allein zu sprechen, während der andere an Erde liegt; was ist dann die Kapacität? Ferner weise ich auf den Fall der gleichzeitigen Telegraphie und Telephonie hin. Für das Sprechen wird die Doppelleitung wie im ersten Falle benutzt, für das Telegraphiren dagegen so, dass die Ströme in beiden Zweigen gleich gross und gleich gerichtet sind. Es ist wahrscheinlich, dass eine Leitung unter diesen Bedingungen wieder eine andere Kapacität habe.

Aus diesen Beispielen geht hervor, dass die Kapacität von zwei Leitungen, die ausserdem noch der Erde benachbart sind, eine vieldeutige Grösse ist, und dass es nicht angeht, in dem einen Falle der Hin- und Rückleitung eine andere Art von Definition anzuwenden, als in den anderen Fällen. Man hat vielmehr statt einer Schleife mit Hin- und Rückleitung der Gleichmässigkeit wegen jeden Zweig derselben für sich zu betrachten. Dann gilt für alle drei Fälle die Definition in der Form: Die Kapacität einer Leitung ist das Verhältniss der auf der Leitung befindlichen Elektricitätsmenge zu dem Potential der Leitung. Die einzelnen Fälle werden dadurch charakterisirt, dass man angiebt, welches Potential die benachbarte Leitung hat.

Zwischen den drei Werthen, welche sich für die verschiedenen Fälle ergeben, besteht eine Beziehung, welche für praktische Zwecke sehr brauchbar ist, und welche ich hier zunächst entwickeln will.

Die Elektricitätsmenge, welche sich auf einer der beiden Leitungen ansammelt, hängt offenbar sowohl von dem Potential dieser Leitung, als auch von demjenigen der Nachbarleitung ab. Auf dem einen Zweige, den wir I nennen wollen, sei das Potential V_1, auf dem anderen Zweige II habe es den Werth V_2. Die oben erläuterte Abhängigkeit der Elektricitätsmenge q_1 auf I von den Potentialen V_1 und V_2 kann dann durch eine Gleichung

$$q_1 = a V_1 + b V_2$$

dargestellt werden, in welcher a und b Konstante sind, die sich in irgend einer Weise aus den Durchmessern der Leitungen und ihren Abständen von einander und von der Erde berechnen lassen. In den drei Fällen, die wir oben genannt haben, kann man $V_2 = k V_1$ setzen, wo nämlich k die Werthe $-1, +1, 0$ hat. Allgemein ist also

$$q_1 = V_1 (a + k b)$$

und die Kapacität

$$c = a + k b.$$

Demnach sind die Kapacitäten für jeden der Fälle

$$\begin{aligned}
k &= -1, & c_1 &= a - b, \\
k &= +1, & c_2 &= a + b, \\
k &= \;\;\,0, & c_3 &= a
\end{aligned}$$

Daraus folgt, dass $c_1 + c_2 = 2 c_3$ ist.

Diese Gleichung hat folgende praktische Bedeutung: Im Allgemeinen hat man das grösste Interesse daran, die Kapacität für den ersten Fall zu messen, wo also die Schleife als Hin- und Rückleitung gebraucht wird. Aber gerade dieser Messung stellen sich technische Schwierigkeiten entgegen. Dagegen sind die Kapacitätsmessungen im zweiten und dritten Falle einfach auszuführen. In der Regel legt man die zweite Leitung an Erde, misst also c_3. Wenn man noch eine Messung machen würde, bei der die zweite Leitung der ersten parallel ge-

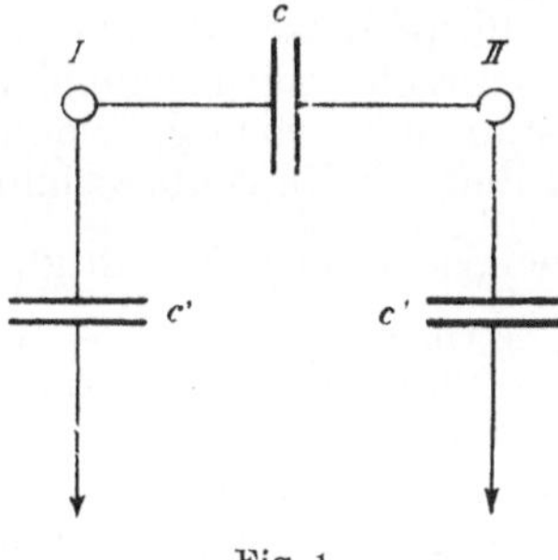

Fig. 1.

schaltet wäre, also c_2 messen würde, so könnte daraus c_1 berechnet werden.

Wir können diesen Gegenstand noch aus einem anderen Gesichtspunkte betrachten. Da die beiden Leitungen sowohl eine Kapacität gegeneinander, als gegen Erde haben, wobei die Werthe Null natürlich eingeschlossen sind, kann man sich eine Doppelleitung hinsichtlich ihrer Kapacität als eine Verbindung von drei Kondensatoren vorstellen, welche in der in Fig. 1 dargestellten Weise angeordnet sind.

Wir wollen annehmen, dass beide Zweige gleich weit von der Erde entfernt seien, sodass also die beiden Kondensatoren c' den gleichen Werth haben,

Hat I das Potential V_1, während II auf das Potential V_2 gebracht ist, so befindet sich auf I die Elektricitätsmenge

$$q_1 = c' \; V_1 + c (V_1 - V_2) = V_1 (c' + [1-k] c).$$

Die Kapacität ist

$$\frac{q_1}{V_1} = c' + (1-k)\, c.$$

Daraus ergeben sich in den drei Fällen die Werthe

$$
\begin{aligned}
k &= -1; & c_1 &= c' + 2c,\\
k &= +1; & c_2 &= c'\\
k &= 0; & c_3 &= c' + c\ .
\end{aligned}
$$

Auch hier sieht man, dass $c_1 + c_2 = 2\, c_3$ ist; gleichzeitig erlaubt diese Vorstellung eine Schätzung der Kapacitäten, da c und c' positive Grössen sind. Der Grösse nach folgen also die Kapacitäten nach der Reihe $c_1\ c_3\ c_2$ aufeinander.

Ueber das Verhältniss der Kapacität einer Schleife zu denjenigen der einzeln genommenen Leitungen besteht vielfach die Ansicht, dass die Kapacität der Schleife halb so gross sei, wie diejenige der Einzelleitung. Nach den hier angegebenen Beziehungen dürfte diese Ansicht nicht weiter allgemein aufrecht zu erhalten sein. Sie ist auch dann nicht richtig, wenn wir die alte Definition der Kapacität einer Schleife gelten lassen, also ihren Werth gleich $\frac{1}{2}\, c_1$ annehmen. Allerdings giebt es Einzelfälle, in denen die Kapacität der Schleife, nach der alten Definition gerechnet, gleich der Hälfte von derjenigen einer Einzelleitung ist. Es müsste dann nach unseren Bezeichnungen $c_1 = c_3$ sein. Nun kann c' nie Null sein, weil sonst c_2 gleich Null wäre, also muss, falls $c_1 = c_3$ sein soll, $c = 0$ sein. Dies heisst, dass die beiden Leitungen elektrostatisch nicht aufeinander einwirken. Dieser Fall tritt ein, wenn entweder die Entfernung der Leitungen von einander sehr gross ist, oder wenn sie durch einen metallischen zur Erde abgeleiteten Schirm von einander getrennt sind. Dies ist z. B. der Fall in einadrigen Telephonkabeln, deren Leitungen mit Stanniol bewickelt sind. Wo aber die beiden oben genannten Bedingungen nicht erfüllt sind, also besonders bei oberirdischen Leitungen an demselben Gestänge und bei Doppelleitungskabeln, ist die Kapacität eines Drahtes in der Schleife grösser, als wenn er als Einzelleitung gebraucht wird.

Andere Punkte, die mit dieser Definition der Kapacität in Zusammenhang stehen, will ich nur kurz erwähnen. Ich habe bisher nur den formalen Grund hervorgehoben, dass es sich empfehle, die Kapacität für alle drei Fälle aus dem gleichen Gesichtspunkte zu definiren. Es bestehen dafür aber auch sachliche Gründe. Wenn es sich darum handelt, den Stromverlauf in einer Schleife zu berechnen, so bleibt nichts anderes übrig, als die hier angegebene Definition zu benutzen. Näher kann ich aber hierauf nicht eingehen.

Wenn man die Kapacität in der angegebenen Weise durch drei Kondensatoren darstellen kann, so bietet dies ein Mittel zur Herstellung einer künstlichen Doppelleitung, welche sich ebenso verhält, wie zwei wirkliche nebeneinander liegende Leitungen, wenigstens, soweit die Kapacität in Betracht kommt.

Wir wenden uns nun wieder speciell den Kabelleitungen zu.

Ein Schnitt durch ein vieladeriges Kabel zeigt, dass die Leitungen, welche irgend eine Doppelleitung umgeben, unregelmässig zu dieser liegen. Diese Leitungen stellen zusammen eine an Erde gelegte Hülle um die Doppelleitung dar, deren Form sich aber wegen der Unregelmässigkeiten nicht mathematisch bestimmen lässt. Wir müssen demnach versuchen, sie durch ein einfacheres Gebilde zu ersetzen, welches nahezu dieselbe Wirkung hat.

Ohne grosse Abweichung von der Wirklichkeit kann man annehmen, dass jede Doppelader von ihren Nachbardoppeladern in einem Kreise umgeben wird; wir können bei näherer Betrachtung auch feststellen, dass die Adern selbst sich auf Kreislinien häufen. Es liegt deshalb nahe, die Vereinfachung darin bestehen zu lassen, dass man statt der verschiedenen Adern, welche eine Doppelleitung umgeben, sich eine vollständige Metallhülle um die Doppelleitung herumgelegt denkt. Ich habe vor einiger Zeit in einem Aufsatze über die elektrostatische Kapacität oberirdischer Leitungen[1]) gezeigt, dass 6 Leitungen, welche eine siebente im Abstande von 50 cm umgeben, zu $83\,^0/_0$ die Wirkung eines in demselben Abstande angenommenen geschlossenen Metallcylinders ersetzen. Wenn wir die Leitungen in so geringe Entfernungen zusammenbringen, wie sie zwischen den Adern eines Telephonkabels bestehen, so wird die Wirkung wohl noch grösser sein. Wir wollen aber noch vorsichtiger zu Werke gehen.

Es lässt sich nämlich für die Wirksamkeit des Mantels leicht eine obere und eine untere Grenze angeben. Die Kapacität wird zu gross, wenn wir den innersten

<hr>

[1]) „ETZ“ 1893, S. 772.

Ring, in welchem Drähte die betrachtete Doppelleitung umgeben, als vollkommen metallisch ansehen, sie wird zu klein, wenn wir annehmen, es wären alle Leiter des inneren Ringes bis auf den nächsten äusseren verschoben worden. Berechnet man für beide Annahmen die Kapacität, so findet man, dass die Grenzen ziemlich nahe zusammen liegen; man darf also ohne erheblichen Fehler die mittlere Kapacität als richtig ansehen und den ihr entsprechenden Cylinder als Ersatz der übrigen Drähte gelten lassen.

Wir werden demnach eine genügende Annäherung an die wirklichen Verhältnisse erreichen, wenn wir annehmen, dass die Doppelleitung sich innerhalb eines sie symmetrisch umgebenden vollständigen Metallcylinders befinde, und haben nunmehr für eine solche Anordnung die Kapacität zu berechnen.

Die Grundlage jeder Kapacitätsbestimmung ist die Kenntniss, wie sich in dem Dielektrikum zwischen den Leitungen die Potentialfunktion der auf den Leitungen befindlichen Elektricitätsmengen ändert.

Die exakte Bestimmung der Potentialfunktion ist nur für einige wenige Fälle ausführbar; sie wäre für den Fall, den wir im Auge haben, unmöglich, wenn gefordert würde, dass die Oberflächen der Leitungen mathematisch exakte Kreiscylinderflächen seien.

Glücklicherweise ist es nicht nöthig, eine solche Forderung zu stellen; für die praktischen Zwecke, die wir hier vor allem im Auge haben, genügt es schon, wenn der Querschnitt der Flächen von einem Kreise nicht über ein bestimmtes Maass hinaus abweicht. Eine solche angenäherte Lösung, welche auf einem vergleichsweise sehr einfachen Wege sich bietet, will ich hier vortragen. Sie wird erzielt mit Hülfe des Princips der elektrischen Bilder. Um dieses zu erläutern, wollen wir zunächst einen einfacheren Fall ins Auge fassen.

Es handle sich darum, festzustellen, wie die Potentialfunktion zwischen einem parallel zur Erde ausgespannten Drahte und der Erdoberfläche verläuft. Ich verbinde den Draht mit einer Elektricitätsquelle, welche seine Oberfläche auf das Potential V bringt, während die Erdoberfläche das Potential Null hat. Auf dem Drahte sammelt sich eine gewisse Menge positiver Elektricität an, welche durch Influenz an der Erdoberfläche eine Schicht negativer Elektricität vertheilt. Zwischen dem Drahte

und der Erde geht das Potential stetig von V bis Null; wir können dies aber zahlenmässig so lange nicht angeben, als wir nicht wissen, wie sich die positive Elektricität auf dem Drahte und die negative an der Erde vertheilt hat; dazu fehlt uns aber jede direkte Handhabe.

Man kennt aber eine Anordnung von Elektricitätsmengen, deren Potentialfunktion mit derjenigen des soeben besprochenen Falles in vielen Punkten übereinstimmt. Sie ist allerdings nur in der Vorstellung, nicht in Wirklichkeit ausführbar.

Wir denken uns zwei parallele gerade Linien von einer gegen ihren Abstand sehr grossen Länge. Auf der einen denken wir uns eine gewisse Menge positiver Elektricität, auf der anderen eine gleich grosse Menge negativer Elektricität. Das Potential hat dann auf cylindrischen Flächen, welche die beiden Linien umgeben, konstante Werthe und auf der zu den Linien senkrechten Mittelebene ist es Null. Wenn man den Abstand der Linien und die Grösse der Elektricitätsmengen passend wählt, so kann man es erreichen, dass auf einer Cylinderfläche, welche denselben Durchmesser hat, wie der Draht in unserem Beispiele, und welche zu der Mittelebene ebenso liegt, wie jener zur Erdoberfläche, dasselbe Potential V herrscht, das wir jenem ertheilt haben. Dies ist schon eine ziemliche Uebereinstimmung. Man kann die Aehnlichkeit beider Fälle aber noch vergrössern. Die Elektricitätsmengen, welche wir auf den Linien annahmen, können wir uns vertheilt denken, die positive auf der Cylinderfläche, welche der Drahtoberfläche kongruent ist, und die negative auf der Mittelebene, welche der Erdoberfläche entspricht. Und zwar können wir nach den Gesetzen der Elektricitätslehre die Vertheilung der Elektricitätsmengen uns in der Art ausgeführt denken, dass auch jetzt noch auf dem Cylinder das Potential V herrscht. Jetzt stimmen die beiden Fälle, der wirkliche und der gedachte, in allen Punkten überein, mit Ausnahme dessen, dass es sich im ersten Falle um einen Draht und die Erde, im zweiten dagegen um gedachte Flächen handelt.

Es leuchtet aber auch ohne den strikten mathematischen Beweis ein, dass die Potentialfunktionen beider Fälle identisch sind. Damit haben wir also die Aufgabe gelöst. Die zweite gedachte Linie ist an Stelle der auf der Erde durch Influenz vertheilten Elektricitätsmengen getreten, sie ist deren elektrisches Bild.

Ein anderes Beispiel, welches dem uns besonders interessirenden Falle ähnlich ist, ist das folgende. Innerhalb einer Kugelfläche, aber nicht in ihrem Mittelpunkte befinde sich ein Punkt a mit der positiven Elektricitätsmenge $+e_1$ (Fig. 2); gesucht werde die Vertheilung zwischen dem Punkte und der Kugel, welche zur Erde abgeleitet sei. Das Resultat, welches in der Potentialtheorie eine bekannte Rolle spielt, ist, dass man eine Potentialvertheilung, welche der gesuchten gleich ist, dann erhält, wenn man ausserhalb der Kugel, auf dem nämlichen Radius mit dem gegebenen Punkte, einen mit der negativen Elektricität $-e_2$ geladenen Punkt b annimmt; beide Punkte haben aber von der Kugeloberfläche verschiedene kürzeste Abstände und auch verschieden grosse Ladungen.

Das Potential in der Kugelfläche bleibt auch dann noch Null, wenn man ausser den beiden Punkten a und b noch zwei andere

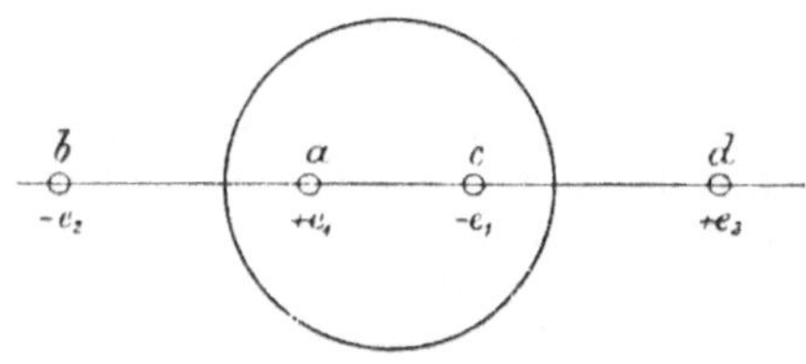

Fig. 2.

anbringt, welche für sich allein ebenfalls das Potential Null in der Kugeloberfläche erzeugen würden.

Dies ist z. B. der Fall, wenn ich symmetrisch zu a einen Punkt c lege, der die Ladung $-e_1$ enthält, und symmetrisch zu b einen Punkt d, welchem die Ladung $+e_2$ zugetheilt wird.

Diese Anordnung sieht derjenigen, für welche wir die Vertheilung suchen, sehr ähnlich, nur dass wir keine kugelähnlichen Körper innerhalb einer Kugelfläche, sondern cylindrische Leiter excentrisch innerhalb eines Cylinders haben. Wir haben demnach statt der Punkte Linien anzunehmen, welche Elektricitätsmengen enthalten.

Bei der Rechnung, auf welche ich hier nicht näher eingehen will, stellt sich das überraschend einfache Resultat heraus, dass sich die gesuchte Potentialvertheilung zwischen den drei Cylinderflächen, den beiden inneren und der umgebenden, darstellen lässt, durch vier parallele Linien l_1 $l_2 l_3 l_4$ (Fig. 3).

Diese liegen in einer Ebene paarweise symmetrisch zu einer senkrechten Mittelebene und die Ladungen dieser Linien für eine gegebene Länge sind der Grösse nach gleich, aber dem Vorzeichen nach abwechselnd, sodass also l_1 und l_4 positive, l_2 und l_3 negative Ladungen, alle von gleichem Betrage, besitzen.

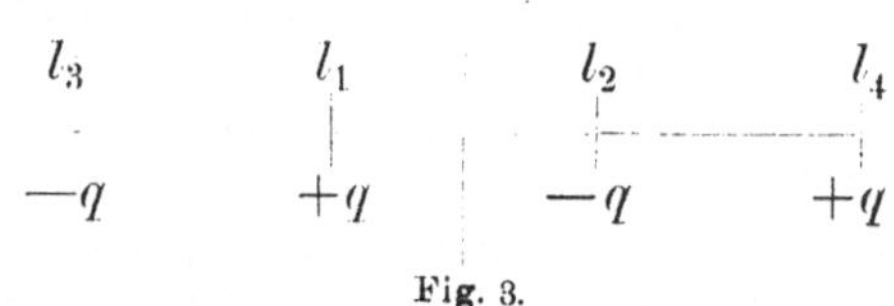

Fig. 3.

Die Potentialvertheilung lässt sich leicht durch eine Konstruktion feststellen. Es sind nämlich die Potentialniveauflächen jedes Linienpaares Kreiscylinder, deren Lage und Radien sich berechnen lassen. Man erhält also in einer zu den Leitungen senkrechten Ebene eine Schaar von Kreislinien für die Punkte l_1 und l_2 und eine zweite Schaar Kreislinien für die Punkte l_3 und l_4. In den Schnittpunkten ist das Potential gleich der algebraischen Summe

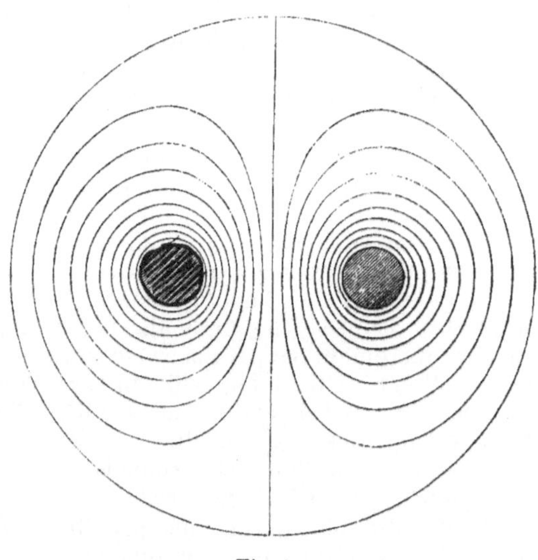

Fig. 4.

der Potentiale, welche auf den sich schneidenden Kreisen herrschen. Schnittpunkte gleichen Potentials werden durch eine Kurve verbunden.

Wenn man diese Konstruktion durchführt, so ergiebt sich für den Raum innerhalb des Cylinders das in Fig. 4 gegebene Bild. Das Potential ist Null auf der Kreislinie und der senkrechten Mittellinie; es nimmt nach dem positiv geladenen Punkte hin zu. Die Linien, in welchen es konstant ist, sind Kurven höherer Ordnung, welche aber für wachsende Werthe des Potentials der Kreisform ziemlich nahe kommen. Irgend eine dieser Linien, oder vielmehr der durch sie dargestellten Cylinderflächen, kann nach dem Princip der elektrischen Bilder als Oberfläche eines Leiters genommen werden, auf welchem ein bestimmtes Potential herrscht. Die bisher den Linien zugeschriebenen Elektricitätsmengen sind nach einem aus den Formeln zu entnehmenden Gesetze über die Oberfläche der Cylinder zu vertheilen.

Es fragt sich nun, ob aus dieser Lösung Resultate von praktischer Bedeutung zu gewinnen seien.

Zunächst kommt es darauf an, ob die Oberflächen der beiden cylindrischen Leiter für praktische Zwecke sich hinreichend genau mit der Kreisform decken.

Bei der Konstruktion der Zeichnung ist eine Doppelleitungsader angenommen, deren Adern 0,7 mm stark sind und eine Mindestentfernung von 1,6 mm haben, während als Vertreter der anderen Adern ein Cylinder mit einem Radius von 3 mm die Doppelleitung umgiebt. Diese Maasse sind einer Abbildung eines Siemensschen Doppelleitungskabels entnommen. Der Augenschein lehrt, dass die Kurven, welche die Leitungen darstellen sollen, sich kaum von Kreisen unterscheiden.

Durch eine besondere Berechnung habe ich festgestellt, dass der Unterschied des grössten Durchmessers, in senkrechter Richtung, gegen den kleinsten, in wagerechter Richtung, nur 2,4 % beträgt. Die Uebereinstimmung mit Kreisen ist also ausreichend und wir dürfen demnach die Methode zur Untersuchung von Kabeln mit Leitern, die kreisförmigen Querschnitt haben, anwenden.

Aus der Rechnung, welche im Nachtrage mitgetheilt ist, ergiebt sich eine Formel zur Berechnung der Kapacität der Doppelleitung, welche sich auf folgende Maasse des Kabels stützt: Durchmesser der Kupferadern D, geringster Abstand $2A$ der beiden Leitungszweige und Radius R des zur Erde abgeleiteten Cylinders, der als Repräsentant der übrigen Adern auftritt.

Um die Formel übersichtlich zu halten, berechnet man zuerst eine Hülfsgrösse u, aus der sich c_1 durch die Gleichung ergiebt

$$c_1 = \frac{1}{2 \log \text{nat.} \, u}.$$

Zur Berechnung von u dient folgende Gleichung

$$\frac{u-1}{u+1} = \sqrt{\frac{R^2 - (A + D)^2}{R^2 - A^2}} \cdot \frac{A}{A+D}.$$

Der so berechnete Werth von c giebt elektrostatische Einheiten der Kapacität für 1 cm Kabellänge an; um das gebräuchliche Maass von Mikrofarad für 1 km zu erhalten, hat man das Ergebniss durch 9 zu dividiren.

Will man ein Kabel für einen bestimmten Zweck entwerfen, so ist man durch Rücksichten theils auf die Kosten, theils auf andere elektrische Eigenschaften z. B. den Widerstand, in der Wahl der Grössen R und D beschränkt, da sowohl ein bestimmter Raum im Kabel für die Doppelleitung, wie auch ein bestimmter Durchmesser der Leitungen durch die erwähnten Umstände festgelegt sind. Dagegen steht dann die Wahl von A innerhalb des gegebenen Raumes noch frei. Man übersieht leicht, dass die Kapacität bei einem gewissen Abstande der Drähte ein Minimum sein wird; sie wächst sowohl dann, wenn man die Drähte sehr nahe an einander bringt, als auch dann, wenn man sie sehr nahe an den Mantel heran bringt. Es kann also die Frage aufgeworfen werden, wie man bei gegebenem R und D die Grösse A zu wählen hat, um eine möglichst kleine Kapacität zu erreichen. Auch auf diese Frage giebt die Rechnung eine Antwort; ohne die Formel hier mitzutheilen, welche wenig übersichtlich ist, will ich ihr rechnerisches Ergebniss nennen, dass man die Strecke A um ein geringes kleiner wählen muss, als die zwischen Mantel und Draht verbleibende Strecke $R - (A + D)$.

Ich will übrigens hierzu bemerken, dass das Minimum ein wenig ausgeprägtes ist. Bei $R = 3$, $D = 0,7$ erhält man für

$A = 0,5$	0,0401 Mikrofarad	für	1	km
$A = 1,1$	0,0373	„	„ 1	„
$A = 1,7$	0,0390	„	„ 1	„

Andererseits sind bei grösserem Abstande der beiden Zweige die Doppelleitungen Induktionen durch Ströme in den Nachbaradern mehr ausgesetzt; es bleibt daher fraglich, ob man in vieladerigen Kabeln nicht lieber eine etwas grössere Kapacität zulassen soll, um die Induktionsfreiheit zu wahren.

In den bisherigen Entwickelungen ist die Dielektricitätskonstante zu Eins angenommen worden; in Wirklichkeit wäre dies nur zu erreichen, wenn man den Raum zwischen den Leitern völlig aus Luft unter Vermeidung fester Isolationsmaterialien bestehen lassen könnte. Man ist indessen gezwungen, die Drähte mit Stoffen zu umgeben, deren Dielektricitätskonstante grösser als Eins ist; die Kapacität einer Doppelleitung wird also höher sein, als der bisher berechnete Werth. ✗ Bei einem Kabel mit homogen erfülltem Isolirraum hat man den berechneten Werth mit der Konstante zu multipliciren. Die Formel reicht also hin, um die Kapacität eines vollständig mit demselben Isolirmaterial umgebenen Doppelleitungskabels aus seinen Dimensionen zu berechnen, oder auch, um zu berechnen, welche Maassverhältnisse bestehen müssen, wenn ein Kabel dieser Art bei gegebenem Leitungswiderstande nur eine bestimmte Kapacität haben soll. Zu diesem Zwecke könnte man also die Formel auf Seekabel für Fernsprechbetrieb anwenden, bei denen man im Allgemeinen Guttaperchaisolation würde anwenden müssen, weil diese allein für ein nur an den Endpunkten zugängliches Kabel die nöthige Betriebssicherheit gewährt.

Bei den gewöhnlichen Fernsprechkabeln sucht man bekanntlich seit langer Zeit die Dielektricitätskonstante des Isolirmittels so nahe wie möglich an Eins zu bringen, theils durch Verwendung lockeren Materials, wie Papier, theils durch direkte Aussparung von Lufträumen um die Kabeladern oder durch beides. Für Kabel dieser Art, welche kein gleichmässiges Dielektrikum haben, bietet die Formel allerdings weniger, als für die mit gleichmässigem. Aber auch in diesem Falle beantwortet sie uns noch zwei Fragen, nämlich erstens, wie weit man mit der Herabsetzung der Kapacität der unteren Grenze schon nahe gekommen ist, ob es sich lohnt, Einrichtungen zu treffen, mit denen man die Kapacität noch weiter herabsetzen kann, und zweitens, an welcher Stelle man mit derartigen Verbesserungen zweckmässig anzusetzen hat.

Der Werth der Kapacität, welchen man erhält, wenn man die Elektricitätsmenge misst, die sich auf einer Ader befindet, während alle anderen geerdet sind, ist nach dem, was ich vorhin ausgeführt habe, nicht identisch mit dem nach der Formel zu berechnenden Werthe, sondern etwas kleiner. Wenn man also Beobachtung und Berechnung vergleichen will, so hat man die eine oder die andere noch zu ergänzen, sodass vergleichbare Grössen zum Vorschein kommen. Ich habe mir deshalb einiges Beobachtungsmaterial verschafft, welches ausserdem den experimentellen Beweis für die Richtigkeit der Sätze über die verschiedenen Werthe der Kapacitäten ergiebt. An einem Fernsprechkabel neuester Konstruktion mit 28 Doppeladern habe ich folgende Kapacitätsmessungen gemacht. Wenn von der Doppelader 1a und 1b der zweite oder der erste Zweig an Erde lag, während der andere gemessen wurde, so ergab sich eine Kapacität von insgesammt 1,92 und 1,93 Mikrofarad. Wurden beide Zweige parallel verbunden, so hatte die Doppelleitung eine Kapacität von 2,62 Mikrofarad, sodass also auf jeden der beiden Zweige 1,31 Mikrofarad entfallen. Nach den früher angenommenen Bezeichnungen ist also im Mittel

$$2\,c_3 = 3,85$$
$$c_2 = 1,31.$$

woraus folgt, dass

$$c_1 = 2\,c_3 - c_2 = 2,54 \text{ Mikrofarad}$$

ist, die drei Kapacitäten stehen demnach annähernd in dem Verhältnisse

$$c_1 : c_2 : c_3 = 4 : 2 : 3.$$

Für eine andere Doppelader, nämlich 25a/b, ergaben sich analog die Werthe

$$2\,c_3 = 3,89$$
$$c_2 = 1,49.$$

woraus

$$c_1 = 2,40.$$

Ich versuchte bei Ader 1a/b auch eine direkte Messung von c_1 nach einer improvisirten Methode, welche ich deshalb wählen musste, weil ich nur die gewöhnliche Doppeltaste zur Verfügung hatte. Dieselbe erläutert sich ohne Weiteres aus der Figur 5. Es wird wie ersichtlich, das Potential auf dem b-Zweige dem auf dem a-Zweige entgegengesetzt gehalten; das Galvanometer zeigt nur diejenige Ladung und Entladung an, welche dem a-Zweige zugehört. Es ergab sich eine Kapacität von 2,58 Mikrofarad; angesichts der Fehlerquellen, welche wegen der unvollkommenen Isolation dieser

Methode anhaften, darf die Uebereinstim mung dieses Resultates mit dem aus den anderen Messungen berechneten als sehr gut bezeichnet werden.

Nach diesen Messungen hat also jeder Zweig der Doppelleitung 1 a/b für 1 km die Kapacität

$$c_1 = 0{,}0792 \text{ Mikrofarad.}$$

Diesem Werthe wollen wir den gegenüberstellen, der sich aus der Formel ergiebt, wenn wir ein Kabel mit denselben Dimensionen, wie die des wirklichen annehmen, in welchem aber die Dielectricitätskonstante gleich Eins sei. Wir haben dann folgendes zu setzen:

$$R = 3{,}0 \qquad A = 0{,}5 \qquad D = 1{,}0$$

und erhalten daraus den Werth 0,0500 Mikrofarad für 1 km.

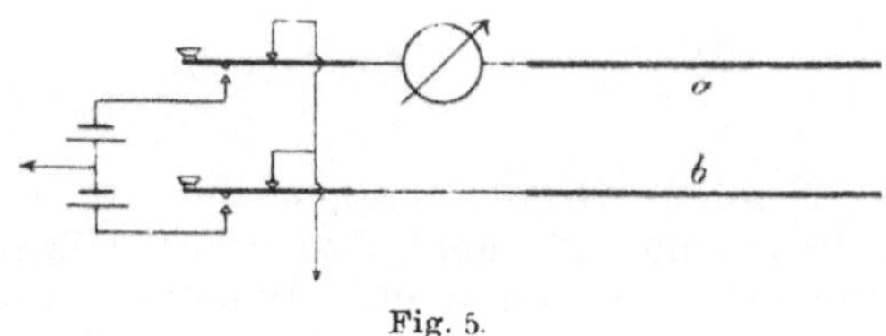

Fig. 5.

Nimmt man statt des angegebenen Werthes von R einen um 10% grösseren oder kleineren, so ergeben sich 0,0483 und 0,0521 Mikrofarad.

Der thatsächliche Werth ist also etwa 1,6 mal so gross, als der theoretisch zu erreichende Werth. Wir ziehen hieraus den Schluss, dass die mittlere Dielectricitätskonstante des Isolationsmaterials bereits ziemlich niedrig liegt; daher ist nach meiner Meinung von einem besonderen Material nichts mehr zu erwarten. Eine Verbesserung kann nur dadurch erzielt werden, dass man noch mehr Luftraum schafft gegenüber dem vom Dielektrikum erfüllten Raume.

Es ist aber nicht gleichgültig, an welcher Stelle des Querschnittes wir Luft statt festen Materials anbringen. Wo dies am vortheilhaftesten zu geschehen hat, kann am besten die Darstellung des Verlaufes der Niveaulinien angeben. Die Kraftlinien sind am zahlreichsten, wo die Niveauflächen einander am meisten nahekommen, ausserdem aber dort, wo sie den ihnen am

meisten zusagenden Weg finden. Bei homogenem Dielektrikum liegen die Niveaulinien am dichtesten zwischen den beiden Leitungen, am wenigsten dicht dagegen in den Stellen senkrecht oberhalb und unterhalb der beiden Leitungen. Bringen wir statt Luft ein Dielektrikum mit höherer Konstante ein, so bleiben die Niveaulinien im Grossen und Ganzen an ihrer Stelle; aber die Zahl der Kraftlinien wird vermehrt. Wenn man also festes Material zwischen die Leitungen bringt, während die Luft auf die Räume ausserhalb angewiesen ist, so kann nicht viel erreicht werden. Wir haben demnach zweckmässig den Raum zwischen den Leitungen frei von festen Materialien zu machen, oder, da dies aus mechanischen Gründen nicht geht, die nothwendigen Stützen so anzubringen, dass sie nur einen geringen Querschnitt für die Kraftlinien bieten, dagegen möglichst viel Luftraum lassen.

Nach den Ergebnissen dieser Untersuchung halte ich es für das zweckmässigste, die Doppeladern so herzustellen, dass sie zunächst zu beiden Seiten eines bandförmigen Isolators gelagert und durch eine gemeinsame Bewickelung befestigt werden. Diese Art ist längst bekannt. Zum Unterschiede von der bisherigen Ausführung ist aber vor Allem darauf zu achten, dass Luft zwischen die Drähte kommt. Um zu zeigen, wie ich dies ausgeführt denke, will ich zwei Beispiele erwähnen. Die erste Konstruktion eignet sich nach meiner Ansicht mehr da, wo man viele Leitungen zusammenfassen und ebenso wie auf kleine Kapacität auch auf geringen Querschnitt achten muss, also für Stadtkabel. Die zweite beansprucht mehr Raum, giebt aber dafür kleine Kapacität und wird sich daher mehr für Kabel eignen, die man zur Durchschreitung von kleineren Gewässern in Verbindungsleitungen einzuschalten hat.

Im ersten Falle denke ich mir ein Band verwendet, welches in der Längsrichtung so oft durchlöchert ist, als es noch eben zulässig ist, um das Band in der Maschine handhaben zu können. Die Oeffnungen dürfen natürlich nur so gross sein, dass bei den vorkommenden Biegungen des Kabels eine Berührung der beiden Leitungen nicht eintreten kann. Aus mechanischen Gründen wird man aber auf diese Weise nicht mehr als die Hälfte des Bandes ausschlagen dürfen; die mittlere Dielectricitätskonstante wird demnach von 1,6 auf etwa 1,3 gebracht werden können, d. h. der mögliche Gewinn an Kapacität

7*

beträgt unter sonst gleichen Verhältnissen etwa 20%.

Wenn dagegen mehr Raum verfügbar ist, denke ich es mir möglich, den Zwischenraum zwischen den Leitungen noch mehr von festen Körpern zu befreien. Man denke sich einen Papierstreifen hin und her gekröpft, sodass ein mäanderartiges Band entsteht. Die querstehenden Wände werden gleichzeitig nach innen halbkreisförmig eingeschnitten, und in die so entstehenden Höhlungen werden die beiden Drähte gelegt und durch eine äussere Bewickelung befestigt. Die Form giebt dem Papierstreifen eine grosse Festigkeit gegen das Zerknicken; ferner bieten aber die Papierstreifen im Wege der Kraftlinien nur geringen Querschnitt dar, während sie grosse Lufträume umschliessen.

Es bleibt natürlich Sache der Technik, wie sich solche Konstruktionen, welche auf

Fig. 6.

Grund der Theorie für wünschenswerth erklärt werden müssen, praktisch durchführen lassen.

Mit einigen Worten will ich endlich noch auf eine etwas abgeänderte Form des Doppelleitungskabels eingehen, nämlich dasjenige, welches aus je vier mit einander verseilten Adern aufgebaut ist, von denen je zwei diagonal gegenüberstehende zu einer Schleife benutzt werden.

Ein Beispiel dieser Art ist das im Jahre 1897 nach der Insel Wight verlegte Fernsprechkabel von Smith & Granville (Fig. 6). Dessen Konstruktion ist derart, dass die Kupferseele zunächst mit einer etwa 1 mm starken Guttaperchaschicht umgeben ist, dann sind vier Adern derart verseilt, dass zwischen ihnen ein kreuzförmiger Hohlraum verbleibt, der Luft enthält; durch Bildung von Kammern wird verhindert, dass, falls Wasser in das Kabel eindringen sollte, dieses weiter vorwärts dringt.

Durch die beiden zu einer einfachen Schleife hinzutretenden Leiter innerhalb der cylindrischen Bewehrung wird die Kapacität etwas vergrössert, denn sie bewirken ein Vorschieben eines Theils derjenigen Fläche, in welcher das Potential Null ist, gegen die elektrisirten Leitungen.

Man kann eine obere und eine untere Grenze für die Kapacität eines solchen Kabels feststellen. Die Kapacität der Doppelleitung ist kleiner als die eines Kabels, in welchem jeder Zweig für sich in eine cylindrische Metallhülle eingeschlossen wäre von solcher Grösse, dass die Cylinder in der Mitte zusammenstossen; sie ist andererseits grösser, als die einer Doppelleitung, welche ohne das zweite Leitungspaar in dem äusseren Cylinder enthalten ist. Die erste Kapacität lässt sich nach der Formel für Kabel mit koncentrischer Leitung und Bewehrung berechnen, die zweite nach der oben mitgetheilten Formel.

Die Dimensionen des Kabels von Smith & Granville sind folgende:

$$R = 9{,}5, \quad A = 3{,}25, \quad D = 2{,}5.$$

Die obere Grenze ergiebt sich danach zu 0,0435 und die untere zu 0,0369 Mikrofarad für 1 km, unter der Annahme, dass das Dielektrikum Luft sei. Als Mittel kann 0,040 Mikrofarad angenommen werden. Vollständig mit Guttapercha isolirt würde das Kabel eine Kapacität von 0,168 Mikrofarad haben, oder nach der bisher üblichen Definition die Hälfte davon, gleich 0,084. Als Messungsergebniss werden 0,053 Mikrofarad angegeben; nach meiner Ansicht erscheint dies Resultat mit Rücksicht auf den Luftraum recht plausibel.

Zum Schlusse will ich die wichtigeren Ergebnisse kurz zusammenfassen. Durch eine Definition der Kapacität, welche alle vorkommenden Fälle gleichmässig erfasst, wird das Verhältniss zwischen der Kapacität einer Schleife und der Kapacität der Einzelleitungen klar gestellt und ein Weg angegeben, um die Kapacität der Schleife aus Messungen an Einzelleitungen zu bestimmen. Die Untersuchung der Potentialvertheilung führt zu einer Formel für die Berechnung der Kapacität einer Schleife unter der Annahme, dass das Dielektrikum Luft sei; sie bietet ferner wichtige Anhaltspunkte, wie man die aus mechanischen Gründen nothwendigen festen Isolatoren richtig zu vertheilen hat.

Nachtrag.

Die Formeln für die Kapacität eines Doppelleitungskabels ergeben sich aus folgenden Darlegungen.

Wenn man sich auf zwei parallelen geraden Linien gleich grosse und entgegengesetzte Elektricitätsmengen $+q$ und $-q$ für die Längeneinheit angesammelt denkt, so ist das Potential in einem Punkte, welcher von den beiden Linien die Entfernungen r_1 und r_2 hat, durch die Gleichung gegeben

$$r = 2q \log \frac{r_2}{r_1}.$$

Die Vertheilung des Potentials um eine Doppelleitung innerhalb eines cylindrischen Mantels suchen wir uns zurückzuführen auf diejenige zwischen vier parallelen Linien.

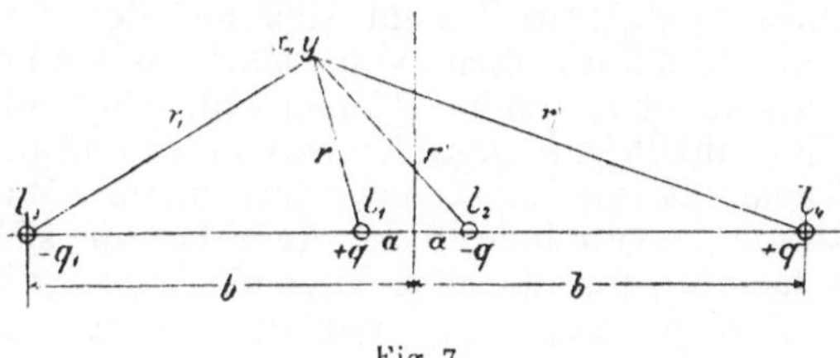

Fig. 7.

von denen zunächst nur je zwei symmetrisch zur Mittelebene gelegene mit gleich grossen Elektricitätsmengen versehen seien. Nach den aus der Fig. 7 ersichtlichen Bezeichnungen ergiebt sich das Potential

$$V = 2q \log \frac{r'}{r} + 2q_1 \log \frac{r_1}{r_1'}.$$

$$= 2q \log \frac{r'}{r} \left(\frac{r_1}{r_1'}\right)^{\frac{q_1}{q}}.$$

Dies wird sehr vereinfacht, wenn man $q_1 = q$ annimmt, weil alsdann statt einer unbekannten Grösse Eins als Exponent eintritt. Die Cylinderfläche, in welcher das Potential Null ist, entspricht der Gleichung

$$\frac{r' r_1}{r r_1'} = 1,$$

oder

$$[(a+x)^2 + y^2]\,[(b-x)^2 + y^2]$$
$$= [(a-x)^2 + y^2]\,[(b+x)^2 + y^2].$$

Den Beweis, dass diese Gleichung unter einer bestimmten Bedingung gleich derjenigen eines Kreises ist, führt man am einfachsten, indem man $x^2 + y^2 = R^2$ setzt und zeigt, dass die Koëfficienten der verschiedenen Potenzen von x Null sind. Dies trifft ohne Weiteres zu für die Koëfficienten von x^2 und x^0; damit auch der von x Null sei, muss

$$ab = R^2$$

sein.

Der um den Koordinatenanfangspunkt mit dem Radius $R = \sqrt{ab}$ geschlagene Kreis hat das Potential Null; es lässt sich ferner zeigen, dass dieser Kreis der einzige ist, auf dem das Potential verschwindet, indessen hat die Ableitung des Satzes hier kein Interesse.

Indem ich die Berechnungen und Konstruktionen, welche zeigen, dass die **Form der inneren Leiter** der Kreisform mit grosser Genauigkeit entspricht, ebenfalls übergehe, will ich jetzt die Kapacitätsformel aus der Gleichung für das Potential ableiten.

In der Niveaufläche, welche mit der Oberfläche des Leiters zusammenfallen soll, ist das Potential, also auch der Ausdruck

$$\frac{r' r_1}{r r_1'}$$

konstant, wir wollen setzen

$$\frac{r' r_1}{r r_2'} = u.$$

Wir wollen annehmen, dass die Niveaufläche der x-Achse zwischen dem Nullpunkte und dem Punkte $x = a$ in der Entfernung $x_1 = A$ schneide, ferner zwischen $x = a$ und $x = R$ im Punkt $x_2 = A + D$. Berücksichtigt man, dass die r positive Grössen sein müssen, so gelangt man zu zwei Gleichungen

$$u = \frac{(b-x_1)(a+x_1)}{(b+x_1)(a-x_1)}.$$

$$u = \frac{(b-x_2)(x_2+a)}{(b+x_2)(x_2-a)}.$$

Daraus ergeben sich allerdings je zwei Werthe von x_1 und x_2; je einer davon bezieht sich aber auf diejenigen Niveauflächen, welche ausserhalb der Mantelfläche die äusseren Linien umgeben und für uns nicht in Betracht kommen; die beiden Schnittpunkte innerhalb des Cylinders sind

$$x_1 = -\frac{1}{2}(b-a)\frac{u+1}{u-1}$$
$$+ \sqrt{ab + \frac{1}{4}(b-a)^2\left(\frac{u+1}{u-1}\right)^2}.$$

$$x_2 = -\frac{1}{2}(b-a)\frac{u-1}{u+1}$$
$$+ \sqrt{ab + \frac{1}{4}(b-a)^2\left(\frac{u-1}{u+1}\right)^2}.$$

Es ist ferner

$$x_1 = A,\quad x_2 = A + D.$$

Geometrisch ist A der kürzeste Abstand des einen Leiters von der x-Achse, also $2A$ der kürzeste Abstand der beiden Leitungen, D der in der x-Achse gemessene Durchmesser des Drahtes.

Setzt man in den beiden letzten Gleichungen

$$b - a = \alpha,\qquad \frac{u-1}{u+1} = \beta.$$

so ergiebt sich, da auch $ab = R^2$.

$$\left(A + \frac{1}{2}\frac{\alpha}{\beta}\right) = \sqrt{R^2 + \left(\frac{1}{2}\frac{\alpha}{\beta}\right)^2}.$$

$$\left((A + D) + \frac{1}{2}\alpha\beta\right) = \sqrt{R^2 + \left(\frac{1}{2}\alpha\beta\right)^2}.$$

woraus

$$\frac{\alpha}{\beta} = \frac{R^2 - A^2}{A},\quad \alpha\beta = \frac{R^2 - (A+D)^2}{A+D}.$$

Aus diesen beiden Gleichungen und mit Hülfe der Gleichung $ab = R^2$ lassen sich a, b und u bei gegebenen R, A und D berechnen. Für u ist im Vortrage die Gleichung

$$\frac{u-1}{u+1} = \sqrt{\frac{R^2 - (A+D)^2}{R^2 - A^2}}\quad \frac{A}{A+D}$$

angegeben, welche man durch Division von $\alpha\beta$ durch $\dfrac{\alpha}{\beta}$ erhält. Da aber

$$V = 2q \log \text{nat } u$$

ist, so ergiebt sich die Kapacität, welche gleich $\dfrac{q}{V}$ ist, als die Grösse

$$c = \frac{1}{2 \log \text{nat } u}.$$

An der Formel für u lässt sich die Richtigkeit der Entwicklung prüfen. Wenn man nämlich $R = \infty$ setzt, so wird

$$\frac{u-1}{u+1} = \sqrt{\frac{A}{A+D}}.$$

Diese Gleichung bezieht sich auf den Fall einer Schleife fern von allen leitenden Massen. Für einen solchen Fall sind die Niveauflächen genaue Kreiscylinder und die Kapacität ist exakt zu berechnen. Man kommt, wenn man diese Aufgabe für sich behandelt, auf dieselbe Formel.

Die im Vortrage erwähnte Formel für das Minimum der Kapacität lautet

$$A = \frac{1}{2}\left\{\sqrt{4R\sqrt{5R^2 - D^2} - (8R^2 - D^2)} - D\right\}.$$

Wenn $\dfrac{D^2}{5R^2}$ so klein ist, dass das Quadrat davon gegen Eins nicht in Betracht kommt, so kann dies geschrieben werden

$$A = \frac{R-D}{2} - 0{,}014\,R.$$

Die Entwickelung dieser Abhandlung und der bereits erwähnten über die elektrische Kapacität oberirdischer Leitungen beruhen auf dem Satze, dass sich die Vertheilungen zwischen einer Leitung und den Leitern vom Potential Null, welche die Leitung umgeben, durch eine zweite Leitung ersetzen lassen, welche die gleiche Elektricitätsmenge in der Längeneinheit besitzt und geometrisch der ersten kongruent ist. Es ist demnach, um die Ladungsvorgänge darzustellen, jede Einzelleitung zu einer Schleife ergänzt zu denken, deren Symmetrieebene die Erdoberfläche ist. Doppelleitungen sind nichts anderes, als einander sehr nahe Einzelleitungen, deren jede ihre Ergänzungsleitung besitzt. Wenn wir in einem System von parallelen Leitungen zu jeder einzelnen die Ergänzungsleitung anbringen, können wir die Wirkung der Erde vollkommen ausser Acht lassen, soweit die mit den Potentialänderungen verbundenen Bewegungen von Energie in Betracht kommen, die man als elektrostatische Vorgänge bezeichnet. Es wäre von sehr grossem Interesse, zu untersuchen, ob auch die elektromagnetischen Wechselwirkungen zwischen den Strömen in der Leitung und den in der Erde inducirten Strömen durch dies einfache Mittel dargestellt werden können.

Wenn man die Voraussetzung macht, dass die Erde ein gegen den Leiter im Verhältniss zu dessen Abstand eben begrenzter Körper von unendlich grosser Leitungsfähigkeit sei, und diese Voraussetzung ist mit grosser Annäherung zulässig, so stehen der Annahme, dass man auch die elektromagnetischen Erscheinungen mit Hülfe der symmetrischen Leitung darstellen könne, keine im Wesen der Sache liegenden Schwierigkeiten entgegen. Der positive Beweis lässt sich aber wohl nur durch das Experiment führen. Die Entscheidung dieser Frage wird von grosser Bedeutung sein für unsere Anschauungen über die gegenseitige Beeinflussung von Leitungen.

---

48. Messungen an Fernsprechverbindungsleitungen.

Im Jahre 1891 hat Franke über eine Methode berichtet, die elektrischen Eigenschaften von Leitungen durch Messungen mit Wechselstrom zu bestimmen.[1] Allerdings betreffen diese Messungen nur Leitungen innerhalb des Berliner Stadtfernsprechnetzes, die eine Länge von 10,9 km nicht überschreiten. Als später die Aufgabe entstand, auf ähnliche Weise die Eigenschaften von Fernsprechverbindungsleitungen von mehreren Hundert Kilometern zu messen, versagte die Methode vollständig.

Die für die Berechnung nothwendigen Stücke sind nämlich die beiden Werthe des Quotienten aus Spannung und Strom am Anfange der Leitung, wenn die Leitung am fernen Ende einmal isolirt und das andere Mal geerdet ist. Man könnte diese beiden Werthe als den scheinbaren Isolations- und den scheinbaren Leitungswiderstand der Leitung bezeichnen. Es stellte sich bei den Messungen mit Wechselstom das überraschende Resultat heraus, dass diese beiden Grössen bis auf Beträge, welche mit den bisher von uns gebrauchten Hülfsmitteln der Messung nicht zu ermitteln waren, einander gleich sind. Bei einer und derselben Anfangsspannung fliessen also ungefähr gleiche Ströme am Anfange in die Leitung, gleichviel ob diese am fernen Ende isolirt, oder geerdet ist.

Diese Erscheinung regte dazu an, den Verlauf von Wechselströmen längs einer Leitung näher zu studiren, sie nöthigte aber auch dazu, zur Messung der Leitungen eine andere geeignete Methode ausfindig zu machen.

Zu einer solchen führten die Untersuchungen über die gegenseitige Induktion zweier paralleler Leitungen. Dort wurden die Gleichungen über den Stromverlauf in einer Leitung erweitert zu solchen für zwei Leitungen, die aufeinander sowohl elektrisch als elektromagnetisch einwirkten.[1] In der damaligen Entwickelung war allerdings die eine davon als die inducirende gedacht, die andere als die inducirte, in der keine äussere EMK wirkte; aber die Gleichungen liessen auch eine Anwendung zu für den Fall, dass in beiden Leitungen elektromotorische Kräfte derselben Periode wirksam waren.

Wir bezeichnen mit $\mathfrak{A}_1\,\mathfrak{B}_1\,\mathfrak{C}_1$ und $\mathfrak{A}_2\,\mathfrak{B}_2\,\mathfrak{C}_2$ Koëfficienten, welche sich aus den elektrischen Eigenschaften der Leitungen nach Formeln, welche später angegeben werden sollen, berechnen lassen, und mit

$$\mathfrak{B}_{a,\,1};\ \mathfrak{B}_{e,\,1};\ \mathfrak{J}_{a,\,1};\ \mathfrak{J}_{e,\,1}.$$

$$\mathfrak{B}_{a,\,2};\ \mathfrak{B}_{e,\,2};\ \mathfrak{J}_{a,\,2};\ \mathfrak{J}_{e,\,2}$$

die Spannungen der Leitungen gegen Erde

---

[1] Mittheil. a. d. T. I. B. Bd. 1 S. 74. „ETZ“ 1891 S. 447 u. ff.

[1] Mittheil. a. d. T. I. B. Bd. 2 S. 79. „ETZ“ 1895 S. 164 u. ff.

und die Stromstärken in der Richtung vom Anfange der Leitungen nach ihrem Ende hin, und zwar gilt der Index a für die Werthe am Anfange, der Index e für diejenigen am Ende der Leitungen. Die Zeichen 1 und 2 dienen zur Unterscheidung für die erste und die zweite Leitung. Dann gelten die Gleichungen:

$$\mathfrak{B}_{e,1}+\mathfrak{B}_{e,2}=\mathfrak{A}_1(\mathfrak{B}_{a,1}+\mathfrak{B}_{a,2})+\mathfrak{B}_1(\mathfrak{J}_{a,1}+\mathfrak{J}_{a,2})$$
$$\mathfrak{B}_{e,1}-\mathfrak{B}_{e,2}=\mathfrak{A}_2(\mathfrak{B}_{a,1}-\mathfrak{B}_{a,2})+\mathfrak{B}_2(\mathfrak{J}_{a,1}-\mathfrak{J}_{a,2})$$
$$\mathfrak{J}_{e,1}+\mathfrak{J}_{e,2}=\mathfrak{A}_1(\mathfrak{J}_{a,1}+\mathfrak{J}_{a,2})+\mathfrak{C}_1(\mathfrak{B}_{a,1}+\mathfrak{B}_{a,2})$$
$$\mathfrak{J}_{e,1}-\mathfrak{J}_{e,2}=\mathfrak{A}_2(\mathfrak{J}_{a,1}-\mathfrak{J}_{a,2})+\mathfrak{C}_2(\mathfrak{B}_{a,1}-\mathfrak{B}_{a,2}).$$

Bei den Messungen wurden beide Leitungen gleichzeitig mit der Stromquelle verbunden. Unter sonst gleichen Bedingungen sind alsdann die in den Leitungen auftretenden Ströme und ebenso die Spannungen der Leitungen gegen Erde einander gleich.

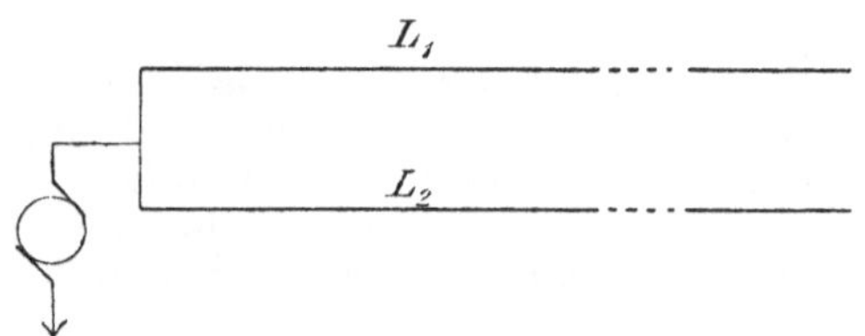

Fig. 1.

Gegenüber einer Schaltung, bei der in der einen Leitung nur die inducirten elektromotorischen Kräfte wirken, hat dies den Vortheil, dass die Reaktion jeder Leitung auf die aus der anderen Leitung kommenden Ströme kräftiger wird, und ferner wird die Messung genauer, weil man Grössen gleicher Ordnung zu messen hat.

Die Erzeugung von Strömen gleicher Grösse in den beiden Leitungen kann auf zwei Wegen erfolgen.

Entweder schaltet man die Leitungen parallel an die Stromquelle, deren zweiter Pol geerdet wird (Fig. 1).

Dann ist offenbar, da volle Symmetrie der Leitungen angenommen wird:

$$\mathfrak{B}_{a,1}=\mathfrak{B}_{a,2};\quad \mathfrak{J}_{a,1}=\mathfrak{J}_{a,2}.$$
$$\mathfrak{B}_{e,1}=\mathfrak{B}_{e,2};\quad \mathfrak{J}_{e,1}=\mathfrak{J}_{e,2}.$$

Wir wollen die diesem Falle entsprechenden Werthe mit

$$\mathfrak{B}^{(01)},\ \mathfrak{J}^{(01)},$$
$$\mathfrak{B}^{(1)},\ \mathfrak{J}^{(1)}$$

bezeichnen.

Die Grundgleichungen gehen für diesen Fall in die Form über

$$\mathfrak{B}^{(1)}=\mathfrak{A}_1\mathfrak{B}^{(01)}+\mathfrak{B}_1\mathfrak{J}^{(01)},$$
$$\mathfrak{J}^{(1)}=\mathfrak{A}_1\mathfrak{J}^{(01)}+\mathfrak{C}_1\mathfrak{B}^{(01)}.$$

Man kann ferner die Leitungen mit der an beiden Polen isolirten Stromquelle so verbinden, wie Fig. 2 zeigt.

Dann ist

$$\mathfrak{B}_{a,1}=-\mathfrak{B}_{a,2};\quad \mathfrak{J}_{a,1}=-\mathfrak{J}_{a,2}$$
$$\mathfrak{B}_{e,1}=-\mathfrak{B}_{e,2};\quad \mathfrak{J}_{e,1}=-\mathfrak{J}_{e,2}.$$

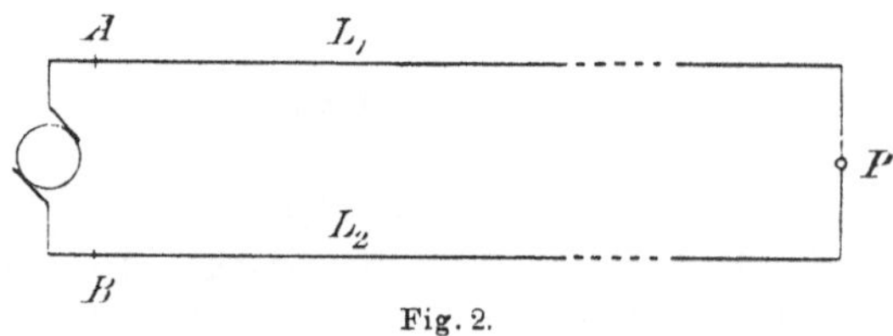

Fig. 2.

Bezeichnen wir die diesem Falle entsprechenden Werthe mit

$$\mathfrak{B}^{(02)},\ \mathfrak{J}^{(02)},$$
$$\mathfrak{B}^{(2)},\ \mathfrak{J}^{(2)}.$$

so erhalten wir folgende Form für die Grundgleichungen

$$\mathfrak{B}^{(2)}=\mathfrak{A}_2\mathfrak{B}^{(02)}+\mathfrak{B}_2\mathfrak{J}^{(02)},$$
$$\mathfrak{J}^{(2)}=\mathfrak{A}_2\mathfrak{J}^{(02)}+\mathfrak{C}_2\mathfrak{B}^{(02)}.$$

In der im Eingange erwähnten Abhandlung hat Franke aus den Differentialgleichungen

$$-\frac{dV}{dx}=Jw+L\frac{dJ}{dt}.$$
$$-\frac{dJ}{dx}=aV+c\frac{dV}{dt}$$

die Gleichungen für eine Einzelleitung in folgender Form aufgestellt

$$\mathfrak{B} = \mathfrak{B}_0 \cos i \sqrt{\mathfrak{R}\mathfrak{S}} + i \sqrt{\frac{\mathfrak{S}}{\mathfrak{R}}}\, \mathfrak{J}_0 \sin i \sqrt{\mathfrak{R}\mathfrak{S}},$$

$$\mathfrak{J} = \mathfrak{J}_0 \cos i \sqrt{\mathfrak{R}\mathfrak{S}} + i \sqrt{\frac{\mathfrak{R}}{\mathfrak{S}}}\, \mathfrak{B}_0 \sin i \sqrt{\mathfrak{R}\mathfrak{S}},$$

wo die $\mathfrak{R}$ und $\mathfrak{S}$ dargestellt werden durch

$$\mathfrak{R} = (a + i\,m\,c)\,D,$$
$$\mathfrak{S} = (w + i\,m\,l)\,D.$$

Darin bezeichnen a, c, w, l die Werthe der Ableitung, Kapacität, des Widerstandes und der Selbstinduktion für 1 km, D die Länge der Leitung in Kilometern, m die Zahl der Perioden in $2\,\pi$ Sekunden.

Die in den Formeln für die Doppelleitung gebrauchten Koëfficienten $\mathfrak{A}$, $\mathfrak{B}$, $\mathfrak{C}$ und $\mathfrak{A}_1$, $\mathfrak{B}_1$, $\mathfrak{C}_1$ sind genau so geformt, wie diejenigen für die Einzelleitung: so ist

$$\mathfrak{A}_1 = \cos i \sqrt{\mathfrak{R}_1 \mathfrak{S}_1}, \quad \mathfrak{B}_1 = i \sqrt{\frac{\mathfrak{S}_1}{\mathfrak{R}_1}} \sin i \sqrt{\mathfrak{R}_1 \mathfrak{S}_1},$$

$$\mathfrak{C}_1 = i \sqrt{\frac{\mathfrak{R}_1}{\mathfrak{S}_1}} \sin i \sqrt{\mathfrak{R}_1 \mathfrak{S}_1}$$

und ähnliches gilt für $\mathfrak{A}_2$, $\mathfrak{B}_2$, $\mathfrak{C}_2$.

Der Unterschied liegt in den Grössen $\mathfrak{R}_1$, $\mathfrak{S}_1$ und $\mathfrak{R}_2$, $\mathfrak{S}_2$.

Unter folgenden Bezeichnungen

a' und c' Ableitung und Kapacität jeder Leitung gegen Erde für 1 km,

a und c Ableitung und Kapacität der beiden Leitungen gegen einander für 1 km,

W, L, M Widerstand, Koëfficient der Selbstinduktion und Gegeninduktion für 1 km,

D Länge jeder Leitung in km,

gelten die Gleichungen:

$$\mathfrak{R}_1 = (a' + i\,m\,c')\,D,$$
$$\mathfrak{S}_1 = (W + i\,m\,(L + M))\,D,$$
$$\mathfrak{R}_2 = (2\,(a + i\,m\,c) + (a' + i\,m\,c'))\,D,$$
$$\mathfrak{S}_2 = (W + i\,m\,(L - M))\,D.$$

Die Grössen $\mathfrak{R}_1$, $\mathfrak{S}_1$ und $\mathfrak{R}_2$, $\mathfrak{S}_2$ sind also physikalisch von derselben Art, wie die Grössen $\mathfrak{R}$ und $\mathfrak{S}$, und da die Koëfficienten $\mathfrak{A}_1$, $\mathfrak{B}_1$, $\mathfrak{C}_1$ und $\mathfrak{A}_2$, $\mathfrak{B}_2$, $\mathfrak{C}_2$ gerade so gebildet sind, wie diejenigen der Gleichung für eine Einzelleitung, so folgt das bemerkenswerthe Resultat, dass der Stromverlauf in der Doppelleitung für beide Fälle derjenigen einer Einzelleitung entspricht, die aber andere elektrische Eigenschaften hat. und zwar in beiden Fällen verschiedene.

Wenn man z. B. eine Einzelleitung annähme mit folgenden Eigenschaften für 1 km:

Ableitung $(2a + a')\,D$,
Kapacität $(2c + c')\,D$,
Widerstand $W\,D$,
Selbstinduktion $(L - M)\,D$,

so würde in dieser ein Wechselstrom ebenso verlaufen, wie in jeder der beiden Leitungen, wenn dieselben nach Fig. 2 geschaltet sind. Es ist daher gerechtfertigt, die elektrischen Eigenschaften der Leitung für die Schaltung nach Fig. 2 durch die zuletzt genannten Werthe auszudrücken, also z. B. ihre Kapacität gleich $2c + c'$, ihre Selbstinduktion gleich $L - M$ zu setzen.

Bei der Ausführung der Messungen zeigte sich, wenn man in den genannten Schaltungen beide Leitungen gleichzeitig an die Stromquelle anschloss und dann ihre Enden entweder erdete oder isolirte, dass die Unterschiede gross genug waren, um eine Berechnung nach den Formeln für die Einzelleitung zu ermöglichen; es war also nunmehr eine Methode gegeben.

Als daraufhin Messungen von Berlin aus an der nach Hamburg führenden Fernsprechleitung F 101 a/b angestellt und berechnet wurden, ergaben sich neue Schwierigkeiten.

Die Werthe des Widerstandes, welche für verschiedene Schwingungszahlen berechnet wurden, in geringerem Maasse auch diejenigen der Kapacität, nehmen mit wachsender Schwingungszahl erheblich zu, während umgekehrt diejenigen für die Selbstinduktion abnahmen; dies bezieht sich auf die Messungen nach Schaltung Fig. 2. Ausserdem ergab sich für die Ableitung ein beträchtlicher negativer Werth, was der physikalischen Natur dieser Grösse widerspricht. Aus diesen Beobachtungen war zu schliessen, dass von Berlin aus angestellte Messungen kein reines Ergebniss zu liefern vermöchten. Es ist dies auch leicht erklärlich, weil in der Führung der Leitungen innerhalb Berlins Stadtleitungen und Hauskabel nicht zu vermeiden sind. Diese häufen gerade am Anfange der Leitungen eine grössere Kapacität an, als die Leitungen durchschnittlich besitzen, und trüben auf diese Weise die Messungsergebnisse.

Als wiederholte Versuche bei sonst guten Leitungen dasselbe Resultat ergeben hatten, blieb nur übrig, die Messungen von einem vor dem Eintritt der Leitungen in Berlin, ausserhalb der dichteren Bebauung gelegenen Punkte aus vorzunehmen, und aus gleichen Gründen die Leitungen bei den Messungen schon vor Hamburg endigen zu lassen. Als geeignete Punkte erwiesen sich die Orte Nauen und Geesthacht.

Die Leitung F 266 a/b (Berlin-Hamburg), an welcher die Messungen ausgeführt wurden, ist längs der ganzen Strecke Berlin-Hamburg auf einer besonderen Winkelstütze geführt; sie besteht aus 3 mm starken Broncedrähten, welche 20 cm Abstand von einander haben; die Höhe über dem Erdboden beträgt etwa 7 m. An demselben Gestänge sind noch die Leitungen F 100 a/b und F 101 a/b (Berlin - Hamburg) und F 1171 a/b (Berlin-Kiel) geführt und zwar theils auf Querträgern, theils auf Schraubenstützen.

Die Gesammtlänge der Leitung beträgt 295 km; davon gehen ab die Endstücke Berlin-Nauen mit 42 km und Geesthacht-Hamburg mit 31 km, sodass die untersuchte Strecke eine Länge von 222 km hat.

bald zu isoliren, bald zu erden waren. Da die Messungen des Betriebes wegen bei Nacht gemacht werden mussten, wurde es vorgezogen, die Umschaltungen mittels eines automatischen Umschalters, der von Nauen aus bedient wurde, zu vollziehen. Die Schaltströme wurden mittels einer zweiten, am nämlichen Gestänge befindlichen Schleife, die ebenfalls beiderseits eingeführt war, zu den Relais geführt.

Drei polarisirte Siemens'sche Relais I, II, III waren hintereinander geschaltet (Fig. 3). Ihre Einstellung war verschieden. Relais I u. II waren so eingestellt, das der Anker nach Aufhören des Stromes bei dem Kontakte liegen blieb, an welchen er durch den Strom gelegt worden war, und zwar gingen beide Relais auf positive Ströme nach links. Das letztere that auch Relais III, indessen ging dies beim Aufhören des Stromes stets an den rechten Kontakt zurück. Es war ferner ein Unterschied in der Empfindlichkeit gemacht worden. In Nauen konnte ein Zusatz-

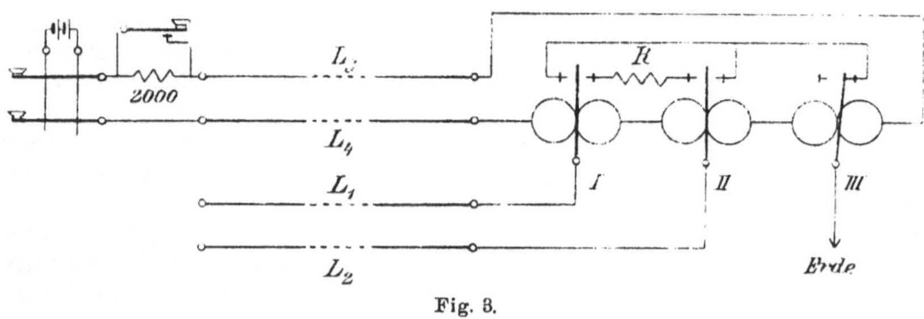

Fig. 3.

In die Leitung F 266 a/b ist zeitweise das Amt Karstädt eingeschaltet; indessen wurde stets Sorge getragen, dass während der Zeit der Messungen dort alle Apparate aus den Leitungen entfernt wurden.

In Nauen wurden die Leitungen von dem Untersuchungständer aus mittels gut isolirter Kabel nach einem Zimmer eines auf der entgegengesetzten Seite der Landstrasse befindlichen Hauses eingeführt, in welchem die zur Ausführung der Messungen nothwendigen Apparate aufgestellt waren.

In Geesthacht, wo die Leitungen ins Dienstgebäude des Postamtes eingeführt sind, war ein Umschalter aufgestellt, mittels dessen die Leitungen, die bei Tage nach Hamburg durchgeschaltet waren, auf Benachrichtigung zu den Messungen bereitgestellt werden konnten.

Es geht aus den theoretischen Erörterungen hervor, dass im Verlaufe der Messungen die Leitungen am fernen Ende

widerstand von $2000\,\Omega$ entweder eingeschaltet oder kurzgeschlossen werden. Auf den Strom a bei eingeschaltetem Widerstande sprachen nur die Relais I und III an, auf den grösseren Strom A bei kurzgeschlossenem Widerstande auch das Relais II. Indem man nun eine passende Folge von Strömen mittels der Doppeltaste entsandte, konnte man folgende Schaltungen hervorbringen:

Beide Leitungen getrennt isolirt: andauernd $+ A$,

beide Leitungen verbunden und isolirt: $- A$, darauf dauernd $+ a$,

beide Leitungen geerdet: $- A$, vorübergehend $+ a$,

Leitungen durch einen Widerstand verbunden: $+ A$, $- a$.

Letztere Schaltung wurde bei den Messungen nicht gebraucht.

Die Leitungen L_1 und L_2, welche untersucht wurden, führten in Nauen zunächst an einen Kurbelumschalter, welcher nur zur Herstellung der normalen oder der Messungsschaltung diente, und ausserdem an einen Stöpselumschalter. Von hier aus gingen sie entweder zu den Wechselstrommessapparaten oder zu einer Kontrolmesseinrichtung, bestehend aus Batterie und Galvanoskop, mit welcher man sich überzeugen konnte, dass die gewünschte Schaltung auch thatsächlich ausgeführt worden war, ehe man mit der Messung begann.

Die Grundlage der Berechnungen ist, dass die beiden Leitungen in ihren elektrischen Eigenschaften einander gleich sein sollen. Um sicher zu gehen, wurden die Messungen stets an beiden Leitungen zugleich ausgeführt. Es zeigte sich niemals eine einstellbare Differenz: in den meisten Fällen war die Bedingung vollkommen erfüllt, d. h. das Telephon blieb stumm, wenn von der einen Leitung zur anderen übergegangen wurde, was leicht zu bewerkstelligen war.

Es möge hier noch ein Punkt erörtert werden, der zu Bedenken Anlass geben könnte.

Mit $\mathfrak{B}$ bezeichnen wir in den Formeln das Potential eines Punktes einer Leitung gegen die Erde. In demjenigen Theile der Messungen, der am wichtigsten für die praktischen Fälle ist, wird die Erde gar nicht mitverwendet, nämlich in Schaltung II, wo die Leitung an die isolirten Klemmen der Stromquelle gelegt war. Wenn auch nach den Ergebnissen der Formeln schon vor den Messungen kein Zweifel bestand, dass die Spannung einer Leitung gegen Erde gemessen gleich der Hälfte des Potentialunterschiedes der Leitungen gegeneinander sein musste, so schien es doch erwünscht, dies durch Messung bestätigt zu finden.

Wenn die Schaltung nach Fig. 2 ausgeführt wurde, wobei also die Erde völlig aus dem Stromkreise ausgeschieden ist, so ergab sich erstens, dass die Potentialdifferenz von A gegen Erde und die von B gegen Erde der Grösse nach völlig gleich und der Phase nach um 180^0 verschieden sind, ferner dass innerhalb der Grenzen der Genauigkeit die Potentialdifferenz A/B das Doppelte der Potentialdifferenz A/E oder E/B war. Es änderte ferner an dem Werthe dieser Grössen nichts, wenn man unter Aufrechterhaltung der Verbindung zwischen den fernen Enden der Leitungen den Verbindungspunkt P isolirte oder erdete. Dies bestätigt also alles unsere frühere Behauptung, dass man den Strom-

verlauf in einer Doppelleitung berechnen kann, indem man statt ihrer eine Einzelleitung mit passenden Eigenschaften annimmt.

Um nicht zu oft auf frühere Abhandlungen zurückgreifen zu müssen, seien hier die Gleichungen für die Berechnung der Koëfficienten kurz wiederholt.

Hat man

$$\mathfrak{B} = \mathfrak{B}_0 \cos i \sqrt{\mathfrak{R}\,\mathfrak{S}} + i \sqrt{\frac{\mathfrak{S}}{\mathfrak{R}}} \mathfrak{J}_0 \sin i \sqrt{\mathfrak{R}\,\mathfrak{S}}$$

$$\mathfrak{J} = \mathfrak{J}_0 \cos i \sqrt{\mathfrak{R}\,\mathfrak{S}} + i \sqrt{\frac{\mathfrak{R}}{\mathfrak{S}}} \mathfrak{B}_0 \sin i \sqrt{\mathfrak{R}\,\mathfrak{S}},$$

und bezeichnet man ferner das Verhältniss $\dfrac{\mathfrak{B}_0}{\mathfrak{J}_0}$, wenn $\mathfrak{J} = 0$ (scheinbarer Isolationswiderstand), mit $\mathfrak{U}_1$ und, wenn $\mathfrak{B} = 0$ (scheinbarer Leitungswiderstand), mit $\mathfrak{U}_2$, so ist

$$\mathfrak{U}_1 = - \sqrt{\frac{\mathfrak{S}}{\mathfrak{R}} \frac{\cos i \sqrt{\mathfrak{R}\,\mathfrak{S}}}{i \sin i \sqrt{\mathfrak{R}\,\mathfrak{S}}}},$$

$$\mathfrak{U}_2 = - \sqrt{\frac{\mathfrak{S}}{\mathfrak{R}} \frac{i \sin i \sqrt{\mathfrak{R}\,\mathfrak{S}}}{\cos i \sqrt{\mathfrak{R}\,\mathfrak{S}}}}.$$

Daraus ergiebt sich zunächst

$$\sqrt{\frac{\mathfrak{S}}{\mathfrak{R}}} = \pm \sqrt{\mathfrak{U}_1 \mathfrak{U}_2},$$

ferner

$$\frac{i \sin i \sqrt{\mathfrak{R}\,\mathfrak{S}}}{\cos i \sqrt{\mathfrak{R}\,\mathfrak{S}}} = \pm \sqrt{\frac{\mathfrak{U}_2}{\mathfrak{U}_1}}.$$

Mit Rücksicht darauf, dass das Argument von $\sqrt{\dfrac{\mathfrak{S}}{\mathfrak{R}}}$ zwischen 0 und $-\dfrac{\pi}{2}$, das von $\sqrt{\mathfrak{R}\,\mathfrak{S}}$ zwischen 0 und $+\dfrac{\pi}{2}$ liegen muss, ergiebt sich

$$\sqrt{\frac{\mathfrak{S}}{\mathfrak{R}}} = \sqrt{\mathfrak{U}_1 \mathfrak{U}_2}.$$

$$-\frac{i \sin i \sqrt{\mathfrak{R}\,\mathfrak{S}}}{\cos i \sqrt{\mathfrak{R}\,\mathfrak{S}}} = \sqrt{\frac{\mathfrak{U}_2}{\mathfrak{U}_1}} = u;$$

dies heisst

$$\frac{e^{\sqrt{\Re\,\mathfrak{Z}}} - \left[e^{\sqrt{\Re\,\mathfrak{S}}}\right]}{e^{\sqrt{\Re\,\mathfrak{S}}} + \left[e^{\sqrt{\Re\,\mathfrak{Z}}}\right]} = u,$$

woraus sich ergiebt

$$\sqrt{\Re\,\mathfrak{S}} = \frac{1}{2}\log\,\mathrm{nat}\,\frac{1+u}{1-u}.$$

Indem wir nunmehr zur Besprechung der Messungsergebnisse übergehen, wollen wir die Bemerkung vorausschicken, dass nur diejenigen nach Schaltung Fig. 2 zu einem Resultat geführt haben, während in denjenigen der Schaltung Fig. 1 kein den aufgestellten Gleichungen entsprechendes gesetzmässiges Verhalten aufzufinden war.

Nach den im wesentlichen gleichen Ergebnissen zweier an verschiedenen Abenden ausgeführten Beobachtungsreihen sind Messungsfehler ausgeschlossen, und ferner ist eine unbekannte Störung in den Leitungen deshalb nicht anzunehmen, weil die fast zur nämlichen Zeit ausgeführten Messungen in Schaltung Fig. 2 mit der Theorie übereinstimmen; es bleibt also nur die Erklärung übrig, dass die Grundgleichungen noch nicht alle Faktoren berücksichtigen, welche auf den Stromverlauf Einfluss haben. In der That berücksichtigen sie nicht, dass an demselben Gestänge noch andere Leitungen sich befinden.

In der Schaltung Fig. 1 verstärken sich die Induktion aus L_1 und aus L_2 auf die übrigen Leitungen und die aus den inducirten Leitungen kommenden Gegeninductionen haben in beiden Leitungen L_1 und L_2 dieselbe Richtung. Aus diesem Grunde darf die Induktion aus den weiteren Leitungen wenigstens von vorneherein nicht vernachlässigt werden, wie es bei der Aufstellung der Grundgleichungen geschehen ist. Diese Unterlassung hat aber nur bei Schaltung Fig. 1 einen merklichen Einfluss. In Schaltung Fig. 2 haben die inducirenden Ströme der beiden Leitungen entgegengesetzte Richtung, sodass die in den anderen Schleifen inducirten Ströme von vornherein weit schwächer sind; deren Rückwirkungen kommen in den Leitungen L_1 und L_2 nur mit ihrer Differenz zur Geltung. Wie sich die Schleife im Betriebe als praktisch vollkommen störungsfrei erweist, haben sich auch bei den Messungen keine merklichen Inductionswirkungen gezeigt.

Allerdings hätten wir eine so bedeutende Wirkung der Induktion in Schaltung Fig. 1 nicht erwartet, wie sie thatsächlich beobachtet wurde. Die Veränderung des Stromverlaufes geht so weit, dass die Messungen auch nicht annähernd mit den Gleichungen übereinstimmen. Es hat demnach keinen Zweck, näher auf die Resultate nach Schaltung Fig. 1 einzugehen; wir wenden uns zu denjenigen für die Schaltung Fig. 2.

Bei einer Beobachtungsreihe, deren einzelne Glieder an demselben Abend gemessen wurden, ergab sich folgendes:

n	$W\,D$	$m\,(L-M)\,D$	$(L-M)\,D$	$m\,(2\,c+c')\,D$	$(2\,c+c')\,D$
315	562	443	0,224	0,00510	$2{,}58 \cdot 10^{-6}$
500	563	717	0,228	0,00804	$2{,}56 \cdot 10^{-6}$
704	570	1003	0,227	0,01106	$2{,}51 \cdot 10^{-6}$
900	582	1280	0,227	0,01456	$2{,}58 \cdot 10^{-6}$

Die Mittelwerthe von $(L-M)\,D$ und $(2\,c+c')\,D$ sind 0,227 und $2{,}56 \cdot 10^{-6}$.

Der Widerstand war ein anderes Mal mit dem Galvanometer gemessen worden und hatte 555 Ohm ergeben.

Man weiss, dass schnell wechselnde Ströme in dicken Kupferdrähten nicht den ganzen Querschnitt erfüllen, sondern von der Mitte abgedrängt werden. Dadurch wird der Widerstand bei wachsender Schwingungszahl immer grösser. Der Zuwachs ist dem Quadrate der Schwingungszahl proportional.

Setzt man zunächst

$$W_n\,D = W_0\,D + C\,n^2$$

und berechnet $W_0\,D$ und C aus den Messungsergebnissen, so erhält man im Mittel

$$W_0\,D = 557{,}1, \quad C = 29{,}4 \cdot 10^{-6}.$$

Nach der Formel berechnet würden die Werthe der $W_n\,D$ sein:

n	315	500	704	900
$W_n \cdot D$.	560	564,5	571,6	580,9
gemessen	562	563	570	582

Bei der Beurtheilung der Genauigkeit der Messungen hat man im Auge zu behalten, dass zur Bestimmung jeder der Grössen $\mathfrak{U}_1$ und $\mathfrak{U}_2$ zwei Messungen gehören; eine für den Strom, die andere für die Spannung. Zu jeder Messung gehören zwei Einstellungen: man hat sowohl nach der Spannung wie nach der Phase so lange zu reguliren, bis der Ton im Telephon verschwindet. Die Phase kann man bei jeder einzelnen Messung bis auf $1/_4{}^0$ sicher einstellen, die Einstellung der Amplitude kann mit einem Fehler bis zu etwa $1\,{}^0/_0$ behaftet sein. Am grössten ist die Unsicherheit bei den geringen Schwingungszahlen, weil die Töne im Telephon, nach denen eingestellt wird, sich neben dem übrigen sehr starken Geräusch, welches der Betrieb der Maschine und des Elektromotors verursacht, nicht so scharf abheben, wie die Töne bei höherer Schwingungszahl. Als Beispiel seien zur Beurtheilung der Genauigkeit die Einzelmessungen, aus denen bei $n = 315$ $\mathfrak{U}_1$ und $\mathfrak{U}_2$ sich ergeben, angeführt:

Strom (Spannung an 100 Ohm)	$\mathfrak{U}_1$	$\mathfrak{U}_2$
$\mathfrak{J}_a$ 0,801; $+16,2^0$	0,464; $+29,5^0$	
0,804; $+16,6^0$	0,466; $+29,5^0$	
0,810; $+18,0^0$		
Mittel 0,805; $+16,6^0$	0,465; $+29,5^0$	

Spannung $\mathfrak{B}_a$ 2,086; -3^0	2,499; $-2,5^0$	
2,076; -3^0	2,485; $-2,5^0$	
2,178; -3^0	2,503; $-2,5^0$	
2,079; -3^0	2,535; $-2,5^0$	
Mittel 2,104; -3^0	2,505; $-2,5^0$	

Die einzelnen Werthe entsprechen Einstellungen an verschiedenen Stellen der Aichungsskale. Die Messungen werden bei höheren Schwingungszahlen erheblich gleichmässiger.

Im Hinblick auf diese Beobachtungsfehler dürften die Abweichungen der gemessenen $W_n . D$ gegen die berechneten wohl erklärt sein; die gemessenen Werthe schliessen sich immer noch nahe genug an, um das Gesetz der Zunahme mit dem Quadrate der Schwingungszahl zu bestätigen.

Dagegen stimmt andererseits der für C gefundene Werth nicht mit dem nach einer gebräuchlichen Formel[1]) zu berechnenden überein. Danach sollte sein

$$W_n = W_0 \left(1 + 7,5\, d^4 . n^2 . 10^{-11}\right).$$

---

[1]) „ETZ“ 1894, S. 77.

Die der Grösse C entsprechende Grösse wäre

$$7,5 . (2r)^4 . W_0 . 10^{-11} = 3.38 . 10^{-6},$$

wo $2r$ der Durchmesser des Drahtes ist. C ist also etwa 9-mal grösser. Die Zahl $3,38 . 10^{-6}$ kann gar nicht in Frage kommen, da sie zwischen $n = 315$ und $n = 900$ nur 2,4 Ohm Differenz zulassen würde.

Es wäre aber vielleicht die Erklärung zulässig, dass die über das Maass der Formel hinausgehende Widerstandsänderung eine Wirkung der allerdings geringen Induktion auf die Nachbarleitungen wäre; bekanntlich wird der Widerstand eines Leiters, der in einem benachbarten Leiter Ströme inducirt, dadurch scheinbar vergrössert, während seine Selbstinduktion fällt.

Für die in den Formeln vorkommende Ableitung ergab sich aus den Wechselstrommessungen kein Werth. Der Grund ist, dass die Grösse a gegen $m\,c$ so klein ist, dass der Werth $a + i\,m\,c$ von $m\,c\,e^{+90^0 i}$ nur unmerklich abweicht. Statt 90^0 ergaben sich für die vier Schwingungszahlen die Werthe $89,8^0$, $89,1^0$, $89,4^0$ und $90,4^0$, welche schon durch ihre unregelmässige Folge sich als auf den Beobachtungsfehlern beruhend kennzeichnen.

Die Abweichungen der Werthe für die Selbstinduktion und Kapacität von den Mittelwerthen zeigen kein gesetzmässiges Verhalten; wir haben demnach anzunehmen, dass diese Grössen von der Schwingungszahl unabhängig sind. Die Verminderung der Selbstinduktion infolge der Gegeninduktion aus den Nachbaradern ist also nicht gross genug, um bemerkbar zu werden.

Es ist nun weiter zu untersuchen, wie die Mittelwerthe für Selbstinduktion und Kapacität mit den aus den bezüglichen Formeln zu berechnenden übereinstimmen.

Was die Selbstinduktion anbetrifft, so ist nach den vorausgeschickten Erörterungen, wenn $L D$ die für eine Leitung von der einfachen Länge D berechnete Selbstinduktion, $M D$ die für zwei Leitungen, deren jede D km lang ist, berechnete Gegeninduktion bezeichnet, die scheinbare Selbstinduktion der Schleife gleich $(L - M) D$.

Für L und M hat man die Formeln

$$L D = 2 D \left(\log \frac{2D}{r} - 0,75\right)$$

$$MD = 2\,D\left(\log\frac{2\,D}{d} - 1\right),$$

wenn d den mittleren Abstand der beiden Leitungen, r ihren Radius bezeichnet. Demnach wird

$$(L - M)\,D = 2\,D\left(\log\frac{d}{r} + 0{,}25\right).$$

Da hier

$$D = 222 \text{ km} = 222 \cdot 10^5 \text{ cm},$$
$$d = 20 \text{ cm},$$
$$r = 0{,}15 \text{ cm}.$$

so ergiebt sich dementsprechend

$$(L - M)\,D = 0{,}228 \text{ Henry},$$

während 0,227 Henry gemessen wurden. Diese Grössen stimmen also gut überein.

Die scheinbare Kapacität der Schleife soll gleich $2\,c + c'$ für 1 km sein, wenn man mit c die Kapacität jedes Zweiges gegen Erde, mit c' die Kapacität der Leitungen gegeneinander bezeichnet.

Als für die Grössen c und c' die nach den bekannten Formeln für die Kapacität berechneten Werthe eingesetzt wurden, ergab sich keine Uebereinstimmung. Der Umstand, dass in allem Uebrigen die doch ziemlich komplicirten Wechselstromvorgänge sich der Theorie anpassten, gab dazu Veranlassung, die Formeln zur Berechnung von Kapacitätswerthen bei Doppelleitungen einer besonderen Prüfung zu unterziehen. Die Resultate dieser Prüfung sind in einer bereits erschienenen Abhandlung mitgetheilt[1]) worden.

Für die Kapacität einer Doppelleitung, deren Zweige, wie in diesem Falle, auf gleichen und entgegengesetzten Potentialen gehalten werden, ergiebt sich daraus unter Berücksichtigung des Einflusses, den die Erdoberfläche auf die Vertheilung ausübt, die Formel

$$2\,c + c' = \frac{1}{2 \log \text{nat} \dfrac{d}{r}\dfrac{2}{\sqrt{(2\,h)^2 + d^2}}}$$

in elektrostatischen Einheiten für 1 cm Länge,

[1]) „ETZ" 1898, S. 772.

wenn alle anderen Maasse cm sind und h die Entfernung der Leitung von der Erde darstellt.

Es genügt für praktische Verhältnisse, zu setzen

$$\frac{1}{2 \log \text{nat} \dfrac{d}{r}}.$$

Man erhält daraus Mikrofarad für 1 km durch Division mit 9. Im vorliegenden Falle ist also

$$2\,c + c' = 0{,}01136 \text{ Mikrofarad}.$$

Für die $D = 222$ km der Leitung ergiebt sich demnach 2,52 Mikrofarad.

Da eine gewisse Erhöhung der Kapacität durch die Isolatoren herbeigeführt wird, welche bei der Berechnung nicht berücksichtigt wird, so erscheint das Resultat der Messung, nämlich 2.56 Mikrofarad, mit den Anforderungen der Theorie in guter Uebereinstimmung.

Nachdem die Diskussion der Messungsergebnisse bis hierher geführt ist, ist der Nachweis erbracht, dass erstens die den Messungen zu Grunde liegenden Gleichungen für die Schaltung in der Schleife alle in Betracht kommenden Grössen berücksichtigen, und zweitens, dass es möglich ist, mit unseren Wechselstrommesseinrichtungen zuverlässige Messungen an Leitungen auszuführen.

Es soll nun ferner auf die direkten Messergebnisse eingegangen werden, die viel Interessantes bieten. Sie werden absichtlich erst nach der Diskussion ihrer Resultate vorgeführt. Nachdem sich ergeben hat, dass die Resultate der ganzen Messungsreihe eine erfreuliche Uebereinstimmung zeigen, wird man auch den direkten Messungsergebnissen Vertrauen entgegenbringen, während diese für sich allein, wie wir gleich sehen werden, ein höchst seltsames Bild darbieten.

Die beiden Grössen, welche der Berechnung zu Grunde gelegt worden sind, die scheinbaren Widerstände am Anfange der Leitung 1. bei Isolation des fernen Endes, $\mathfrak{U}_1$, 2. bei Erdung des fernen Endes, $\mathfrak{U}_2$, haben für die verschiedenen Schwingungszahlen folgende Werthe:

n	$\mathfrak{U}_1$	$\mathfrak{U}_2$
315	$261\,e^{-19{,}6^\circ i}$	$538\,e^{-82{,}0^\circ i}$
500	$378\,e^{-1^\circ i}$	$299\,e^{-36{,}2^\circ i}$
704	$417\,e^{-25{,}2^\circ i}$	$250\,e^{-3{,}6^\circ i}$
900	$243\,e^{-22{,}1^\circ i}$	$397\,e^{-2{,}9^\circ i}$

Auf den ersten Blick wird man in diesen Zahlen weder in den Amplituden, noch in

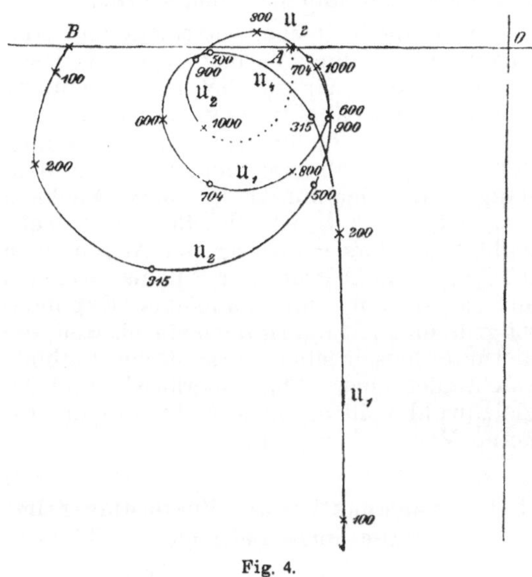

Fig. 4.

den Phasen eine Gesetzmässigkeit finden. Um den Verlauf dieser Grössen deutlicher hervortreten zu lassen, sind sie in Fig. 4, durch kleine Kreise bezeichnet, mit einigen berechneten Widerständen, die durch kleine Kreuze dargestellt werden, im rechtwinkligen Diagramm aufgetragen, und man sieht, dass die scheinbaren Widerstände, sowohl bei Isolation, als bei Erdung des fernen Endes bei verschiedenen Periodenzahlen des Wechselstromes im Ganzen Kurven von spiraliger Form durchlaufen. Diejenige des Widerstandes bei Isolation nähert sich für kleiner und kleiner werdende Schwingungszahlen der Grösse $-i\infty$, d. h., die Leitung nimmt mehr und mehr die Eigenschaften eines Kondensators an, dessen Flächenelemente sich gleichzeitig laden; für wachsende Schwingungszahlen strebt die Kurve dem Grenzwerthe

$$O\,A = + \sqrt{\frac{L-M}{2\,c + c'}}$$

zu. Diejenige des Widerstandes bei Erdung des fernen Endes beginnt für sehr kleine Schwingungszahlen bei $O\,B = +\,W\,D$ und endet bei unendlich grossen bei demselben Grenzwerthe wie die erste Kurve.

Unter Benutzung des rechtwinkligen Diagramms können die Grössen $\mathfrak{U}_1$ und $\mathfrak{U}_2$ zur Lösung von Aufgaben benutzt werden, welche nicht nur ein theoretisches Interesse, sondern für die Uebertragung hochgespannter Wechselströme auch ein praktisches Interesse haben; indessen sollen diese Aufgaben demnächst in einem besonderen Aufsatze besprochen werden.

Es darf nach den Resultaten der hier besprochenen Messungen als feststehend gelten, dass in einem Leitungssystem, in welchem Hin- und Rückleitung nahe zusammenliegen, der Stromverlauf von Wechselströmen sich mit grosser Genauigkeit aus den nach bekannten Formeln zu berechnenden Werthen der elektrischen Eigenschaften der Leitungen ermitteln lässt.

---

49. Ueber die Anwendung des Vektordiagramms auf den Verlauf von Wechselströmen in langen Leitungen und über die wirthschaftliche Grenze hoher Spannuugen.

I. Vorbemerkungen.

In einem kürzlich in dieser Zeitschrift erschienenen Aufsatze über Messungen an Fernsprechverbindungsleitungen[1] wurde mit Hülfe von Wechselstrommessungen an einer 222 km langen oberirdischen Fernsprechleitung nachgewiesen, dass in Doppelleitungen, welche aus nebeneinander liegender Hin- und Rückleitung bestehen, der Verlauf der Wechselströme mit den theoretischen

[1] „ETZ“ 1899, Heft 10 S. 192.

Gesetzen vollkommen übereinstimmt. Dies bedeutet, dass man aus den gegebenen elektrischen Eigenschaften einer Fernleitung den Verlauf von Wechselströmen in dieser Leitung zuverlässig berechnen kann.

Es erschien uns interessant, nachdem die Gesetze sich für Schwingungszahlen zwischen 300 und 900 bewährt hatten, die Ergebnisse der Rechnungen für Wechselströme niedrigerer Periodenzahl, wie sie in der Starkstromtechnik verwendet werden, mit den Resultaten von Beobachtungen zu vergleichen.

Die im Jahre 1891 ausgeführte Uebertragung einer Leistung von beiläufig 150 PS von Lauffen nach Frankfurt, auf eine Entfernung von 170 km, hat zur Vornahme einer grossen Reihe von Messungen Gelegenheit geboten, welche geeignet sind, zur Kontrolle der durch Rechnung sich ergebenden Werthe zu dienen; auf diese Leitung sollen später die aus den Messungen an den Fernsprechleitungen gewonnenen Methoden angewendet werden.

In dem der genannten Kraftübertragung gewidmeten Theile des officiellen Berichtes hat zwar H. F. Weber sich über dieselbe Sache ausführlich verbreitet; es wird aber hier eine gänzlich andere Methode zur Verwendung kommen, und ausserdem wird sich zeigen, dass diese Methode auch noch neue Ergebnisse zu liefern vermag.

Es handelt sich, wie auch die Ueberschrift sagt, um die in der Wechselstromtechnik bestens bewährte graphische Methode des Vektordiagramms. Diese Methode ermöglicht in der einfachsten Weise die Lösung von Aufgaben, deren Berechnung, wenn man nicht Vernachlässigungen eintreten lassen will, schwierig und wenig übersichtlich ist.

Nur in einer Art der Rechnung hat die graphische Methode einen ziemlich gleichwerthigen Nebenbuhler, nämlich in der mit komplexen Grössen. Unbekannt ist die Anwendung dieser Grössen auf Wechselstromvorgänge keineswegs, im Gegentheil sind auch in dieser Zeitschrift zahlreiche Aufsätze erschienen, welche diese Art der Rechnung verwenden, ohne dass diese die allgemeinere Anwendung gefunden hätte, welche ihrer grossen praktischen Brauchbarkeit entspricht.

Die geeignetste Art, Wechselstromvorgänge zu verfolgen, dürfte in der Vereinigung der Anwendung des Vektordiagrammes und der Verwendung der komplexen Rechnung zu finden sein. Im Grunde genommen sind beide wesentlich dasselbe, der Radiusvektor im Diagramm ist die graphische, die komplexe Grösse die analytische Form der periodisch veränderlichen Grösse. Das Diagramm hat den Vorzug der grösseren Uebersichtlichkeit und Anschaulichkeit; es dient also dazu, den Weg zu bahnen, während die komplexe Rechnung hin und wieder nützlich dort eintreten kann, wo eine Konstruktion umständlich oder ungenau sein würde.

In einigen bisher erschienenen Aufsätzen über den Verlauf von Wechselströmen haben wir uns bei der Berechnung lediglich der analytischen Form bedient und die graphische höchstens zur Darstellung der Schlussergebnisse benutzt. Für denjenigen, der sich auf das komplexe Rechnen eingearbeitet hat, ist die Rechnung auch nicht besonders schwierig; im Allgemeinen dürfte aber kein Praktiker Willens sein, sich auf das Rechnen mit komplexen Exponentialgrössen und Logarithmen einzulassen; die hierunter beschriebene graphische Methode macht dies auch völlig überflüssig und ist gleichwohl vollständig korrekt, enthält also keine Vernachlässigungen.

II. Die Konstruktion des Vektordiagramms für lange Leitungen.

1. Hauptgleichungen für den Stromverlauf.

Um uns zuerst über das Wesen der Stromvorgänge in einer langen Leitung klar zu werden, wollen wir eine Einzelleitung annehmen, welche so weit von allen anderen entfernt ist, dass äussere Beeinflussungen nicht in Frage kommen. Die elektrischen Eigenschaften, welche in diesem Falle zu berücksichtigen sind, Widerstand, Kapacität, Selbstinduktion und Ableitung, sind über die ganze Länge vertheilt, die drei zuerst genannten durchaus stetig, die Ableitung an so vielen Punkten, dass wir sie für die Rechnung als stetig vertheilt ansehen können. Zwischen zwei Punkten der Leitung liegt also der Widerstand und die Selbstinduktion des dazwischen liegenden Leitungsstückes; es erleidet also die Spannung der Leitung gegen die Erde von dem einen Punkte zum anderen stetige Aenderungen sowohl der Amplitude, als der Phase; weil das Leitungsstück aber auch eine gewisse Kapacität enthält, hat auch die Stromstärke für alle Punkte andere und andere Werthe.

Im Vektordiagramm können wir dies dadurch darstellen, dass wir für die Spannung und den Strom für jeden Punkt der Leitung Amplitude (den effektiven Werth) und Phase feststellen; die Endpunkte der entsprechenden Vektoren liegen auf zwei Kurven, wie etwa Fig. 1 darstellt.

Es ist nun die Aufgabe der Theorie, die Gesetze dieser Kurven aufzustellen. Diese Aufgabe ist auch in dieser Zeitschrift schon mehrfach gelöst worden; für unsere Zwecke genügt es, das Resultat in einer abgekürzten, praktisch brauchbaren Form aufzustellen.

Bezeichnet man das Potential und die Stromstärke im Punkte P_0 der Leitung mit $\mathfrak{V}_0$ und $\mathfrak{J}_0$, die entsprechenden Werthe im Punkte P mit $\mathfrak{V}$ und $\mathfrak{J}$, so kann man schreiben

$$\mathfrak{V} = \mathfrak{V}_0\,\mathfrak{A} + \mathfrak{J}_0\,\mathfrak{B} \quad \cdots \quad (1$$
$$\mathfrak{J} = \mathfrak{J}_0\,\mathfrak{A} + \mathfrak{V}_0\,\mathfrak{C} \quad \cdots \quad (2$$

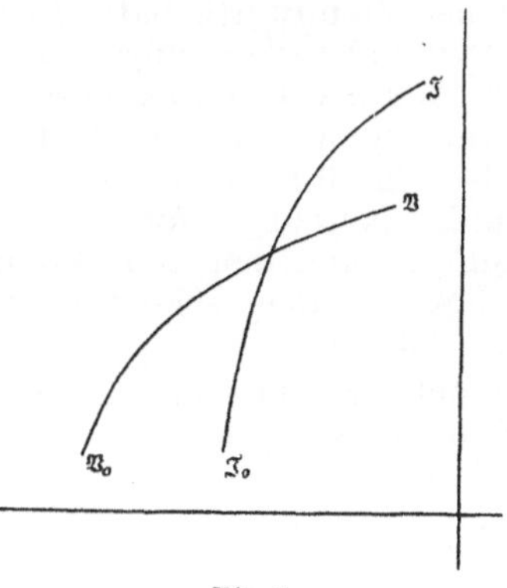

Fig. 1.

Darin sind $\mathfrak{A}$, $\mathfrak{B}$, $\mathfrak{C}$ Konstante, welche nur von den Eigenschaften des Stückes der Leitung zwischen P_0 und P und der Periodenzahl des Wechselstromes abhängen, nicht aber etwa von Apparaten an den Enden der Leitung.

Diese Gleichungen sind indessen keine reellen, d. h. die Additionen sind nicht algebraisch, sondern die Gleichungen sind komplex, die Additionen geometrisch.

Man stellt bekanntlich die komplexen Grössen durch rechtwinklige Koordinaten dar, indem man ihren reellen Theil auf der Abscissen-, den imaginären auf der Ordinatenachse abträgt.

Schneidet man etwa auf beiden Achsen gleiche Stücke a ab, so nennt man das auf der Abscissenachse $+ a$, das auf der Ordinatenachse $i\,a$.

Man kann sich nun vorstellen, die Grösse $i\,a$ sei aus der Grösse a dadurch entstanden,

dass man a im Sinne des Uhrzeigers um 90^0 gedreht habe, d. h. die Drehung eines Vektors um 90^0 wird durch die Beisetzung des Faktors i bezeichnet. Wenn dies allgemein richtig ist, so müssen bei der Drehung um 180^0, 270^0, 360^0 aus a die Grössen $i^2 \cdot a = - a$, $i^3\,a = - i\,a$, $i^4\,a = a$ entstehen, was leicht zu bestätigen ist.

Wenn man a um einen Winkel φ dreht, so kommen wir zu einem Punkte P (Fig. 2), welcher durch seine rechtwinkligen Koordinaten als

$$a \cos \varphi + i\,a \sin \varphi = a\,(\cos \varphi + i \sin \varphi)$$

dargestellt wird.

Nach einer bekannten Formel ist $\cos \varphi + i \sin \varphi = e^{i\varphi}$. Die Linie $O\,P$ kann also als $a\,e^{i\varphi} = O\,A\,e^{i\varphi}$ bezeichnet werden. Die Multiplikation eines gegebenen Vektors mit der

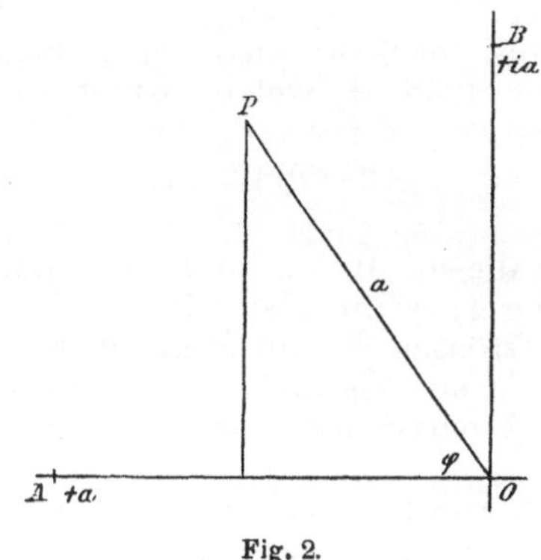

Fig. 2.

Grösse $e^{i\varphi}$ bedeutet also im Diagramm die Drehung desselben um den Winkel φ, im Sinne des Uhrzeigers, wenn φ positiv ist, im anderen Sinne, wenn φ negativ ist.

Wenn man einen Vektor mit $k\,e^{i\varphi}$ zu multipliciren hat, so bedeutet dies im Diagramm, dass man ihn um φ^0 drehen und dann auf das k-fache seiner Länge verändern soll.

In dieser Weise sind also die oben genannten Gleichungen zu verstehen. Wir wollen für die Folge alle komplexen Grössen, bei deren Multiplikation nicht nur Längen-, sondern auch Richtungsänderungen vorkommen, mit deutschen Buchstaben, dagegen reelle Grössen mit lateinischen bezeichnen.

Die Koëfficienten $\mathfrak{A}$, $\mathfrak{B}$, $\mathfrak{C}$ lassen sich aus den Eigenschaften der Leitung berechnen. Bezeichnet man nämlich die Werthe von Widerstand, Ableitung, Kapacität und Selbstinduktion für 1 km der Reihe nach mit w, a, c, l und die Länge der Leitung mit D, ferner mit m die Zahl der Perioden in $2\,\pi$ Sekunden, so hat man zunächst die folgenden komplexen Grössen zu bilden:

$$\mathfrak{R} = (a + i\,m\,c)\;D\,,$$
$$\mathfrak{S} = (w + i\,m\,l)\;D\,.$$

Dann ist

$$\mathfrak{A} = \frac{1}{2}\left(e^{\sqrt{\mathfrak{R}\mathfrak{S}}} + e^{-\sqrt{\mathfrak{R}\mathfrak{S}}}\right),$$

$$\mathfrak{B} = -\sqrt{\frac{\mathfrak{S}}{\mathfrak{R}}}\,\frac{1}{2}\left(e^{\sqrt{\mathfrak{R}\mathfrak{S}}} - e^{-\sqrt{\mathfrak{R}\mathfrak{S}}}\right),$$

$$\mathfrak{C} = -\sqrt{\frac{\mathfrak{R}}{\mathfrak{S}}}\,\frac{1}{2}\left(e^{\sqrt{\mathfrak{R}\mathfrak{S}}} - e^{-\sqrt{\mathfrak{R}\mathfrak{S}}}\right).$$

Daraus ergiebt sich eine Beziehung zwischen $\mathfrak{A}$, $\mathfrak{B}$, $\mathfrak{C}$, welche lautet

$$\mathfrak{A}^2 - \mathfrak{B}\,\mathfrak{C} = 1.$$

Von diesen dreien sind also nur zwei unabhängig; wenn also die beiden komplexen Grössen $\mathfrak{A}$ und $\mathfrak{B}$ gegeben sind, so kann man aus $\mathfrak{B}_0$ und $\mathfrak{J}_0$ das zugehörige $\mathfrak{B}$ und $\mathfrak{J}$ berechnen, oder umgekehrt.

2. Die beiden Grundlinien für die Konstruktion.

Es bedarf also nur zweier komplexer Grössen, oder im Diagramm zweier gegebener Linien, um alle Aufgaben lösen zu können.

Man könnte dazu z. B. $\mathfrak{A}$ und $\mathfrak{B}$ wählen, aber diese Grössen dürften infolge ihrer Form dem Praktiker kaum Vertrauen einflössen; es ist vortheilhaft, die beiden Grundgrössen oder die Grundlinien der Konstruktion so zu wählen, dass sie auch eine klare physikalische Bedeutung haben.

Wenn wir annehmen, dass der Punkt P_0 das der Beobachtung gerade zugängliche Ende der Leitung, der Punkt P das ferne Ende der Leitung bedeute, so wird, wenn man bei P_0 eine Wechselstromquelle anlegt, infolge der Kapacität der Leitung auch dann ein Strom in die Leitung fliessen, wenn sie am fernen Ende isolirt ist, ausserdem auch natürlich, wenn sie durch irgend einen Leiter dort geerdet ist. Denkt man sich, um die Vorstellung zu erleichtern, am An-

fange der Leitung einen Strommesser und einen Spannungsmesser eingeschaltet, so hat der Beobachter, was auch am fernen Ende passirt, in jedem Falle bei einer gegebenen Spannung einen bestimmten Strom; er könnte sich an Stelle der Leitung in jedem Falle einen bestimmten endlichen Widerstand denken, der bei derselben Spannung dieselbe Stromstärke aufnähme. So gelangen wir zum Begriffe des scheinbaren Widerstandes einer Leitung gegen Wechselstrom, der also der Quotient aus der Spannung des Leitungsanfanges in die dabei in die Leitung fliessende Stromstärke ist.

Wenn man aber ausser den genannten Instrumenten noch einen Leistungsmesser einschaltete, so würde sich zeigen, dass bei gleicher Spannung die Leitung in der Regel eine andere Leistung aufnehmen würde, als ein induktionsfreier Widerstand, der mit dem scheinbaren Widerstand der Leitung den gleichen Nennwerth hat. Der scheinbare Widerstand der Leitung ist also in der Regel ein induktiver und es muss zu seinem Nennwerthe noch ein Ausdruck für den Winkel hinzugefügt werden, um welchen Strom und Spannung sich in der Phase unterscheiden, um den der Leitung vollständig äquivalenten scheinbaren Widerstand zu erhalten.

Demnach ergiebt sich für den scheinbaren Widerstand der Leitung ein Ausdruck von der Form

$$\frac{\mathfrak{B}_0}{\mathfrak{J}_0} = \mathfrak{W}_0 = W_0\,e^{i\,\varphi}$$

Im Diagramm bedeutet dieser nichts anderes, als dass man aus dem Stromvektor den Spannungsvektor erhält, indem man jene Linie um φ^0 dreht und auf das W_0-fache ihres Betrages bringt.

Es lassen sich nun an der Leitung zwei Grössen bestimmen, welche nichts von den Eigenschaften etwaiger Apparate enthalten, nämlich der scheinbare Widerstand, gemessen am Anfange, wenn das ferne Ende einmal isolirt und das andere Mal an Erde gelegt ist. Wir nennen diese der Reihe nach $\mathfrak{U}_1$ und $\mathfrak{U}_2$. Da zwei Grössen, wie wir ausgeführt haben, zur Lösung des Problems genügen, und diese beiden der Messung zugänglich sind, wobei nicht gerade die angedeutete Methode benutzt werden muss, so sollen die Grössen $\mathfrak{U}_1$ und $\mathfrak{U}_2$ die Grundlage der Konstruktionen und Rechnungen bilden.

Bei der Isolirung des fernen Endes ist dort der Strom gleich Null; daher erhält man aus der Gl. (2)

$$0 = \mathfrak{J}_0\,\mathfrak{A} + \mathfrak{B}_0\,\mathfrak{C},$$

also

$$\frac{\mathfrak{B}_0}{\mathfrak{J}_0} = \mathfrak{U}_1 = -\,\frac{\mathfrak{A}}{\mathfrak{C}}\,,$$

dagegen ist bei Erdung des fernen Endes dort die Spannung gegen Erde gleich Null. also ist nach Gl. (1)

$$0 = \mathfrak{B}_0\,\mathfrak{A} + \mathfrak{J}_0\,\mathfrak{B},$$

oder

$$\frac{\mathfrak{B}_0}{\mathfrak{J}_0} = \mathfrak{U}_2 = -\,\frac{\mathfrak{B}}{\mathfrak{A}}\,.$$

An der im Eingange erwähnten 222 km langen Leitung wurden die Werthe von $\mathfrak{U}_1$ und $\mathfrak{U}_2$ für die Periodenzahlen 315, 500, 704, 900 gemessen; daraus wurden, wie dort dargestellt ist, die Grössen w, l, c, a berechnet und aus diesen wiederum für die Periodenzahlen 100, 200, 600, 800, 1000 die zugehörigen $\mathfrak{U}_1$ und $\mathfrak{U}_2$; der Verlauf dieser Grössen ist aus der Fig. 3 zu ersehen, welche jenem Aufsatze entnommen ist. Wir wollen für das folgende in jedem Falle nur die zu einer bestimmten Periodenzahl gehörenden Werthe von $\mathfrak{U}_1$ und $\mathfrak{U}_2$ betrachten, d. h. wir sehen für die Untersuchung die Periodenzahl als konstant an, wie dies dem Betriebe starker Wechselströme praktisch entspricht.

Zwei so zu einander gehörende Werthe $\mathfrak{U}_1$ und $\mathfrak{U}_2$ stellen im Diagramm zwei Linien OA und OB dar (Fig. 4). Als $\mathfrak{U}_1$ bestimmt wurde, war am Ende der Leitung $\mathfrak{J} = 0$, also, da $\mathfrak{B}$ einen endlichen Werth hatte, $\frac{\mathfrak{B}}{\mathfrak{J}} = \infty$; entsprechend war bei der Bestimmung von $\mathfrak{U}_2$ am Ende $\frac{\mathfrak{B}}{\mathfrak{J}} = 0$. Die Grösse $\frac{\mathfrak{B}}{\mathfrak{J}}$ hat ebenfalls die Natur eines scheinbaren Widerstandes. Die Linien $\overline{OA}$ und $\overline{OB}$ in Fig. 4 stellen den scheinbaren Widerstand am Anfange dar, wenn der scheinbare Widerstand am Ende der Leitung unendlich gross oder Null war; zwischen

diesen beiden Werthen liegen alle möglichen, welche irgend eine Verwendung des über die Leitung gesandten Stromes darstellen. Wenn wir z. B. $\frac{\mathfrak{B}}{\mathfrak{J}} = W$ machen, wo W eine reelle Grösse ist, so heisst dies, dass wir

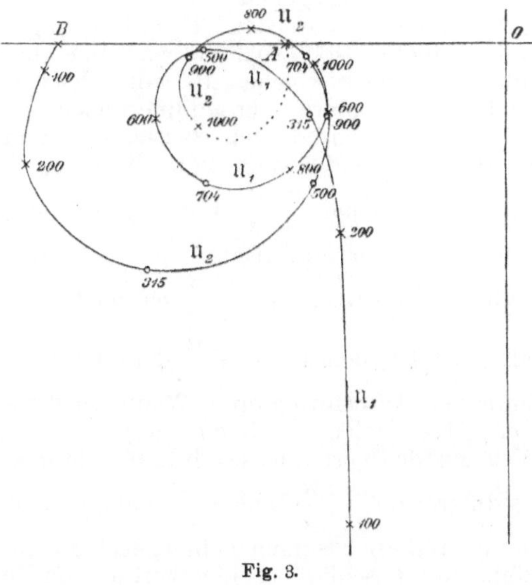

Fig. 3.

am Ende einen induktionsfreien Widerstand anschliessen; machen wir aber $\frac{\mathfrak{B}}{\mathfrak{J}} = \mathfrak{W}$, wo mit $\mathfrak{W}$ eine komplexe Grösse bezeichnet wird, so ist damit die Anschaltung irgend eines Apparates mit Phasenverschiebung, also eines Transformators, Motors oder Kondensators gekennzeichnet. Man denke

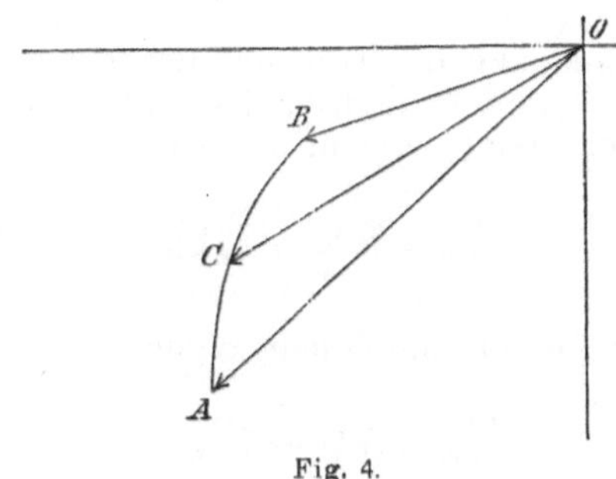

Fig. 4.

sich nun das Verhältniss $\frac{\mathfrak{B}}{\mathfrak{J}} = \mathfrak{W}$ von Null aus in einer bestimmten stetigen Weise alle Werthe bis ∞ durchlaufen. Zu jedem scheinbaren Widerstande $\mathfrak{W}$ am Ende gehört ein scheinbarer Widerstand $\mathfrak{U} = \overline{OC}$ am Anfange der Leitung, und wenn man $\mathfrak{W}$ stetig von 0 bis ∞ ändert, so durchläuft der Punkt C eine Linie zwischen A und B.

Es sind aber beliebig viele solcher Linien möglich. Wenn wir die Veränderung von $\frac{\mathfrak{B}}{\mathfrak{J}}$ in einem bestimmten Falle derart vor sich gehen lassen, dass die Phasendifferenz zwischen $\mathfrak{B}$ und $\mathfrak{J}$ ungeändert bleibt, so erhalten wir eine bestimmte Linie, welche B mit A verbindet; für andere Phasendifferenzen ergeben sich andere Linien zwischen A und B. Die Phasendifferenz von $\mathfrak{B}$ gegen $\mathfrak{J}$ kann nur zwischen $-\frac{\pi}{2}$ und $+\frac{\pi}{2}$ schwanken, und zwar praktisch sogar mit Ausschluss dieser Grenzen; $-\frac{\pi}{2}$ ist der Grenzfall eines Kondensators, $+\frac{\pi}{2}$ der eines leerlaufenden Transformators. Wenn wir demnach die Linien zeichnen, welche allen Werthen des Verhältnisses $\mathfrak{B}/\mathfrak{J}$ für die Phasendifferenzen $+\frac{\pi}{2}$ und $-\frac{\pi}{2}$ entsprechen, so bilden diese zusammen eine geschlossene Linie und umschliessen alle Werthe, welche $\mathfrak{B}_0/\mathfrak{J}_0$ überhaupt annehmen kann.

3. Konstruktion einer Grösse $\mathfrak{U}$ aus gegebenem $\mathfrak{W}$.

Die erste Aufgabe, welche wir zu lösen haben, ist die, das Verhältniss $\mathfrak{U} = \dfrac{\mathfrak{B}_0}{\mathfrak{J}_0}$ für ein gegebenes Verhältniss $\mathfrak{W} = \dfrac{\mathfrak{B}}{\mathfrak{J}}$ zu bestimmen.

Wenn man die Gleichungen für $\mathfrak{B}$ und $\mathfrak{J}$ mit $\mathfrak{A}$ und $\mathfrak{B}$ multiplicirt und die zweite von der ersten abzieht, so erhält man

$$\mathfrak{B}_0 = \mathfrak{B}\mathfrak{A} - \mathfrak{J}\mathfrak{B},$$

und auf einem ähnlichen Wege

$$\mathfrak{J}_0 = \mathfrak{J}\mathfrak{A} - \mathfrak{B}\mathfrak{C}.$$

Setzt man $\mathfrak{B} = \mathfrak{J}\mathfrak{W}$ und bildet $\dfrac{\mathfrak{B}_0}{\mathfrak{J}_0}$, so ergiebt sich

$$\frac{\mathfrak{B}_0}{\mathfrak{J}_0} = \mathfrak{U} = \frac{\mathfrak{J}(\mathfrak{A}\mathfrak{W} - \mathfrak{B})}{\mathfrak{J}(\mathfrak{A} - \mathfrak{C}\mathfrak{W})}.$$

Da aber $\mathfrak{B} = -\mathfrak{A}\mathfrak{U}_2$, $\mathfrak{A} = -\mathfrak{C}\mathfrak{U}_1$ ist, so ergiebt sich

$$\mathfrak{U} = \mathfrak{U}_1 \frac{\mathfrak{W} + \mathfrak{U}_2}{\mathfrak{W} + \mathfrak{U}_1}.$$

Um dies zu konstruiren, hat man in Fig. 5, wo $OA = \mathfrak{U}_1$, $OB = \mathfrak{U}_2$, $OC = \mathfrak{W}$ ist, die Strecken $OD = \mathfrak{W} + \mathfrak{U}_1$, $OE = \mathfrak{W} + \mathfrak{U}_2$ zu ziehen; den Winkel DOE (negativ, weil $\mathfrak{W} + \mathfrak{U}_2$ in der Phase hinter $\mathfrak{W} + \mathfrak{U}_1$ zurückbleibt) an OA anzutragen und auf dem so erhaltenen Strahl das Stück

$$OF = OA . \overline{OE} / \overline{OD}$$

abzutragen. Dann ist OF das gesuchte $\mathfrak{U}$.

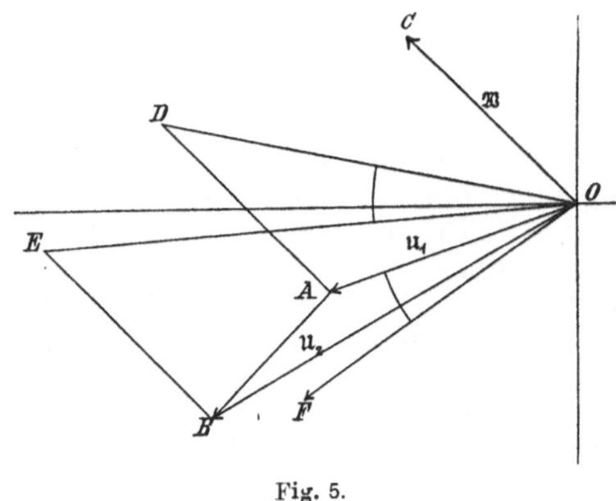

Fig. 5.

In Fig. 6 ist diese Konstruktion für eine Reihe von $\mathfrak{W}$ mit den Phasen $+\frac{\pi}{2}$ und $-\frac{\pi}{2}$, als Beispiel ausführlich für

$$\mathfrak{W} = 700\, e^{+i\frac{\pi}{2}}$$

ausgeführt worden.

4. Konstruktion geometrischer Oerter.

Augenscheinlich ergänzen sich die Grenzlinien des Feldes, welches die Endpunkte der Radienvektoren $\mathfrak{U}_2$ einschliesst, zu einem Kreise.

Es lässt sich in einfacher Weise zeigen, dass dies für alle Phasen gilt, und dass der Mittelpunkt dieses Kreises leicht aufzufinden ist.

Aus der Gleichung

$$\mathfrak{U} = \mathfrak{U}_1 \frac{\mathfrak{W} + \mathfrak{U}_2}{\mathfrak{W} + \mathfrak{U}_1}$$

erhält man durch eine einfache Umformung die folgende

$$\frac{\mathfrak{W}}{\mathfrak{U}_1} = \frac{\mathfrak{U} - \mathfrak{U}_2}{\mathfrak{U}_1 - \mathfrak{U}}.$$

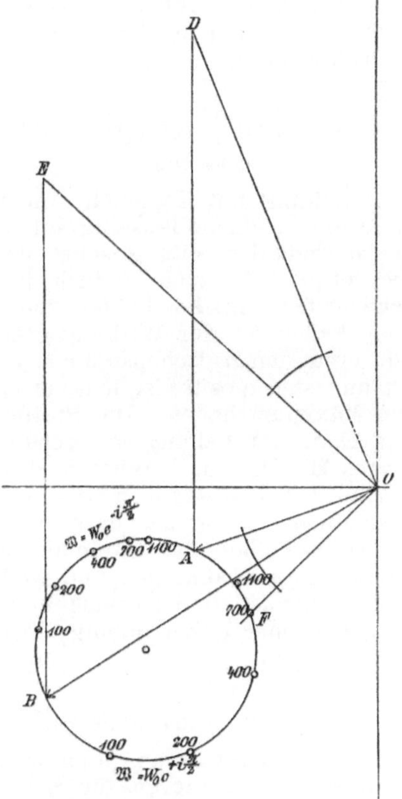

Fig. 6.

Diese Gleichung hat die Bedeutung, dass die Linien $\mathfrak{W}$ und $\mathfrak{U}_1$ einerseits und $\mathfrak{U} - \mathfrak{U}_2$ und $\mathfrak{U}_1 - \mathfrak{U}$ andererseits ähnliche Dreiecke bilden. Denn damit die Gleichung erfüllt sei, muss zunächst die Winkeldifferenz von $\mathfrak{W}$ und $\mathfrak{U}_1$ gleich derjenigen zwischen $\mathfrak{U} - \mathfrak{U}_2$ und $\mathfrak{U}_1 - \mathfrak{U}$ sein, ausserdem müssen die zugehörigen Seiten proportionale Länge haben.

Nun sei in Fig. 7 $OA = \mathfrak{U}_1$, $OB = \mathfrak{U}_2$, ferner $AC = \mathfrak{W}$. Konstruirt man das zugehörige $\mathfrak{U}$ auf die angegebene Weise, so erhält man den Punkt E. Nun ist

$$\overline{BE} = \mathfrak{U} - \mathfrak{U}_2,$$

$$\overline{EA} = \mathfrak{U}_1 - \mathfrak{U}.$$

Es muss demnach der Winkel AEB gleich dem Winkel OAC sein. Für Werthe von $\mathfrak{W}$, welche verschiedene Grösse, aber gleiche Phase haben, bleibt $\sphericalangle\,OAC$ konstant, also muss auch $\sphericalangle\,AEB$ konstant sein, d. h. $\sphericalangle\,AEB$ ist der Peripheriewinkel in einem Kreise über AB als Sehne. Den Mittelpunkt dieses Kreises findet man auf bekannte Weise, indem man an AB im Punkte A den Winkel OAC anträgt und sowohl in A auf dem freien Schenkel dieses Winkels, als in der Mitte von AB auf AB Senkrechte errichtet, als den Schnittpunkt dieser beiden Senkrechten.

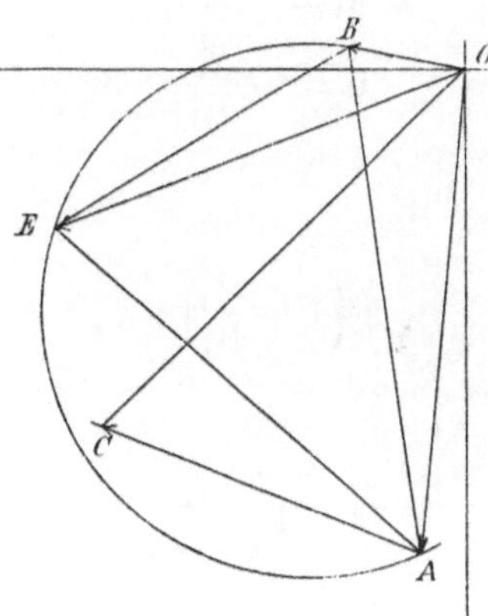

Fig. 7.

Aus der Aehnlichkeit der Dreiecke OAC und AEB folgt weiter, dass auch $\sphericalangle\,EBA = \sphericalangle\,ACO$ und $\sphericalangle\,BAE = \sphericalangle\,COA$ ist. Diese Beziehung erleichtert noch die an sich einfache Konstruktion von $\mathfrak{U}$. Man hat in B den Winkel ACO und in A den Winkel COA an AB anzutragen und findet $\mathfrak{U}$ in dem Schnittpunkte der freien Schenkel.

Will man für mehrere Werthe von $\mathfrak{W}$ mit gleicher Phase die zugehörigen $\mathfrak{U}$ konstruiren, so empfiehlt es sich, den Kreis zu konstruiren und alsdann für jedes $\mathfrak{W}$ nur einen der Winkel anzutragen.

5. Konstruktion zur Ermittelung des Wirkungsgrades.

Wir haben bisher eine Reihe von Methoden dargelegt, aus jeder Grösse $\mathfrak{W}$ die zugehörige Grösse $\mathfrak{U}$ zu konstruiren. Damit ist das Verhältniss der Anfangsspannung zum Anfangsstrome gegeben; es ist aber weiter erforderlich, auch die Einzelwerthe von $\mathfrak{B}_0$ und $\mathfrak{J}_0$ im Verhältniss zu $\mathfrak{B}$ oder $\mathfrak{J}$ festzustellen. Dazu bedarf es der Kenntniss einer der beiden Grössen $\dfrac{\mathfrak{B}_0}{\mathfrak{B}}$ oder $\dfrac{\mathfrak{J}_0}{\mathfrak{J}}$. Für die letztere ergiebt sich aus der Gleichung

$$\mathfrak{J}_0 = \mathfrak{J}\,\mathfrak{A} - \mathfrak{B}\,\mathfrak{C},$$
$$\mathfrak{J}_0 = \mathfrak{A}\,\mathfrak{J}\left(1 - \mathfrak{B}\,\frac{\mathfrak{C}}{\mathfrak{A}}\right) = \mathfrak{A}\,\mathfrak{J}\,\frac{\mathfrak{B} + \mathfrak{U}_1}{\mathfrak{U}_1}.$$

Darin ist noch $\mathfrak{A}$ zu bestimmen. Da

$$\mathfrak{A}^2 - \mathfrak{B}\,\mathfrak{C} = 1$$

und

$$\mathfrak{B} = -\,\mathfrak{A}\,\mathfrak{U}_2,$$
$$\mathfrak{C} = -\,\frac{\mathfrak{A}}{\mathfrak{U}_1},$$

so folgt, dass

$$\mathfrak{A}^2\left(1 - \frac{\mathfrak{U}_2}{\mathfrak{U}_1}\right) = 1,$$

oder

$$\mathfrak{A} = \sqrt{\frac{\mathfrak{U}_1}{\mathfrak{U}_1 - \mathfrak{U}_2}}.$$

Demnach ist

$$\mathfrak{J}_0 = \mathfrak{J}\,\frac{\mathfrak{B} + \mathfrak{U}_1}{\sqrt{\mathfrak{U}_1(\mathfrak{U}_1 - \mathfrak{U}_2)}}.$$

Es wird im Allgemeinen nur auf den absoluten Betrag der Grösse $\dfrac{\mathfrak{B} + \mathfrak{U}_1}{\sqrt{\mathfrak{U}_1(\mathfrak{U}_1 - \mathfrak{U}_2)}}$ ankommen, da die Phasendifferenz von $\mathfrak{J}_0$ gegen $\mathfrak{J}$ wenig Interesse bietet. Alle nothwendigen Stücke sind in der Fig. 5 enthalten; es ist nämlich

$$\frac{\mathfrak{J}_0}{\mathfrak{J}} = \frac{OD}{\sqrt{OA \cdot AB}} = k.$$

Mit dem bisher Festgestellten ist es möglich, Stromstärken und Spannungen an beiden Enden der Leitung, also auch den Wirkungsgrad der Leitung bei der Uebertragung eines Wechselstromes unter beliebigen Bedingungen zu berechnen. Gegeben sei die am Ende der Leitung abzugebende Leistung. Aus praktischen Gesichtspunkten stellt man fest, mit welcher Spannung und Stromstärke die Leistung geschehen soll. Der Quotient giebt die Grösse $\mathfrak{B}$ und die erste Konstruktion ergiebt das Verhältniss $\dfrac{\mathfrak{B}_0}{\mathfrak{J}_0}$ nach Grösse und Phasendifferenz. Die Konstruktion liefert ferner die Grösse k, und damit sind die absoluten Werthe von $\mathfrak{B}_0$ und $\mathfrak{J}_0$ gegeben, also bei bestimmter Phasendifferenz auch die zur Erzielung der gegebenen Nutzleistung erforderliche Anfangsleistung, demnach durch Division beider Grössen auch der Wirkungsgrad.

6. Feststellung des grössten Wirkungsgrades.

Eine Leitung mit Kapacität nimmt am Anfange eine endliche Leistung auf, sowohl wenn das Ende der Leitung isolirt, als wenn es geerdet ist, als auch endlich in allen Zwischenstufen. In den beiden zuerst genannten Fällen ist der Wirkungsgrad Null und da er in den Zwischenstufen sich stetig ändert und stets positiv ist, muss er irgendwo ein Maximum haben. Die Bestimmung des am Ende der Leitung anzuschaltenden Apparates $\mathfrak{B}$ für das Maximum des Wirkungsgrades hat deshalb grosse Wichtigkeit, weil man sicher ist, dass bei einer Grösse von $\mathfrak{B}$ über das Maximum hinaus der Wirkungsgrad abnimmt, und weil man so in der Lage ist, die maximale Spannung, die man bei einer Uebertragung anwenden soll, festzustellen.

a) Ableitung der Formeln.

Janet hat zuerst darauf hingewiesen[1], wie man aus den Vektoren für Strom und Spannung die Leistung zu bestimmen hat. Es seien gegeben $\mathfrak{B} = V e^{i\varphi}$ und $\mathfrak{J} = J e^{i\psi}$, wo V und J die effektiven Werthe seien. Um daraus die Leistung $P = V \cdot J \cos(\varphi - \psi)$ zu erhalten, hat man entweder $V e^{i\varphi}$ und $J e^{-i\psi}$ mit einander zu multipliciren, oder aber $V e^{-i\varphi}$ und $J e^{i\psi}$. Die Leistung ist der reelle Theil des Produktes, und wie man sieht, führen beide Operationen zu demselben Ergebniss für die Leistung.

Wir machen nun folgende Festsetzungen: Die Phase von $\mathfrak{J}$ werde gleich Null angenommen, d. h. alle Phasen durch die Unterschiede gegen die von $\mathfrak{J}$ bezeichnet.

---

[1] „Ecl. él". 1897, Bd. 13 S. 529.

Das Verhältniss $\frac{\mathfrak{B}}{\mathfrak{J}}$ nehmen wir der Allgemeinheit wegen als komplex an und setzen es gleich $\mathfrak{B} = We^{i\omega}$. Dann ist $\mathfrak{B} = \mathfrak{J}We^{i\omega}$, also ist die Leistung am Ende der Leitung

$$P = \mathfrak{J}^2 \; W \cos \omega.$$

Setzt man in den Gleichungen für $\mathfrak{B}_0$ und $\mathfrak{J}_0$

$$\mathfrak{A} = \alpha + i\beta, \; \mathfrak{B} = \gamma + i\delta, \; \mathfrak{C} = \varepsilon + i\vartheta,$$

wo demnach α, β, γ, δ, ε und ϑ reelle Grössen sind, und ferner für $\mathfrak{B}$ den Werth $\mathfrak{J} We^{i\omega}$, so ist

$$\mathfrak{B}_0 = (\alpha + i\beta)\,\mathfrak{J}\,We^{i\omega} - (\gamma + i\delta)\,\mathfrak{J}$$

$$\mathfrak{J}_0 = (\alpha + i\beta)\,\mathfrak{J} - (\varepsilon + i\vartheta)\,We^{i\omega}\mathfrak{J}.$$

Wir bilden die Leistung, nach der angegebenen Regel, als den reellen Theil des Produktes aus $\mathfrak{B}_0$ und der Konjugirten von $\mathfrak{J}_0$ und erhalten so die Anfangsleistung

$$P_0 = \mathfrak{J}^2 \Big\{ - C_1 \, W^2 + C_2 \, W \cos \omega$$
$$+ C_3 \, W \sin \omega - C_4 \Big\},$$

worin

$$C_1 = \alpha\varepsilon + \beta\vartheta$$
$$C_2 = \alpha^2 + \beta^2 + \gamma\varepsilon + \delta\vartheta$$
$$C_3 = \delta\varepsilon - \gamma\vartheta$$
$$C_4 = \gamma\alpha + \delta\beta.$$

Der Wirkungsgrad ist $\dfrac{P}{P_0} = \eta$

$$\eta = \frac{W \cos \omega}{- C_1 W^2 + C_2 W \cos\omega + C_3 W \sin\omega - C_4}.$$

Er hängt also sowohl von der Wahl von W, als auch von der von ω ab. Hält man eine der beiden Grössen fest und ändert die andere, so erhält man je ein partielles Maximum; das totale liegt da, wo die beiden partiellen zusammentreffen. Die Gleichungen der partiellen Maxima sind

$$\frac{\partial \eta}{\partial W} = 0 \text{ und } \frac{\partial \eta}{\partial \omega} = 0.$$

Die Differentiation nach W ergiebt die Gleichung

$$\cos \omega \, (C_1 W^2 - C_4) = 0.$$

Da $\cos \omega$ nicht Null sein kann, muss

$$W = \sqrt{\frac{C_4}{C_1}}$$

sein. Für jeden beliebigen Werth von ω giebt also

$$W = \sqrt{\frac{C_4}{C_1}}$$

den besten Wirkungsgrad.

Die Gleichung des zweiten partiellen Maximums ergiebt

$$\sin \omega = \frac{C_3 \, W}{C_1 W^2 + C_4}.$$

Für das absolute Maximum wird

$$\sin \omega = \frac{C_3 \sqrt{\dfrac{C_4}{C_1}}}{2 \, C_4} = \frac{C_3}{2 \sqrt{C_1 C_4}},$$

ferner ist die Grösse

$$W \sin \omega = \frac{C_3}{2 \, C_1}.$$

b) Konstruktion der Formeln.

Von hier ab lassen wir wieder die Konstruktion an die Stelle der Rechnung treten. Man erhält zunächst für $\dfrac{C_4}{C_1}$ den Ausdruck

$$\frac{C_4}{C_1} = \frac{\alpha\gamma + \beta\delta}{\alpha\varepsilon + \beta\vartheta} = \frac{(\alpha - i\beta)(\gamma + i\delta) + (\alpha + i\beta)(\gamma - i\delta)}{(\alpha - i\beta)(\varepsilon + i\vartheta) + (\alpha + i\beta)(\varepsilon - i\vartheta)}$$

$$= \frac{\dfrac{\gamma + i\delta}{\alpha + i\beta} + \dfrac{\gamma - i\delta}{\alpha - i\beta}}{\dfrac{\varepsilon + i\vartheta}{\alpha + i\beta} + \dfrac{\varepsilon - i\vartheta}{\alpha - i\beta}}$$

Nun ist

$$\frac{\gamma + i\delta}{\alpha + i\beta} = \frac{\mathfrak{B}}{\mathfrak{A}} = -\mathfrak{U}_2 = -U_2 e^{i\varphi_2}$$

$$\frac{\varepsilon + i\vartheta}{\alpha + i\beta} = \frac{\mathfrak{C}}{\mathfrak{A}} = -\frac{1}{\mathfrak{U}_1} = -\frac{1}{U_1 e^{i\varphi_1}}.$$

Die anderen Grössen sind die entsprechenden Konjugirten, und es ergiebt sich

$$\frac{C_4}{C_1} = \frac{-U_2(e^{i\varphi_2}+e^{-i\varphi_2})}{-\frac{1}{U_1}(e^{-i\varphi_1}+e^{+i\varphi_1})} = \frac{U_1}{\cos\varphi_1}\,U_2\cos\varphi_2.$$

Wenn man also dem Verhältniss

$$\frac{\mathfrak{B}}{\mathfrak{I}} = \mathfrak{W}$$

den absoluten Werth

$$\sqrt{\frac{U_1}{\cos\varphi_1}\,U_2\cos\varphi_2}$$

beilegt, so erhält man, gleichgültig welche Phasenverschiebung in dem Endapparate besteht, einen besseren Wirkungsgrad der Leitung, als wenn man bei derselben Phasendifferenz ein anderes Verhältniss $\frac{\mathfrak{B}}{\mathfrak{I}}$ wählen würde. Unter allen Phasendifferenzen giebt aber eine bei diesem Werthe des Verhältnisses $\frac{\mathfrak{B}}{\mathfrak{I}}$ das beste Resultat, nämlich diejenige, für welche

$$W\sin\omega = \frac{C_3}{2\,C_1}$$

ist. Für diesen Ausdruck erhält man

$$\frac{C_3}{2\,C_1} = \frac{\delta\varepsilon - \gamma\vartheta}{2(\alpha\varepsilon + \beta\vartheta)}$$

$$= -\frac{i[(\gamma+i\delta)(\varepsilon-i\vartheta)-(\gamma-i\delta)(\varepsilon+i\vartheta)]}{2[(\alpha+i\beta)(\varepsilon-i\vartheta)+(\alpha-i\beta)(\varepsilon+i\vartheta)]}$$

$$= -\frac{i}{2}\cdot\frac{\dfrac{\gamma+i\delta}{\varepsilon+i\vartheta}-\dfrac{\gamma-i\delta}{\varepsilon-i\vartheta}}{\dfrac{\alpha+i\beta}{\varepsilon+i\vartheta}+\dfrac{\alpha-i\beta}{\varepsilon-i\vartheta}}$$

Da aber

$$\frac{\gamma + i\delta}{\varepsilon + i\vartheta} = \frac{\mathfrak{B}}{\mathfrak{C}} = \mathfrak{U}_1\mathfrak{U}_2, \qquad \frac{\alpha + i\beta}{\varepsilon + i\vartheta} = \frac{\mathfrak{A}}{\mathfrak{C}} = -\mathfrak{U}_1$$

ist, so folgt

$$\frac{C_3}{2\,C_1} = \frac{i}{2}\,\frac{\mathfrak{U}_1\mathfrak{U}_2(e^{i(\varphi_1+\varphi_2)}-e^{-i(\varphi_1+\varphi_2)})}{\mathfrak{U}_1(e^{i\varphi_1}+e^{-i\varphi_1})}$$

$$W\sin\omega = -\frac{1}{2}\mathfrak{U}_2\,\frac{\sin(\varphi_1+\varphi_2)}{\cos\varphi_1}$$

$$= -\frac{U_2}{2}\Big\{\sin\varphi_2 + \cos\varphi_2\,\mathrm{tg}\,\varphi_1\Big\}.$$

So lange also $\varphi_1+\varphi_2$ zwischen π und 2π liegt, ist $W\sin\omega$ positiv; dies ist bei allen im Zusammenhange mit dieser Untersuchung beobachteten Werthen von $\mathfrak{U}_1$ und $\mathfrak{U}_2$ der Fall gewesen.

Die beiden Grössen

$$W = \sqrt{\frac{\mathfrak{U}_1}{\cos\varphi_1}\,\mathfrak{U}_2\cos\varphi_2}$$

und

$$-W\sin\omega = \frac{1}{2}\,(\mathfrak{U}_2\sin\varphi_2 + \mathfrak{U}_2\cos\varphi_2\,\mathrm{tg}\,\varphi_1)$$

lassen sich leicht konstruiren (Fig. 8 u. 9).

Man ziehe die Linie $AC \perp OA$ und ferner $BD \perp OD$. Dann ist

$$OC = \frac{\mathfrak{U}_1}{\cos\varphi_1}$$

$$OD = \mathfrak{U}_2\cos\varphi_2.$$

Um zwischen beiden Strecken die mittlere Proportionale zu finden, schlage man über der grösseren als Durchmesser einen Kreis und errichte im Endpunkte der kürzeren das Loth auf OD. Der Punkt P, in welchem das Loth den Kreis schneidet, hat von O den Abstand $\sqrt{OC\cdot OD}$. Verlängert man OA bis E, so ist

$$DE = \mathfrak{U}_2\cos\varphi_2\,\mathrm{tg}\,\varphi_1$$

und da

$$DB = \mathfrak{U}_2\sin\varphi_2$$

ist, so hat der in der Mitte zwischen B und

E gelegene Punkt F von D den Abstand

$$\tfrac{1}{2}\, U_2\,(\sin \varphi_2 + \cos \varphi_2 \operatorname{tg} \varphi_1) = -\,W \sin \omega\,.$$

Wenn man durch F eine Parallele zu OD zieht, und durch P einen Kreis um O als Mittelpunkt schlägt, so hat der Strahl

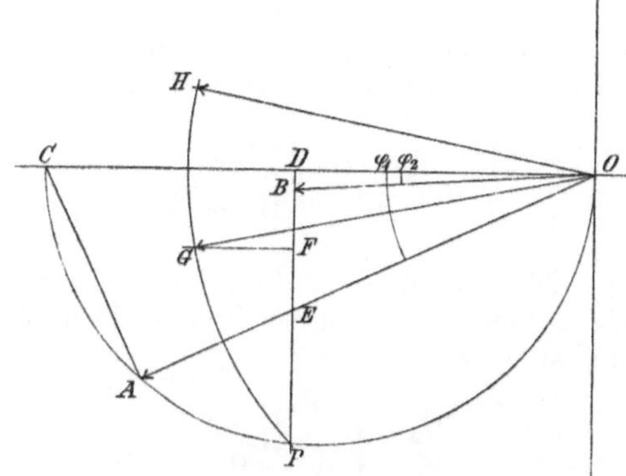

Fig. 8.

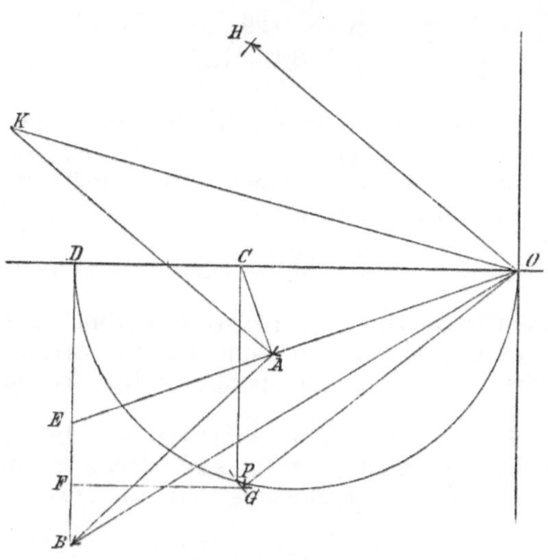

Fig. 9.

OG die Länge U und die Ordinate ist $-W \sin \omega$; er ist also die Konjugirte zu $\mathfrak{W}$, welches durch OH dargestellt wird.

Die Fig. 8 und 9, welche beide diese Konstruktion enthalten, unterscheiden sich dadurch, dass in der ersteren U_1 und in der anderen U_2 die grössere Länge hat; die Werthe in Fig. 8 sind bei 704, die in Fig. 9 bei 315 Perioden an einer Doppelleitung aus

3 mm starkem Draht von 222 km Länge gemessen worden.

Man kann nun weiter die Frage aufwerfen, welches $U = \dfrac{\mathfrak{W}_0}{\mathfrak{I}_0}$ dem gefundenen $\mathfrak{W} = \dfrac{\mathfrak{W}}{\mathfrak{I}}$ entspricht. Die Konstruktion ergab in mehreren Fällen, dass U und $\mathfrak{W}$ für den Fall des maximalen Wirkungsgrades konjugirte Grössen sind. Spannung und Strom stehen also sowohl am Anfange der Leitung, als an deren Ende in dem gleichen Verhältnisse, aber während der Strom am Anfange vor der Spannung um einen gewissen Winkel vorausliegt, bleibt er am Ende ebensoviel hinter der Spannung zurück.

Wenn man dem entsprechend in den Grundgleichungen

$$\mathfrak{W}_0 = \mathfrak{I}_0\, W\, e^{-i\omega}$$

und

$$\mathfrak{W} = \mathfrak{I}\, W\, e^{+i\omega}$$

setzt und für W und ω die für das Maximum gefundenen Werthe, so entsteht nach Elimination von $\dfrac{\mathfrak{W}_0}{\mathfrak{I}_0}$ eine identisch erfüllte Gleichung, d. h. die durch die Konstruktion bei Einzelfällen gefundene Beziehung zwischen $\dfrac{\mathfrak{W}_0}{\mathfrak{I}_0}$ und $\dfrac{\mathfrak{W}}{\mathfrak{I}}$ gilt allgemein.

Mit k hatten wir das Verhältniss $\dfrac{\mathfrak{I}_0}{\mathfrak{I}}$ bezeichnet. Für das Maximum ist auch $\dfrac{\mathfrak{W}_0}{\mathfrak{W}} = k$. Da zwischen $\mathfrak{W}_0$ und $\mathfrak{I}_0$ die gleiche Phasendifferenz wie zwischen $\mathfrak{W}$ und $\mathfrak{I}$ besteht, so ist der Wirkungsgrad η gleich dem Verhältniss des Produktes $\operatorname{mod}\mathfrak{W} . \operatorname{mod}\mathfrak{I}$ zu $\operatorname{mod}\mathfrak{W}_0 . \operatorname{mod}\mathfrak{I}_0$, oder gleich $\dfrac{1}{k^2}$. Wenn man in Fig. 9 noch $OK = \mathfrak{W} + U_1$ zieht, so ist nach dem früher Gesagten

$$\eta = \frac{\overline{OA}.\overline{AB}}{\overline{OK}.\overline{OK}}.$$

Nach Fig. 6, in welcher

$$OA = 261\, e^{-19{,}6^0 i},$$
$$OB = 538\, e^{-32^0 i},$$

hätte man, um einen Wechselstrom von 315

10

Perioden mit grösstem Wirkungsgrade zu übertragen, für das Verhältniss $\frac{\mathfrak{B}}{\mathfrak{J}}$ den Werth $351\,e^{+i39,2^0}$ zu wählen und würde einen Wirkungsgrad von $26,3\,\%$ erzielen.

c) Partielles Maximum des Wirkungsgrades.

Es können Fälle vorkommen, wo man, um das absolute Maximum des Wirkungsgrades zu erreichen, unbequem hohe Spannungen verwenden müsste. Man wird demnach vielleicht auf das absolute Maximum in gewissen Fällen verzichten müssen, also $\frac{\mathfrak{B}}{\mathfrak{J}}$ dem Modul nach kleiner als W wählen; dann bekommt aber die Frage nach dem Verhältniss $\frac{\mathfrak{B}}{\mathfrak{J}} = \mathfrak{W}'$ für ein partielles Maximum grösseres Interesse.

Dieses ist aus dem absoluten leicht zu ermitteln. Es werde angenommen, man wähle für mod $\frac{\mathfrak{B}}{\mathfrak{J}}$ nicht den Werth $W = \sqrt{\dfrac{C_4}{C_1}}$ sondern $W' = \dfrac{1}{n}\,W$. Man hat dann für das partielle Maximum ω' so zu wählen, dass

$$W' \sin \omega' = \frac{C_3 (W')^2}{C_1 (W')^2 + C_4}.$$

Da

$$(W')^2 = \frac{1}{n^2}\,\frac{C_4}{C_1}$$

ist, so ergiebt sich

$$W' \sin \omega' = \frac{C_3}{2\,C_1} \cdot \frac{2}{1 + n^2}.$$

Da $\dfrac{C_3}{2\,C_1}$ die Ordinate von $O\,H = \mathfrak{W}$ ist, so folgt, dass man für das partielle Maximum diese im Verhältniss $\dfrac{2}{1 + n^2}$ zu verkleinern hat, um diejenige des Werthes $\mathfrak{W}'$ zu finden. Da die Ordinate von $\mathfrak{W}'$ mit wachsendem n schneller abnimmt, als der Modul, so folgt, dass der Winkel ω für das absolute Maximum den grössten Werth hat.

7. Betriebsdiagramme.

a) Spannungsabfall in der Leitung.

Aus den Gleichungen

$$\frac{\mathfrak{B}_0}{\mathfrak{J}_0} = \mathfrak{U} = \mathfrak{U}_1 \frac{\mathfrak{W} + \mathfrak{U}_2}{\mathfrak{W} + \mathfrak{U}_1}$$

und

$$\frac{\mathfrak{J}_0}{\mathfrak{J}} = \frac{\mathfrak{W} + \mathfrak{U}_1}{\sqrt{\mathfrak{U}_1 (\mathfrak{U}_1 - \mathfrak{U}_2)}}$$

erhalten wir durch Multiplikation

$$\frac{\mathfrak{B}_0}{\mathfrak{J}} = (\mathfrak{W} + \mathfrak{U}_2) \sqrt{\frac{\mathfrak{U}_1}{\mathfrak{U}_1 - \mathfrak{U}_2}},$$

und daraus, indem wir beide Seiten durch $\mathfrak{W}$ dividiren und $\mathfrak{J}\,\mathfrak{W} = \mathfrak{B}$ setzen,

$$\frac{\mathfrak{B}_0}{\mathfrak{B}} = \frac{\mathfrak{W} + \mathfrak{U}_2}{\mathfrak{W}} \sqrt{\frac{\mathfrak{U}_1}{\mathfrak{U}_1 - \mathfrak{U}_2}}.$$

Wenn $\mathfrak{W} = \infty$, also die Leitung am fernen Ende stromlos ist, habe $\mathfrak{B}$ den Werth $\mathfrak{E}$, dann ist

$$\frac{\mathfrak{B}_0}{\mathfrak{E}} = \sqrt{\frac{\mathfrak{U}_1}{\mathfrak{U}_1 - \mathfrak{U}_2}}.$$

Durch Division dieser Gleichungen erhält man

$$\frac{\mathfrak{B}}{\mathfrak{E}} = \frac{\mathfrak{W}}{\mathfrak{W} + \mathfrak{U}_2}.$$

Wenn man die rechte Seite in Zähler und Nenner mit $\mathfrak{J}$ multiplicirt, so werden die Zähler beiderseits gleich, also auch die Nenner, und man erhält

$$\mathfrak{E} = \mathfrak{B} + \mathfrak{U}_2 \mathfrak{J}.$$

Die Grösse $\mathfrak{U}_2 \mathfrak{J}$ stellt also den Abfall der Spannung am fernen Ende bei der Stromstärke $\mathfrak{J}$ gegen die Spannung bei freiem Ende dar.

Es ist von hohem Interesse, den Inhalt dieser Gleichung graphisch darzustellen. Dabei gehen wir zunächst auf die Form

$$\mathfrak{E} = \mathfrak{J} (\mathfrak{W} + \mathfrak{U}_2)$$

zurück. Wir wollen bei konstantem $\mathfrak{B}_0$, also auch konstantem $\mathfrak{E}$, dem $\mathfrak{J}$ einen bestimmten Werth geben, aber die Phase zwischen $\mathfrak{B}$ und $\mathfrak{J}$ ändern, d. h. wir legen $\mathfrak{W}$ verschiedene Winkel bei.

Die Summe $\mathfrak{W} + \mathfrak{U}_2$ muss stets den Werth $\dfrac{\mathfrak{E}}{\mathfrak{J}}$ haben. Wenn wir also Fig. 10 mit $\dfrac{\text{mod }\mathfrak{E}}{\text{mod }\mathfrak{J}}$ einen Kreis schlagen und aus dessen

Mittelpunkt zunächst $OB = \mathfrak{U}_2$ ziehen, indem wir die Linie OX als Linie der Phase Null annehmen, und dann vom Endpunkte $\mathfrak{U}_2$ aus eine unter dem Winkel von $\mathfrak{W}$ gegen

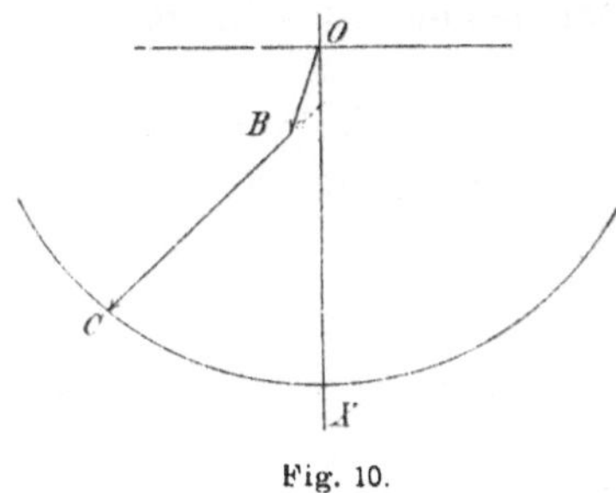

Fig. 10.

die Nulllinie geneigte Linie BC ziehen, so ist $BC = \mathfrak{W}$. Aus der Länge dieser Linie erhalten wir mod $\mathfrak{W}$, indem wir den Werth mit mod $\mathfrak{J}$ multipliciren. Das Diagramm ändert sich nur nach dem Maassstabe, wenn wir den Radius des Kreises gleich mod $\mathfrak{E}$ nehmen und statt des $\mathfrak{U}_2$ den Werth $\mathfrak{U}_2$ mod $\mathfrak{J}$ nach derselben Richtung hin abtragen; dann erhalten wir statt $\mathfrak{W}$ direkt den Werth mod $\mathfrak{W}$.

Dies Diagramm bezieht sich aber nur auf die effektiven Werthe von $\mathfrak{E}$ und $\mathfrak{W}$, nicht auf die Vektoren für $\mathfrak{E}$ und $\mathfrak{W}$, es ist also nicht eine Konstruktion der Gleichung

$$\mathfrak{E} = \mathfrak{W} + \mathfrak{J}\,\mathfrak{U}_2,$$

sondern nur eine Konstruktion folgender Gleichung

$$\mathrm{mod}\,\mathfrak{J} \cdot (\mathfrak{W} + \mathfrak{U}_2) = \mathrm{mod}\,\mathfrak{E}.$$

Indessen ist es für praktische Zwecke ohne Interesse, zu wissen, welche Phase $\mathfrak{W}$ gegen

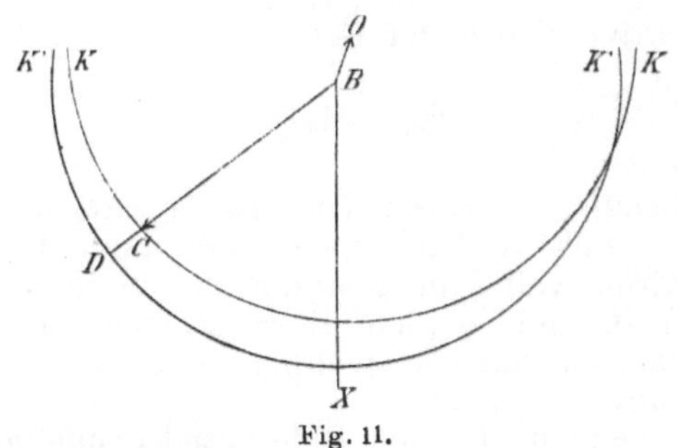

Fig. 11.

$\mathfrak{E}$ hat, wichtiger ist zu wissen, wie sich mod $\mathfrak{W}$ gegen mod $\mathfrak{E}$ verhält, wenn $\mathfrak{W}$ und $\mathfrak{J}$ um einen gegebenen Winkel auseinander-liegen.

Wir wollen den Anfangspunkt des recht-winkligen Systems in den Punkt B (Fig. 11) verlegen und die Nulllinie der Phase der bis-herigen parallel lassen. Um O schlagen wir den Kreis KK mit dem Radius mod $\mathfrak{E}$ und um B den Kreis $K'K'$, der denselben Radius hat. Wenn wir nun von B aus unter irgend einem Winkel gegen OX, wel-cher gleich dem Phasenunterschiede von $\mathfrak{W}$ und $\mathfrak{J}$ ist, einen Strahl ziehen, so ist

$$BC = \mathrm{mod}\,\mathfrak{W},$$

und demnach ist

$$CD = \mathrm{mod}\,\mathfrak{E} - \mathrm{mod}\,\mathfrak{W}$$

oder gleich dem Spannungsabfall, welcher am Ende der Leitung stattfindet, wenn ein Strom von der Stärke mod $\mathfrak{J}$ mit einer Phasenverschiebung $\sphericalangle CBX$ gegen die Spannung entnommen wird.

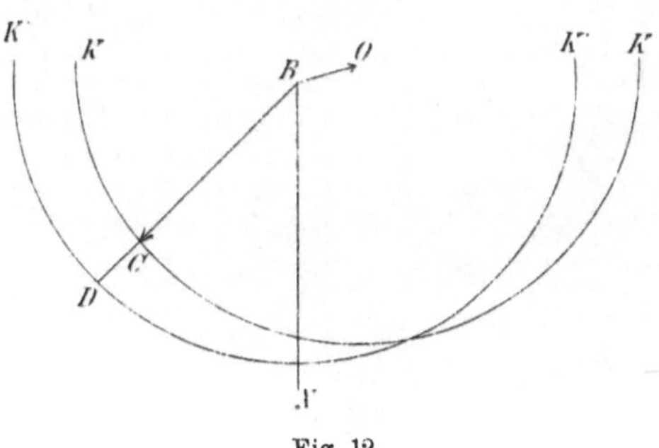

Fig. 12.

Dieses Diagramm hat grosse Aehnlich-keit mit dem Kapp'schen Transformatoren-diagramm (Fig. 12), wenn auch in der gegen-seitigen Lage der beiden Kreise Unterschiede bestehen.

Diese Aehnlichkeit in den Methoden, den Spannungsabfall zu konstruiren, wobei dem Ende der Leitung die Sekundär-wickelung des Transformators entspricht, legt den Gedanken nahe, nach weiteren Uebereinstimmungen zu suchen. Es lässt sich leicht zeigen, dass die Vorgänge in einem Transformator mit gleicher Primär-und Sekundärwickelung einschliesslich der Streuung und Eisenverluste sich durch ähn-liche Gleichungen, wie die an einer Leitung, ausdrücken lassen, wobei die Primärwicke-lung dem Anfange, die Sekundärwickelung dem Ende der Leitung entspricht. Die Grösse $\mathfrak{U}_1$ ist das Verhältniss $\dfrac{\mathfrak{W}_1}{\mathfrak{J}_1}$ bei offe-nem und die Grösse $\mathfrak{U}_2$ das Verhältniss $\dfrac{\mathfrak{W}_1}{\mathfrak{J}_1}$

10*

bei kurzgeschlossenem Sekundärkreise. Es lassen sich also auf den Transformator auch die Konstruktionen für das Diagramm der Primärwickelung bei wechselnder Sekundärbelastung für das Maximum des Wirkungsgrades und ähnliche übertragen. Indessen würde es uns von unserem Gegenstande zu weit abführen, hier weiter, als durch diese kurzen Andeutungen, auf die Sache einzugehen.

Das Kapp'sche Transformatorendiagramm zeigt, dass unter bestimmten Verhältnissen, nämlich wenn die Belastung Kapacität enthält, statt des Spannungsabfalles eine Spannungssteigerung eintreten kann.

Ob etwas ähnliches auch bei einer Leitung vorkommen kann, wird offenbar durch die gegenseitige Lage der beiden Kreise festgestellt, welche durch die Grösse und Richtung von $\mathfrak{U}_2$ bestimmt wird.

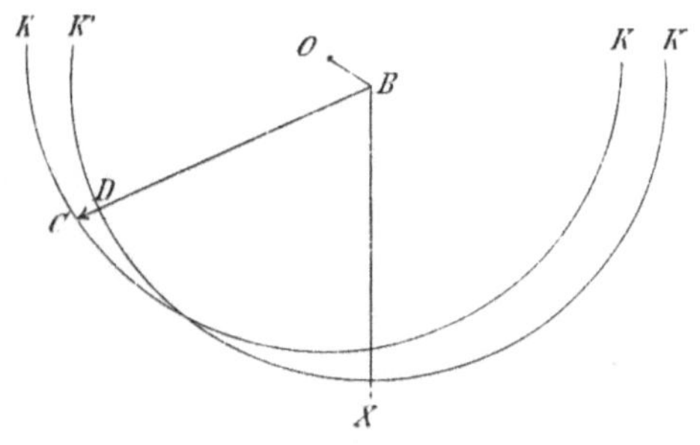

Fig. 13.

Bei einer oberirdischen Leitung hat $\mathfrak{U}_2$ nur einen ziemlich kleinen positiven Winkel, weil sich nämlich Kapacität und Selbstinduktion nahezu ausgleichen und bei geerdetem Ende die direkt über die Leitung fliessende Komponente des Stromes überwiegt.

Infolgedessen reicht der Schnittpunkt der beiden Kreise sehr weit an die Phase $-\frac{\pi}{2}$ heran; es würde also nur bei fast reiner Kapacitätsbelastung eine Spannungserhöhung eintreten.

Bei einer Kabelleitung ist die Kapacität neben dem Widerstande bestimmend, und daher wird dort $\mathfrak{U}_2$ einen mehr oder weniger grossen negativen Winkel erhalten. $-\mathfrak{U}_2$ geht also nach links oben und wir erhalten das Diagramm Fig. 13. Man ersieht daraus, dass die Spannungserhöhung eintreten kann, wenn die Endapparate eine gewisse Selbstinduktion haben, was mit der bekannten Erscheinung übereinstimmt, die Ferranti zuerst wahrgenommen hat.

b) Betrieb bei gleichbleibender Endspannung.

Es kann wichtig sein, am Ende der Leitung, also an der Verbrauchsstelle, die Spannung konstant zu halten; auch diesen Fall wollen wir etwas näher ins Auge fassen.

Aus den beiden Gleichungen

$$\mathfrak{V}_0 = \mathfrak{A}\,\mathfrak{V} - \mathfrak{B}\,\mathfrak{J},$$
$$\mathfrak{J} = \mathfrak{A}\,\mathfrak{J}_0 + \mathfrak{C}\,\mathfrak{V}_0$$

erhalten wir die folgende

$$\mathfrak{V}_0\,(1 + \mathfrak{B}\,\mathfrak{C}) = \mathfrak{A}\,\mathfrak{V} - \mathfrak{A}\,\mathfrak{B}\,\mathfrak{J}_0.$$

Da aber, wie früher erwähnt, $\mathfrak{A}^2 - \mathfrak{B}\,\mathfrak{C} = 1$, also $1 + \mathfrak{B}\,\mathfrak{C} = \mathfrak{A}^2$ ist, so geht diese Gleichung über in

$$\mathfrak{V}_0 = \frac{\mathfrak{V}}{\mathfrak{A}} - \frac{\mathfrak{B}}{\mathfrak{A}}\,\mathfrak{J}_0,$$

oder

$$\mathfrak{V}_0 = \frac{\mathfrak{V}}{\mathfrak{A}} + \mathfrak{U}_2\,\mathfrak{J}_0.$$

Wenn nun am Ende die Spannung konstant gehalten werden soll, so bezieht sich diese Forderung nur auf den effektiven Werth, während es nicht möglich ist, die Phase der Spannung etwa gegenüber der Phase der EMK in der Erzeugermaschine bei zwei verschiedenen Belastungen gleich zu halten. Praktisch ist dies auch ohne jede Bedeutung. Wir können also in der obigen Gleichung nicht $\frac{\mathfrak{V}}{\mathfrak{A}}$ gleich einer konstanten Grösse setzen, sondern nur mod $\frac{\mathfrak{V}}{\mathfrak{A}}$. Die Gleichung kommt dann darauf hinaus, dass der effektive Werth der Grösse

$$\mathfrak{V}_0 - \mathfrak{U}_2\,\mathfrak{J}_0$$

konstant zu halten ist. Diese Gleichung lässt sich deshalb nicht allgemein konstruiren, weil man über die Phasendifferenz von $\mathfrak{V}_0$ und $\mathfrak{J}_0$ nicht Herr ist; denn diese stellt sich von selbst ein, je nach der Belastung am Ende.

Wenn man einen Differentialspannungsmesser baute, dessen eine Seite einen der Spannung $\mathfrak{V}_0$ proportionalen Strom führt, während die andere Seite von einem der Spannungsdifferenz $\mathfrak{U}_2\,\mathfrak{J}_0$ proportionalen Strome durchflossen wird, so würde man den Zeiger dieses Instrumentes auf der Normaleinstellung zu halten haben, um am Ende der Leitung die Spannung konstant zu halten.

Eine Spannungsdifferenz, welche $\mathfrak{U}_2 \mathfrak{J}_0$ proportional ist, erhält man, wenn man den Strom, ehe er in die Leitung fliesst, durch einen kleinen induktiven Widerstand fliessen lässt, dessen Impedanz derjenigen von $\mathfrak{U}_2$ proportional ist, dessen Phasenverschiebung also derjenigen von $\mathfrak{U}_2$ entspricht. Für eine oberirdische Leitung wäre dies eine Spule mit Selbstinduktion, für ein Kabel würde ein Widerstand mit einem parallel geschalteten Kondensator zu benutzen sein. Da $\mathfrak{U}_2$ eine Konstante der Leitung ist, würde dieser Widerstand ein für alle Mal abzugleichen und dann unverändert zu halten sein.

Statt des Differentialspannungsmessers könnte man auch einen Transformator mit zwei Primärwicklungen und einer Sekundärwicklung, in der ein einfacher Spannungsmesser liegt, nehmen oder elektrostatische Instrumente mit differential wirkenden Flächen verwenden.

III. Anwendung auf die Kraftübertragung von Lauffen nach Frankfurt.

An den verschiedenen bisher besprochenen Fällen ist zur Genüge gezeigt, dass man aus den beiden Grössen $\mathfrak{U}_1$ und $\mathfrak{U}_2$ über alle Vorgänge in langen Wechselstromleitungen Aufschluss erhalten kann.

Wir wollen nunmehr einige der besprochenen Methoden auf die Lauffen-Frankfurter Leitung anwenden, wobei wir zwischen Rechnen und Konstruiren so wechseln, dass das Resultat auf möglichst einfachem Wege erzielt wird.

8. Feststellung der Konstanten für eine Drehstromleitung.

Vorher ist indessen noch auf einen Punkt hinzuweisen, der bisher nicht besprochen wurde. Wir sind im Eingange von einer Einzelleitung ausgegangen, welche soweit von anderen entfernt gedacht wurde, dass Induktionen nach oder von aussen nicht in Frage kamen. Dies ist bei einer Doppelleitung und bei einer Drehstromleitung jedenfalls nicht der Fall. Was die Doppelleitung betrifft, so ist in dem Aufsatze über die Ergebnisse der Messungen[1]

____
[1] „ETZ" 1898, S. 192.

das nöthige gesagt worden; wir haben hier noch auf die Drehstromleitungen einzugehen.

Durch die Nachbarleitungen werden beeinflusst die Selbstinduktion und die Kapacität jeder einzelnen Drehstromleitung. Man gebraucht, um die Vorgänge in der Drehstromleitung zu verfolgen, den Kunstgriff, jeder Einzelleitung nicht diejenige Selbstinduktion und Kapacität zu geben, welche sie für sich hat, sondern in das Maass dieser Grössen die Wirkungen der benachbarten Zweige einzubeziehen.

Die Selbstinduktion einer für sich allein bestehenden Leitung ist die Zahl der Kraftlinien, welche die Leitung aussendet oder in sich hineinzieht, wenn in ihr der Strom Eins auftritt oder verschwindet. Diese Zahl sei L. Nach einer bekannten Formel ist

$$L = 2 D \left(\log \frac{2 D}{r} - 0{,}75 \right),$$

worin D die Länge der Leitung, $2r$ ihren Durchmesser bezeichnet. Durch eine zweite Leitung, welche im Abstande d parallel neben der ersten läuft, gehen nicht alle von diesen L Kraftlinien, sondern nur

$$M = 2 D \left(\log \frac{2 D}{d} - 1 \right).$$

Haben wir nun im Falle einer Drehstromleitung drei Drähte gleichen Durchmessers und im gleichen Abstande d von einander, so treten, wenn in den drei Leitungen die Ströme J_1, J_2, J_3 auftreten oder verschwinden, durch irgend eine, z. B. die erste der drei Leitungen die Kraftlinien in folgender Zahl hindurch

$$L J_1 + M J_2 + M J_3,$$

denn die einzelnen Posten bezeichnen die Kraftlinien, welche von den Strömen in der ersten, zweiten und dritten Leitung herrühren. Handelt es sich um Drehstrom, so ist bekanntlich in jedem Augenblicke

$$J_1 + J_2 + J_3 = 0.$$

Es ist demnach die Zahl der Kraftlinien, welche beim Auftreten oder Verschwinden des Stromkomplexes die erste Leitung schneiden:

$$J_1 (L - M).$$

Dieses heisst aber, dass, wenn man die Selbstinduktion einer jeden Leitung eines Drehstromzweiges gleich $L - M$ statt L setzt, man dann die Wirkung der beiden anderen Ströme schon berücksichtigt hat; man kann sich alsdann offenbar diese Ströme als nicht vorhanden denken. So erhalten wir also statt der drei Leitungen eine Einzelleitung, die an dem neutralen Punkte des Systems Erde hat.

Bezüglich der Kapacität einer Drehstromleitung ist auf S. 38 dieses Heftes gezeigt worden, dass man die Wirkung der Nachbarleitungen, ähnlich wie bei der Selbstinduktion, durch eine Aenderung des Werthes der Kapacität ersetzen kann. Selbstinduktion und Kapacität eines jeden Zweiges einer Drehstromleitung haben die Werthe

$$l = 2\,D\left(\operatorname{lognat}\frac{d}{r} + 0{,}25\right),$$

$$c = \frac{1}{2\operatorname{lognat}\dfrac{d}{r}}.$$

9. Ermittelung der Grössen $\mathfrak{U}_1$ und $\mathfrak{U}_2$.

Die Leitung zwischen Lauffen und Frankfurt bestand, um die wesentlichen Grössen hier kurz anzugeben, aus drei in einem gleichschenkeligen Dreieck mit horizontaler Basis geführten, 4 mm starken Kupferdrähten, von denen die beiden unteren von einander einen Abstand von 100 cm hatten, während sie von dem oberen Drahte je 116 cm entfernt waren. Die beiden unteren Drähte waren je 581, der obere 686 cm vom Erdboden entfernt. Die Gesammtlänge der Fernleitung betrug 169,93, also rund 170 km. Aus diesen Grössen ergiebt sich für die obere Leitung eine Kapacität von 0,00872 Mikrofarad für 1 km und eine Selbstinduktion von 0,00131 Henry für 1 km, wobei in diesen Werthen schon die Annahme enthalten ist, dass Drehstrom in dem ganzen Leitungssysteme fliesst.

Den Widerstand, der bei 15^0 gleich 236 Ω war, nehmen wir zur Vergleichung mit den Mitte Oktober ausgeführten Messungen zu 230 Ω an.

Da die benutzten Wechselströme 40 Perioden in der Sekunde hatten, so ist

$$m = 2\,\pi\,.\,40 = 251.$$

Wenn man diese Grössen zu Grunde legt, so ergeben sich durch eine kurze Rechnung die Werthe

$$\mathfrak{U}_1 = 2820\,e^{-86{,}4\,i},$$
$$\mathfrak{U}_2 = 227\,e^{+10^0 i}.$$

Wir wollen z nächst versuchen, hieraus den Wirkungsgrad der Leitung unter den Bedingungen einer ausgeführten Messung zu berechnen.

10. Vergleich mit den Ergebnissen einer Messung.

Bei der höchsten abgegebenen Leistung wurden tertiär 572 A bei 62,47 V für jede Phase abgegeben. Es kommt nun vor allem darauf an, aus dieser Angabe und den elektrischen Eigenschaften des Transformators, die S. 419 des Berichtes angegeben sind:

$$W_1 = 10, \qquad m\,L_1 = 24500,$$
$$W_2 = 0{,}001, \quad m\,L_2 = 1{,}81,$$

das Verhältniss zwischen seiner Primärspannung und dem Primärstrome, welches mit der Grösse $\mathfrak{W}$ für das Ende der Leitung identisch ist, zu berechnen. Die Schwierigkeit liegt darin, dass man über die Eisenverluste und die Streuung nur ungefähr richtige Werthe angeben kann.

Nimmt man an, der Transformator habe weder Eisenverluste, noch auch Streuung, so ergiebt sich

$$\mathfrak{W} = 1515\,e^{+3{,}5^0 i}$$

und daraus

$$\mathfrak{U} = 1530\,e^{-23{,}5^0 i}.$$

Der Wirkungsgrad ist 84,8%.

Rechnet man 2% Eisenverluste, aber keine Streuung, so ergiebt sich

$$\mathfrak{W} = 1475,\ \mathfrak{U} = 1472\,e^{-25{,}5^0 i}$$

und ein Wirkungsgrad von 84%.

Wenn man endlich noch 1% Streuung rechnet $(L_1 L_2 - M^2 = 0{,}02\,L_1 L_2)$, so kommt

$$\mathfrak{W} = 1695\,e^{+21{,}4^0 i},$$
$$\mathfrak{U} = 1950\,e^{-14{,}6^0 i}$$

und der Wirkungsgrad ist 86,4%

Aus den Messergebnissen erhält man für die Leitung im Durchschnitt einen Wirkungsgrad von 86%.

Der mittels der vorgetragenen Methode berechnete stimmt also mit dem gemessenen unter allen Annahmen sehr nahe überein; die in den einzelnen Fällen verbleibenden Differenzen sind nicht sowohl einem Fehler der Berechnung an der Leitung, als der mangelnden Kenntniss des Transformatordiagramms zuzuschreiben.

11. Arbeitsdiagramme der Leitung für verschiedene Belastungen.

Wir wollen nunmehr dazu übergehen, die Methode auf die Konstruktion des Arbeitsdiagramms der Leitung anzuwenden,

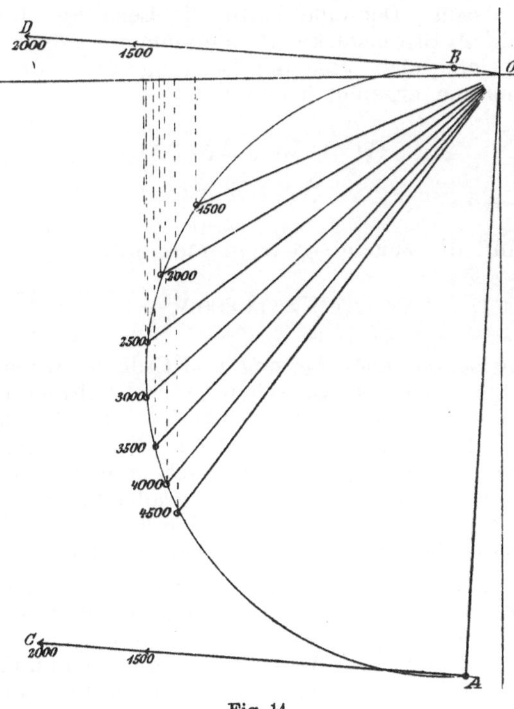

Fig. 14.

d. h. wir wollen das Verhältniss $\frac{\mathfrak{W}}{\mathfrak{J}}$ schrittweise ändern. Fig. 14 stellt diese Konstruktion dar.

Darin ist $OA = \mathfrak{U}_1$, $OB = \mathfrak{U}_2$. In der Richtung AC und AD sind die verschiedenen Widerstände $\mathfrak{W}$ zu $\mathfrak{U}_1$ und $\mathfrak{U}_2$ hinzugefügt, wobei der Einfachheit halber angenommen wurde, dass bei allen Belastungen die Phasendifferenz zwischen der Spannung und dem Strome in der Hochspannungswickelung des Transformators konstant gleich 5^0 war. Die Konstruktion ist für eine Reihe von Punkten ausgeführt worden, für

welche die Werthe von $\mathfrak{W}$ einzeln beigeschrieben sind.

Aus diesem Diagramm, das natürlich auf beliebig viele Belastungen ausgedehnt werden kann, kann man durch Ablesung oder durch eine kurze Berechnung zunächst folgende Tabelle entnehmen:

$\mathfrak{W}$	$\mathfrak{U}$		k
	U	$U \cos \varphi_1$	
∞	2820	171	∞
4500	2540	1515	1,848
4000	2460	1563	1,706
3500	2368	1615	1,564
3000	2232	1660	1,434
2500	2060	1650	1,312
2000	1836	1588	1,200
1500	1540	1422	1,113

Um aus dieser Tabelle die Werthe von Strom und Spannung am Anfange und Ende der Leitung abzuleiten, hat man folgendermassen vorzugehen. Die Anfangsspannung werde konstant gehalten und sei gleich 8500 V. Durch Division mit einem der Werthe von U erhält man die für diesen Fall geltende Anfangsstromstärke $\mathfrak{J}_0$ und ferner ist die Leistung am Anfange $P_0 = 8500 \cdot \dfrac{8500}{U} \cos \varphi$, was man am besten als $\mathfrak{J}_0{}^2 U \cos \varphi$ rechnet, da $U \cos \varphi$ direkt abzugreifen ist. Dividirt man die Anfangsstromstärke durch den zugehörigen Werth von k, so erhält man die Endstromstärke $\mathfrak{J}$, daraus durch Multiplikation mit $\mathfrak{W}$ die Endspannung $\mathfrak{V}$ und unter Berücksichtigung des Werthes $\cos 5^0 = 0{,}996$ die Endleistung P. Aus den beiden Leistungen endlich ergiebt sich der Wirkungsgrad.

Die verschiedenen Grössen sind in folgender Tabelle zusammengestellt:

$$\mathfrak{V}_0 = 8500 \text{ V.}$$

$\mathfrak{J}_0$	P_0	$\mathfrak{J}$	$\mathfrak{V}$	P	η
A	KW	A	V	KW	%
3,015	1,55	0	8450	0	0
3,350	17,00	1,814	8160	14,73	86,7
3,455	18,65	2,026	8110	16,35	87,8
3,588	20,76	2,295	8030	18,35	88,5
3,810	24,08	2,660	7980	21,15	88,0
4,125	28,08	3,150	7870	24,65	87,8
4,630	34,05	3,860	7720	29,68	87,2
5,520	43,20	4,960	7440	36,90	85,4

Diese auf Grund der Konstruktion aufgestellte Tabelle zeigt das Maximum des

Wirkungsgrades für ein $\mathfrak{W}$ zwischen 3000 und 3500.

Man kann also durch diese einfache Konstruktion ganz allgemein feststellen, welche Stromstärke und Spannung die Sekundärwickelung des Transformators am Anfange der Leitung an die Leitung abzugeben hat, wenn das Diagramm des Endtransformators und die beiden Vektoren für die Leitung gegeben sind. Damit ist der ganze Verlauf der Kraftübertragung festgestellt.

Es lässt sich ferner eine andere Beobachtung, welche in dem Berichte als merkwürdig mitgetheilt worden ist, aus dem Diagramm bestätigen. Es zeigte sich nämlich, dass die von der Leitung bei isolirtem Ende aufgenommene Leistung grösser war, als diejenige, welche bei Anschluss des unbelasteten Transformators in die Leitung eintrat. In unserer Bezeichnungsweise wird der Anschluss der Hochspannungswickelung des Transformators ausgedrückt durch

$$\mathfrak{W} = 24\,500\, e^{+90^{\bullet}i}.$$

Das zugehörige $\mathfrak{U}$ hat den Werth

$$\mathfrak{U} = 3180\, e^{-86,4^0 i}.$$

Bei 8500 V Anfangsspannung treten also in die Leitung folgende Ströme ein: Bei isolirtem Ende $\dfrac{8500}{2820} = 3{,}01$ A, bei Anschluss des unbelasteten Transformators $\dfrac{8500}{3180} = 2{,}67$ A, und deren Verschiebung gegen die Spannung ist nahezu die gleiche. Man sieht daher, dass die Leistungen sich ziemlich beträchtlich unterscheiden.

IV. Anwendung auf die Bestimmung der wirthschaftlichen Grenze der Spannung.

12. Für die Frankfurt-Lauffener Leitung.

Indem wir nunmehr an die Feststellung der wirthschaftlichen Grenze der Spannungen bei Kraftübertragungen mittels Wechselströmen herangehen, wollen wir zunächst an dem Beispiele der Lauffen-Frankfurter Leitung untersuchen, welchen Bedingungen bei dieser die Uebertragung mit dem Maximum des Wirkungsgrades entspricht. Aus den Werthen für $\mathfrak{U}_1$ und $\mathfrak{U}_2$ erhält man, am besten durch Rechnung, für den Fall

des grössten Wirkungsgrades die Werthe

$$W = 3170,$$
$$W \sin \omega = 1795,$$

also

$$\omega = 34{,}4^0,$$

und der grösste Wirkungsgrad wäre $91{,}8^0/_0$.

Sollten, wie bei den Hochspannungsversuchen, ca. 57 000 Watt übertragen werden, so hätte man, um den maximalen Wirkungsgrad zu erzielen, zunächst einen Endtransformator mit $34{,}4^0$ Phasenverschiebung im Hochspannungskreise anschliessen müssen. Derselbe hätte die Leistung mit einer Stromstärke $\mathfrak{J}$ aufnehmen müssen, welche sich aus der Leistung folgendermassen ergeben hätte:

$$\mathfrak{J}^2 \cdot W \cos \omega = 57\,000$$
$$\mathfrak{J} = 4{,}57 \text{ A}$$

und die zugehörige Spannung wäre

$$\mathfrak{J}\,W = 14\,800 \text{ V}$$

zwischen jeder Leitung und Erde gewesen. Dies wäre also zwischen je zwei Leitungen eine Spannung von 25 600 V, etwa die in den Hochspannungsversuchen benutzte. Man hat in diesem Versuche auch eine Steigerung des Gesammtwirkungsgrades um etwa $4^0/_0$ beobachtet, was mit der angegebenen Zahl sich ziemlich gut vereinigen lässt.

Die Erreichung des grössten Wirkungsgrades ist an zwei Bedingungen geknüpft, von denen die eine, dass der Endstrom um einen gewissen Winkel hinter der Spannung zurückbleiben soll, in der Regel, wenn auch nicht genau, erfüllt ist, wenn es sich um Uebertragung zu Kraftzwecken handelt. Ob man in einem gegebenen Falle es so einrichten kann, dass der Endtransformator für die Normalleistung eine vorgeschriebene Phasendifferenz hat, soll hier nicht weiter untersucht werden. Die andere Bedingung, dass eine bestimmte Spannung erzielt werden soll, führt bei grossen Leistungen zu sehr hohen Spannungen, also zu Erschwerungen des Betriebes. Es drängt sich daher die Frage auf, welcher Art das Maximum sei. Es genügt, auf die Fig. 15 hinzuweisen, welche zeigt, dass das Maximum nur wenig ausgeprägt ist. Unter der der Einfachheit halber gemachten Annahme, dass die Phasendifferenz Null sei, ist der Wirkungsgrad für die Werthe

$$\tfrac{1}{4}\,W,\ \tfrac{1}{3}\,W,\ \tfrac{1}{2}\,W,\ W \text{ und } 1{,}5\,W$$

berechnet und auf der Ordinate aufgetragen, während die W die Abscisse bilden. Bei $\tfrac{1}{3}\,W$ werden immer noch 80,3% gegen 87% beim Maximum über die Leitung übertragen, jedenfalls aber hat eine Steigerung über $\tfrac{1}{2}\,W$ hinaus keine merkliche Verbesserung im Gefolge.

Nimmt man also an, dass im Endtransformator Strom und Spannung in Phase

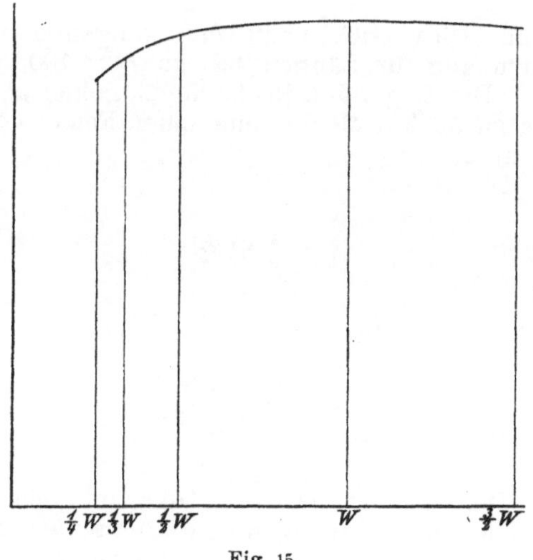

Fig. 15.

gehen, so ergiebt sich, wenn man das Verhältniss

$$\frac{\mathfrak{B}}{\mathfrak{J}} = \frac{1}{n}\,W$$

annimmt, wo W der Werth für den maximalen Wirkungsgrad sei, folgendes über das Verhältniss von Spannung und Leistung:

$$P = \mathfrak{J}^2 \cdot \frac{W}{n}$$

$$\mathfrak{B} = \mathfrak{J} \cdot \frac{W}{n} = \frac{W}{n}\sqrt{\frac{nP}{W_0}} = \sqrt{\frac{PW}{n}}.$$

Auf der Frankfurt-Lauffener Leitung hätte man also 57 000 Watt für jede Phase

mit 87 % bei 13 500 V,
„ 85 % „ 9 500 V,
„ 80,3 % „ 7 700 V,
„ 76,8 % „ 6 700 V

übertragen können.

Man würde offenbar zweckmässig nicht über 8000 V (am Ende der Leitung) hinausgehen, da der durch weitere Spannungserhöhung zu erzielende Gewinn in keinem Verhältniss zu den Schwierigkeiten steht, die mit der höheren Spannung verbunden sind.

Bei sehr langen Leitungen bilden also die mit den gegenwärtigen Mitteln zu erzielenden Spannungen bereits die obere wirthschaftliche Grenze.

13. Für Leitungen mittlerer und geringerer Länge.

Leitungen von der Länge der bisher besprochenen dürften zu Betriebszwecken nur unter ausserordentlichen Verhältnissen gebaut werden; es bedarf daher, um zu möglichen Anwendungen zurückzukehren, noch der Beantwortung der Frage, wo die Spannungsgrenze für Leitungen mittlerer und geringer Länge, also bis zu etwa 50 km liegt.

Für solche Leitungen kommt, wie die Rechnungen zeigen werden, die gewöhnliche Ableitung infolge der unvollkommenen Isolation schon sehr in Betracht.

Bei längeren Leitungen ist deren Wirkung klein gegen die der Kapacität und durfte deshalb vernachlässigt werden; für die kürzeren Leitungen haben wir sie aber in die Rechnung einzuführen.

Es bedarf dazu einiger Umformungen an den Grössen $e^{\sqrt{\mathfrak{R}\mathfrak{S}}}$, aus denen wir die Grössen $\mathfrak{U}_1$ und $\mathfrak{U}_2$ ermittelt haben.

Nach bekannten Formeln ist

$$e^{\sqrt{\mathfrak{R}\mathfrak{S}}} = 1 + \sqrt{\mathfrak{R}\mathfrak{S}} + \frac{(\sqrt{\mathfrak{R}\mathfrak{S}})^2}{2!} + \frac{(\sqrt{\mathfrak{R}\mathfrak{S}})^3}{3!} + \cdots$$

$$e^{-\sqrt{\mathfrak{R}\mathfrak{S}}} = 1 - \sqrt{\mathfrak{R}\mathfrak{S}} + \frac{(\sqrt{\mathfrak{R}\mathfrak{S}})^2}{2!} - \frac{(\sqrt{\mathfrak{R}\mathfrak{S}})^3}{3!} + \cdots$$

woraus sich die Gleichungen ergeben:

$$\tfrac{1}{2}\left(e^{\sqrt{\mathfrak{R}\mathfrak{S}}} + e^{-\sqrt{\mathfrak{R}\mathfrak{S}}}\right) = 1 + \frac{\mathfrak{R}\mathfrak{S}}{2!} + \frac{\mathfrak{R}^2\mathfrak{S}^2}{4!} + \cdots$$

$$\tfrac{1}{2}\left(e^{\sqrt{\mathfrak{R}\mathfrak{S}}}-e^{-\sqrt{\mathfrak{R}\mathfrak{S}}}\right)=\sqrt{\mathfrak{R}\mathfrak{S}}\left(1+\frac{\mathfrak{R}\mathfrak{S}}{3!}+\frac{\mathfrak{R}^2\mathfrak{S}^2}{5!}+\dots\right)$$

Die erste dieser beiden Grössen ist mit dem früher gebrauchten Faktor $\mathfrak{A}$ identisch, aus der anderen erhält man durch Multiplikation mit

$$\sqrt{\frac{\mathfrak{S}}{\mathfrak{R}}}\quad\text{und}\quad\sqrt{\frac{\mathfrak{R}}{\mathfrak{S}}}$$

die Grössen $\mathfrak{B}$ und $\mathfrak{C}$; ferner ist

$$\mathfrak{U}_1=-\frac{\mathfrak{A}}{\mathfrak{C}};\quad \mathfrak{U}_2=-\frac{\mathfrak{B}}{\mathfrak{A}}.$$

Wir wollen nun annehmen, dass $\mathfrak{R}\mathfrak{S}$ so klein sei, dass alle von den höheren Potenzen herrührenden Glieder gegen die Glieder mit $\mathfrak{R}\mathfrak{S}$ zu vernachlässigen sind. Dann können wir die Reihen bei den Gliedern mit $\mathfrak{R}\mathfrak{S}$ abbrechen. Indem wir auf die Rechnungen nicht weiter eingehen, bei welchen alle bei Division oder Multiplikation sich ergebenden Glieder mit höheren Potenzen von $\mathfrak{R}\mathfrak{S}$ als der ersten schon vernachlässigt sind, erhalten wir

$$\mathfrak{U}_1=\frac{1}{\mathfrak{R}}\left(1+\frac{1}{3}\mathfrak{R}\mathfrak{S}\right),$$

$$\mathfrak{U}_2=\mathfrak{S}\left(1-\frac{1}{3}\mathfrak{R}\mathfrak{S}\right)$$

Es handelt sich nun darum, die $\mathfrak{U}_1$ und $\mathfrak{U}_2$ so weit wie möglich auf die Grössen a, w, c, l und D zurückzuführen. Für die Grössen a, w, c, l, welche Einheitswerthe für ein km darstellen, ergeben sich für Kraftübertragungen, bei denen m zwischen 200 und 300 liegt (32—50 Perioden), in der Praxis folgende Grenzwerthe:

$$a<1.10^{-6},$$

denn eine geringere Isolation als 1 Megohm für 1 km kann auf die Dauer nicht angenommen werden.

$$m\,c<4.10^{-6}$$
$$0{,}20<m\,l<0{,}33$$
$$w<3.$$

Demnach ist

$$\mathrm{mod}\,\mathfrak{R}<4{,}2.10^{-6}\,D$$
$$\mathrm{mod}\,\mathfrak{S}<3{,}02.D.$$

Wenn wir

$$\frac{\mathrm{mod}\,\mathfrak{R}\mathfrak{S}}{2!}>100.\frac{(\mathrm{mod}\,\mathfrak{R}\mathfrak{S})^2}{4!}$$

machen, so dürfen die Reihen ohne einen Fehler, der beim imaginären Theile mehr als $\frac{1}{100}$ beträgt, hinter dem ersten Gliede abgebrochen werden. Dann müsste also

$$\mathrm{mod}\,\mathfrak{R}\mathfrak{S}<0{,}12$$

sein. Dies trifft nach den obigen Festsetzungen für Längen bis zu $D=100$ km zu. Die folgenden Rechnungen gelten also bis zu 50 km sicher ohne einen Fehler von mehr als 1%.

Die Grösse

$$1+\frac{1}{3}\mathfrak{R}\mathfrak{S}$$

hat den Werth

$$1+\frac{1}{3}(a\,w-m^2\,c\,l)\,D^2+\frac{i}{3}(m\,c\,w+m\,a\,l)D^2.$$

Der höchste Betrag, der im reellen Theile von 1 abgezogen wird, könnte $m^2cl\,D^2$ sein. Nach den festgesetzten Grenzwerthen bleibt dies bis $D=50$ unter $\frac{1}{100}$, kommt also nicht in Betracht. Der grösste Werth des Faktors von i beträgt 0,030. Der Ausdruck $1+i\,0{,}030$ unterscheidet sich im Modul um weniger als 5.10^{-4} von 1, der Modul kann also gleich 1 gesetzt werden; der Cosinus des zugehörigen Winkels λ weicht höchstens um 6.10^{-4} von 1 ab, und der Sinus ist

$$(m\,c\,w+m\,a\,l)\frac{D^2}{3}.$$

Man ersieht daraus, dass man, ohne um mehr als 1% fehlzugehen

$$1+\frac{1}{3}\mathfrak{R}\mathfrak{S}=e^{\,i(m\,c\,w+m\,a\,l)\frac{D^2}{3}}=e^{\,i\lambda}$$

setzen darf. Die Grösse $\mathfrak{R}$ wollen wir setzen

$$\mathfrak{R} = D\sqrt{a^2 + m^2\,c^2}\;e^{i\mu},$$

wo

$$\cos\mu = \frac{a}{\sqrt{a^2 + m^2\,c^2}}.$$

Dann ist die Grösse $\mathfrak{U}_1$ bis auf höchstens $1^0/_0$ Fehler gleich

$$\frac{1}{D\sqrt{a^2 + m^2\,c^2}}\,e^{-i\mu}\,e^{i\lambda} = \mathfrak{U}_1 e^{i\varphi_1}.$$

Dabei ist

$$U_1 = \frac{1}{D\sqrt{a^2 + m^2\,c^2}},$$
$$\cos\varphi_1 = \cos(\mu - \lambda).$$

Nach dem über μ und λ Festgesetzten ist

$$\cos\varphi_1 = \frac{a}{\sqrt{a^2 + m^2\,c^2}} + \frac{m\,c}{\sqrt{a^2 + m^2\,c^2}}\,\frac{1}{3}\,(m\,c\,w + m\,a\,l)\,D^2.$$

Daher ist

$$\frac{U_1}{\cos\varphi_1} = \frac{1}{D\left(a + \dfrac{m\,c}{3}\,(m\,c\,w + m\,a\,l)\,D^2\right)}$$

Es ist ferner die Grösse $U_2 \cos\varphi_2$ festzustellen. Zunächst ist

$$\mathfrak{S} = D\sqrt{w^2 + m^2\,l^2}\;e^{i\nu},$$

und der kleinste Werth von ν ist

$$\mathrm{arc\,sin}\,\frac{0,2}{\sqrt{9 + 0,04}} = 3,8^0.$$

Der als Faktor zu $\mathfrak{S}$ hinzutretende Ausdruck $\left(1 - \dfrac{1}{3}\,\mathfrak{R}\,\mathfrak{S}\right)$ hat den Modul Eins und sein

Winkel ist höchstens $1,8^0$. Man sieht daraus, dass sich $U_2 \cos\varphi_2$ nicht wesentlich von $w\,D$ unterscheiden kann.

Wir erhalten also für W den maximalen **Werth**

$$\sqrt{\frac{U_1}{\cos\varphi_1}\,U_2 \cos\varphi_2}$$
$$= \sqrt{\frac{w}{a + \dfrac{m\,c}{3}\,(m\,c\,w + m\,a\,l)\,D^2}}$$

und zwar liegt der Fehler dieses Ausdruckes stets unter $1^0/_0$. Es kommt nun darauf an, hier Zahlenwerthe, die praktischen Verhältnissen entsprechen, einzusetzen.

Nehmen wir eine Leitung von 50 km an, welche sonst dieselben Eigenschaften hat, wie die Lauffen-Frankfurter, so ist zu setzen

$$w = 1{,}39, \quad m\,c = 2{,}17\,.\,10^{-6}, \quad m\,l = 0{,}33.$$

Wir wollen keine geringere Isolation als 10 Megohm für 1 km annehmen, also $a = 0{,}1\,.\,10^{-6}$; dann bleibt $m\,a\,l$ unter der Grenze $0{,}033\,.\,10^{-6}$, kann also gegen $m\,c\,w = 2{,}97\,.\,10^{-6}$ vernachlässigt werden und wir schreiben

$$W = \sqrt{\frac{w}{a + (m\,c)^2\,\dfrac{w}{3}\,D^2}}.$$

Nimmt man die Isolation als unendlich gross an, $a = 0$, so wird

$$W = \frac{\sqrt{3}}{m\,c\,D},$$

oder in unserem Beispiele

$$W = 16000.$$

Nimmt man dagegen Isolationen von 100, 50, 20, 10 Megohm für 1 km an, so kommt a gegen $(m\,c)^2\,.\,\dfrac{w}{3}\,D^2 = 0{,}54\,.\,10^{-8}$ überwiegend in Betracht; es ergeben sich dann die Werthe (in runden Zahlen)

Isolation für 1 km

Megohm	100	50	20	10
W	9400	7300	5000	3600

Diese Zahlen sind von D so gut wie unabhängig, sie gelten also auch für Leitungen von wenigen Kilometern.

Man ersieht daraus, dass es mit Rücksicht auf den Isolationswiderstand nicht vortheilhaft ist, die Grösse W grösser als etwa 4000 zu wählen; geht man darüber hinaus, so verschlechtert man direkt den Wirkungsgrad. Nimmt man aber nur etwa 1500—2000, so büsst man zwar ein paar Procente am Wirkungsgrad ein, gegen den bei 4000, kommt aber zu wesentlich bequemeren Spannungen.

14. Zusammenhang zwischen Leistung und Spannungsgrenze.

Die wirthschaftliche Grenze für Hochspannungen hängt aber von der zu übertragenden Leistung ab.

Ist diese P, so ist $\mathfrak{J}^2 \cdot W = P$ und $\mathfrak{B} = \mathfrak{J} W$, oder

$$V = \sqrt{P \cdot W}.$$

Nimmt man $W = 2000$ als einen Faktor an, der bei verhältnissmässig geringer Spannung noch einen guten Wirkungsgrad verbürgt, so ergiebt sich für den Zusammenhang von Leistung (für jeden Leitungszweig) und Spannung folgende kleine Tabelle in runden Zahlen:

| Kilowatt . . | 25 | 50 | 100 | 150 |
| Kilovolt . . | 7 | 10 | 14 | 17 |

Eine Anlage mit 40 000 V, wie sie neulich in dieser Zeitschrift beschrieben wurde, würde sich, selbst wenn man auf die Dauer eine Isolation von 20 Megohm für 1 km halten könnte, erst vortheilhaft erweisen, wenn es sich um eine Leistung von

$$\frac{(40\,000)^2}{5000} = 320\,000 \text{ Watt}$$

für jeden Zweig der Leitung handelte; in der Regel wird man selbst für bedeutende Kraftübertragungen mit 10—15 000 V auskommen.

Es möge zum Schlusse noch hervorgehoben werden, dass bei der Feststellung der Spannungsgrenze die besonderen Entladungserscheinungen, welche hohen Spannungen eigenthümlich sind, gar nicht berücksichtigt worden sind. In der wirklichen Ausführung werden sich demnach bei zunehmender Spannung noch weitere Verluste zeigen, als die hier besprochenen, und daher sind die Angaben über die wirthschaftliche Spannungsgrenze noch etwas nach unten zu verändern.

---

50. Schmelzsicherungen in Fernsprechleitungen.

Wo Starkstrom und Schwachstrom einträchtig neben einander wohnen sollen, braucht der schwächere Bruder einen Schutz gegen die Uebergriffe des stärkeren.

Die Gefahren des Starkstroms treten besonders in den Städten auf, die gleichzeitig Fernsprechanlagen und elektrische Bahnen mit Oberleitung haben. Wo die Fernsprechleitungen noch Einzelleitungen mit Erde sind — und das ist gegenwärtig noch der häufiger vorkommende Fall — wird bei jeder Berührung mit dem Fahrdraht einer Bahn der Strom aus letzterem in die Fernsprechleitung übertreten; bei den gewöhnlich verwendeten 500 V entsteht dann beim Theilnehmer oder auf dem Amt ein ziemlich starker Strom, unter Umständen sogar ein sehr starker Strom, der leicht zu Brand führen kann und in mehreren wohlbekannten Fällen auch geführt hat.

Dies ist aber nicht die einzige Gefahr: 500 bis 600 V sind zwar nicht unbedingt lebensgefährlich für Denjenigen, der die Leitung anfasst; aber man wird es doch als nothwendig ansehen, die Personen, welche mit der Fernsprechleitung zu thun haben, den Theilnehmer und den Beamten, vor der Einwirkung einer so hohen Spannung nach Möglichkeit zu bewahren. Dies kann nur dadurch in völlig genügender Weise geschehen, dass man die Berührung der Fernsprechdrähte mit den Fahrdrähten der Bahn unmöglich macht. Daher wird von den Bahnen verlangt, dass sie an oder über dem Fahrdraht Schutzleisten und Schutzdrähte anbringen. Leider versagen diese Vorkehrungen nur zu häufig; es bleibt also die Gefahr bestehen, dass während einer kurzen Zeit die Spannung von 500—600 V bis in das Innere der Wohngebäude gelangen und hier die an dem Fernsprecher beschäftigten Personen beschädigen kann.

Es wird darauf ankommen, diese Zeit nach Möglichkeit abzukürzen, ausserdem aber auch dafür zu sorgen, dass der Strom, der in die Fernsprechanlage eindringt, an keiner Stelle erhebliche Wärmewirkungen hervorrufen kann.

Beides wird durch eine selbstthätige Sicherung erreicht. Es vergeht freilich stets eine gewisse Zeit, bis eine solche Sicherung wirkt, und diese Zeit kann lang genug sein, um schädliche Einwirkungen bei hoher Spannung auf Personen zuzulassen. Aber jedenfalls kann man eine Verminderung dieser Gefahr und eine recht vollkommene Beseitigung jeder Feuersgefahr erreichen.

Die ausserordentlich grosse Zahl der erforderlichen Sicherungen stellt von vornherein an die Spitze der Aufgabe, eine geeignete Sicherung zu finden, den Wahlspruch: Gut und billig. Damit wird sogleich eine grosse Klasse von Sicherungen ausgeschlossen, die elektromagnetischen selbstthätigen Unterbrecher, weil diese jedenfalls zu theuer werden. Es bleiben nur die Schmelzsicherungen übrig, und von diesen giebt es drei Arten; bei der einen wird, wie in den gewöhnlichen Bleisicherungen, der schmelzbare Theil der Leitung allein durch den im Schmelzdraht fliessenden Strom erwärmt; bei der zweiten wird eine im Stromweg liegende Löthstelle durch einen umgewickelten Widerstandsdraht, in dem der Leitungsstrom fliesst, erwärmt und beim Schmelzen durch Federkraft getrennt; in der dritten ist die Isolation der schmelzbare Theil; der vom Strom durchwärmte Draht durchdringt die erweichte Isolation und ruft einen Erdschluss hervor.

Diese Sicherungen sind nun zunächst für den ganz bestimmten Fall, den Schutz der Fernsprechleitungen mit Erdverbindung gegen die Ströme aus der elektrischen Bahn von etwa 500 bis 600 V, zu bauen gewesen.

Die Versuche, welche mit den Sicherungen in ihrer endgültigen Form angestellt wurden, haben gezeigt, dass sie auch noch für etwas höhere Spannungen, bis gegen 1000 V hin, zu brauchen sind. Bei wesentlich höherer Spannung aber reicht die einfache Konstruktion, wie sie für 500 V passt, nicht mehr aus; die Schmelzdrähte müssten sehr lang werden. Ausserdem aber hat man bei wesentlich höherer Spannung denn doch ein weit höheres Gewicht darauf zu legen, dass der Eintritt des hochgespannten Stromes in die Fernsprechleitung vollständig und mit Sicherheit unmöglich gemacht wird.

Aus diesen Ueberlegungen heraus darf man die vorliegende Aufgabe also darauf beschränken, eine Schmelzsicherung herzustellen, die bei 500 bis 600 V Spannung noch zuverlässig wirkt.

Die Anfgabe liegt hier etwas einfacher als beim Starkstrom; der Schmelzdraht kann für eine niedrige Stromstärke berechnet werden — wir nehmen 3 A — und dadurch wird die Explosionsgefahr beträchtlich vermindert. Ich möchte das ausdrücklich vorausschicken, damit nicht der Anschein geweckt wird, als liesse sich die beschriebene Sicherung auch für Starkstromleitungen gebrauchen.

Die höchste Aufgabe, die einer solchen Sicherung gestellt wird, ist, dass sie ohne Explosion, besonders ohne einen Lichtbogen einzuleiten, durchschmilzt, wenn an ihre Enden eine Spannung von 5—600 V angelegt wird. Ein solcher Lichtbogen entsteht, wenn der Abstand der Elektroden zu gering ist, und wenn der Zwischenraum im Augenblicke des Schmelzens mit den Dämpfen des Schmelzdrahtes angefüllt wird. Nach Versuchen, die ich früher beschrieben habe[1]), kamen wir schliesslich zur Form einer geschlossenen Röhre mit metallenen Endkappen; letztere werden durch den in der Röhre ausgespannten Schmelzdraht verbunden, aber zugleich wird der freigespannte Schmelzdraht von den metallenen Endkappen durch eine isolirende Einlage, z. B. Korkplättchen, am besten Gyps, getrennt.

Eine solche Sicherung müsste nun einen sehr feinen Schmelzdraht enthalten, wenn sie von den Strömen, die etwa die Fernsprecher oder die Elektromagnete der Rufklappen beschädigen können, durchgeschmolzen werden sollte. Diese Apparate können auf die Dauer Ströme von etwa 0,1 A, höchstens bis 0,2 A ertragen, und Schmelzdrähte hierfür lassen sich nicht herstellen. Man kann aber auch leicht auf einen so weitgehenden Schutz verzichten; denn wenn auch ein paar Elektromagnetumwindungen zerstört werden, so ist der Schaden nicht gross.

Dagegen die etwas stärkeren Ströme, etwa 1 bis 2 A, die im Stande sind, die Drähte der Elektromagnete so stark zu erhitzen, dass die Seidenumspinnung plötzlich aufflammt und aus dem Elektromagnet eine

---

[1]) „ETZ“ 1896, S. 431.

mehrere Centimeter lange Stichflamme herausschlägt, oder Ströme, die wenigstens feuergefährliche Erwärmungen der Drähte bei längerer Dauer hervorbringen, etwa von 0,3 bis 0,5 A, solche Ströme sollten von den Sicherungen rasch unterbrochen werden.

Selbst diese Aufgabe erfordert noch einen sehr dünnen Schmelzdraht. Die schwachen Drähte aber werden von den atmosphärischen Entladungen sehr leicht zerstört; zahlreiche Auswechselungen ausgebrannter Sicherungen nach jedem Gewitter sind die Folge. Daher kommt es, dass man die einfachen Schmelzsicherungen nicht für so schwache Ströme, wie etwa 1 A, herstellen kann.

Wir sind vielmehr auf eine Stromstärke von 3 A gegangen. Dabei lässt sich ein Draht finden, der genügende Widerstandsfähigkeit gegen die Zerstäubung durch eine mässige atmosphärische Entladung bietet.

Aber die Leitung wäre nun gegen alle Ströme, die unter 3 A liegen, ohne Schutz, und wir wissen, dass Ströme von 2 A schon recht gefährlich werden können.

Um diese Schwierigkeit zu beseitigen, haben wir zweierlei Sicherungen in derselben Leitung verwendet. Für plötzlich auftretende stärkere Ströme, von 3 A an aufwärts, ist die schon kurz beschriebene Schmelzsicherung bestimmt: sie wird so gewählt, dass sie den gewöhnlich vorkommenden atmosphärischen Entladungen gewachsen ist; wir nennen sie den Grobschutz. Sie liegt in der Leitung vor dem Blitzableiter; denn sie hat auch die Aufgabe, unter allen Umständen zu verhindern, dass im Blitzableiter ein Lichtbogen stehen bleibt. Die Ströme unter 3 A, welche auf den Grobschutz nicht wirken, sollen durch eine zweite Sicherung, den Feinschutz, unterbrochen werden; wir müssen diesen Feinschutz gegen die atmosphärischen Entladungen sichern, und wir legen ihn deshalb hinter den Blitzableiter. Wir haben also folgendes Bild:

In der Leitung L liegen 2 Sicherungen (Fig. 1), G und F, eine vor, eine hinter dem Blitzableiter B; A bedeutet den eingeschalteten Fernsprecher, Wecker oder Rufklappe. In den Fällen, wo der Widerstand von der Berührungsstelle der Fernsprechleitung mit dem Fahrdraht unter 170 bis 180 Ω beträgt, schmilzt in wenigen Augenblicken G durch. Dadurch wird allerdings die Leitung vom Blitzableiter getrennt und das Haus einer gewissen Vermehrung der Blitzgefahr ausgesetzt; bei

der geringen Blitzgefahr, der städtische Wohngebäude überhaupt unterliegen, darf man diese geringfügige Vermehrung in den Kauf nehmen. Einen Blitzableiter vor dem Grobschutz anzulegen, würde andererseits den Nachtheil bieten, dass bei Berührung der Fernsprechleitung mit einer Starkstromleitung durch eine leichte atmosphärische Entladung ein Lichtbogen im Blitzableiter eingeleitet würde, der eine sehr erhebliche Feuersgefahr bedeutet. Da die neuen Wecker 300 Ω Widerstand haben, wird der Strom in der Regel nicht stark genug werden, um die Grobsicherung durchzuschmelzen; er wird vielmehr unter 3 A bleiben, sodass der Feinschutz F in Thätigkeit tritt; dann bleibt die Leitung am Blitzableiter liegen, und der Schutz des letzteren dauert fort.

Noch eine zweite Form für die Grobsicherung haben wir hergestellt. Statt den Schmelzdraht völlig einzuschliessen, kann

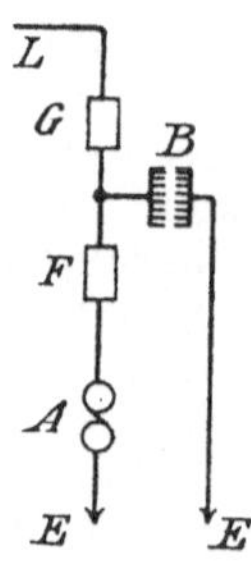

Fig. 1.

man ihn auch durch einen engen, an beiden Enden offenen Kanal führen; auch unter diesen Umständen bleibt kein Lichtbogen stehen, wenn der Draht einigermassen schwach genommen wird.

Diese Form wird dadurch hergestellt, dass der Schmelzdraht durch eine Bohrung in einem Porzellankörper geführt wird; die Bohrung wird nachträglich mit einem in Wasserglas getränkten Bindfaden ausgefüllt. Die Sicherungen dieser Form sind erheblich theurer als die vorher beschriebene Röhrenform; aber sie gestatten auch, stärkeren Schmelzdraht zu verwenden, sodass sie gegen atmosphärische Entladungen weniger empfindlich sind.

Die erwähnte Feinsicherung wird gleichfalls in zwei verschiedenen Formen ausgeführt. Bei der einen wird ein feiner Widerstandsdraht von seiner mit der Erde verbundenen Metallunterlage durch eine Wachsschicht getrennt; wird der Draht vom Strom erwärmt, so durchschneidet er das Wachs, macht Erdschluss und bringt die Grobsicherung zum Durchschmelzen. Die andere Feinsicherung enthält einen Widerstandsdraht, der um eine leichtschmelzbare Löthstelle gewickelt ist; der zu stark werdende Strom erwärmt die Löthstelle, und wenn ihre Schmelztemperatur erreicht ist, wird die Leitung durch eine Feder getrennt.

Durch diese Konstruktionen ist die Frage wenigstens so weit gelöst, dass die Post- und Telegraphenverwaltung ihre Leitungen im grössten Umfange mit solchen Sicherungen ausrüstet. Es muss nun freilich noch abgewartet werden, ob die Sicherungen die Probe der Praxis gut bestehen. Bei dem allgemeinen Interesse aber, das dieser

I. Grobsicherung mit Schmelzpatrone in Röhrenform (Fig. 2).

Diese Sicherung wird in drei Formen hergestellt, nämlich für eine und für zwei Leitungen zum Anbringen bei den Fernsprechstellen der Theilnehmer und für sieben Leitungen zum Anbringen auf den Vermittelungsanstalten; die Abbildung stellt die Form für zwei Leitungen dar. Die Unterlage, auf der die Röhren befestigt werden, besteht aus Porzellan und wird mit Hülfe zweier Schrauben an der Wand oder anderer Unterlage befestigt. Auf dem Porzellankörper sind federnde Fassungen befestigt, die an einem seitlichen Ansatz Schrauben zum Unterklemmen der Zu-

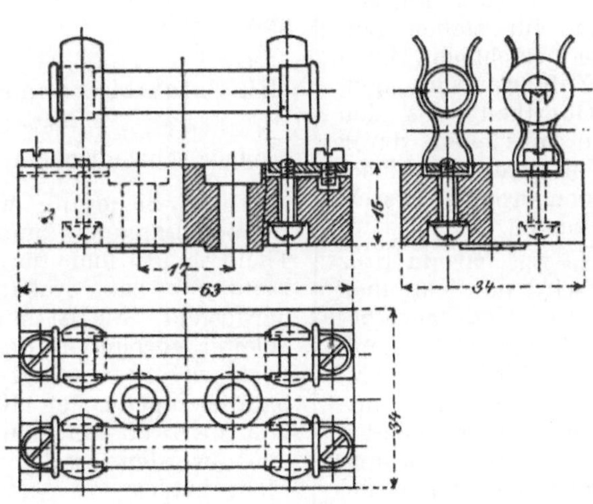

Fig. 2.

Gegenstand in Anspruch nehmen darf, schien es doch erwünscht, schon jetzt, vor dem endgültigen Abschluss der Frage, die Einrichtungen, die wir geschaffen haben, bekannt zu geben.

Ich gehe nun zur Beschreibung der Schmelzsicherungen über. Die beiden Grobsicherungen sind im Telegraphen-Versuchsamt ausgearbeitet worden; bei der Herstellung der Modelle sowie bei der Ausführung der Versuche sind wir in entgegenkommender Weise von der Allgemeinen Elektricitäts-Gesellschaft unterstützt worden. Die zuerst erwähnte Feinsicherung ist aus den bisher üblichen Spindel-Blitzableitern und Abschmelzröllchen entstanden, die andere ist einem schwedischen Muster nachgebaut worden.

führungsdrähte tragen. Die Glasröhren werden durch gestanzte Kupferkappen geschlossen, die am Ende eigenthümlich gestaltete Oeffnungen besitzen, um den feinen silbernen Schmelzdraht[1]) (0,10 mm Durchmesser) durchziehen und festlöthen zu können. Jede Kappe wird schliesslich mit Gyps gefüllt, sodass der Schmelzdraht noch auf etwa 3 cm Länge frei im Röhrchen gespannt ist, dass aber beim Schmelzen die etwa entstehenden Metalldämpfe von den metallenen Endkappen ferngehalten werden.

---

[1]) Der zuerst verwendete 0,08 mm starke Silberdraht ist gegen atmosphärische Entladung sehr empfindlich; der 0,10 mm starke Draht hat sich besser bewährt: Versuche mit anderen Drahtsorten sind noch im Gange. Nach unseren Versuchen im Jahre 1896 („ETZ" 1896, S. 431) schien sich der Superiordraht am besten zu bewähren, aber dieser wie die anderen Drähte aus unedlen Metallen erlagen zu bald den chemischen Angriffen, besonders des Gypses.

Der Widerstand eines solchen Röhrchens beträgt 0,2 Ω.

11 Röhrchen wurden nach einander mit den Polen einer Sammlerbatterie von 540 V, die für einen Strom von 1300 A bestimmt war, verbunden, ohne dass irgend ein merklicher Widerstand hinzugeschaltet wurde; bei allen Röhrchen schmolz der Draht durch, ohne dass ein Lichtbogen bestehen blieb. An der inneren Wand der Glasröhre sah man einen Ueberzug aus verdampftem Metall, eins der Röhrchen zeigte auch einen kleinen Riss.

II. Grobsicherung mit Porzellanobertheil und freigespanntem Schmelzdraht (Fig. 3 und 4).

Diese Sicherung wird in zwei Formen hergestellt, für eine und für sieben Leitungen. Jede Sicherung besteht aus einem Untertheil, an dem die Zuführungsleitungen endigen, und einem Obertheil, das den Schmelzdraht trägt und mit jenem durch Kontaktfedern verbunden wird; die Sicherungen für Einzelleitungen erhalten ausserdem noch einen Schutzkasten.

Das Untertheil besteht aus hartem Holz oder aus Porzellan; er wird mit Schrauben an der Wand oder anderer Unterlage befestigt. An jeder Seite trägt er Klemmschrauben zur Befestigung der Zuführungsdrähte und gebogene Blattfedern, denen am Obertheil Schrauben mit vorspringenden Köpfen entsprechen. Das Obertheil besteht aus Porzellan, und zwar aus einem breiteren Stück mit zwei inneren Nuthen, woran die erwähnten Schrauben befestigt sind, und einer schmalen hohen Längsrippe, welche bei der Sicherung für 7 Leitungen schräg durchbohrt ist, um den Schmelzdraht durchzulassen; durch die schräge Richtung der Bohrung wird eine grössere Länge des engen Kanals erreicht, ohne dass die Längsrippe besonders dick gemacht zu werden braucht. Der Schmelzdraht führt von einer der Schrauben, die an der Grundplatte des Obertheils sitzen, über eine Einkerbung an der Kante der Grundplatte schräg herauf zu der Bohrung in der Längsrippe, wendet sich dann im spitzen Winkel zurück durch die Bohrung, um nach deren Verlassen in der vorherigen Richtung weiter zur Schraube auf der anderen Seite des Obertheils zu führen; der Schmelzdraht macht also einen Zickzack.

Bei der Einzelsicherung steht die Rippe schräg, sodass die Bohrung in der Verbindungsebene der beiden Klemmschrauben liegt.

Die Sicherungen zu 7 Leitungen sind so gestaltet, dass man sie ohne Raumverlust an einander reihen kann. Schmilzt bei einer Sicherung für 7 Leitungen ein Draht durch, so wird das ganze Obertheil herausgenommen — wobei man zur Erleichterung einen Haken in die obere Bohrung der Längsrippe des Obertheils setzen kann — und durch ein anderes vollständig bespanntes ersetzt.

Der Schutzkasten der Einzelsicherung besteht aus Papiermasse mit Lacküberzug; er wird mit einem Steckstift an dem Untertheil befestigt. Natürlich kann man auch einen weniger leicht zu lösenden Verschluss verwenden. Beim Ersatz eines Drahtes wird auch hier das ganze Obertheil ausgewechselt.

III. Feinsicherung mit Schmelzlöthstelle (nach schwedischem Muster, Fig. 5—7).

Diese Sicherung wird für Einzel- und Doppelleitungen zum Anbringen beim Theilnehmer und für 10, 20, 40 und 56 Leitungen zum Aufstellen auf dem Amte hergestellt. Sie ist mit einem Kohlenblitzableiter verbunden, der in den Abbildungen leicht zu erkennen ist; er besteht aus zwei parallelepipedischen Kohlenklötzchen k k' von 6×8×30 mm; auf die Unterseite des einen werden zwei Stückchen Papier geklebt, um es von dem anderen zu isoliren und einen kleinen Zwischenraum von 0,15 mm zwischen den beiden Klötzchen herzustellen. Das untere Klötzchen passt in eine Nuth des darunter befestigten Messingstückes S, das zur Erde abgeleitet wird, während in dem oberen selbst eine Nuth ausgearbeitet ist, in die eine Blattfeder f_3 eingreift, um beide Klötzchen gegen die Messungplatte zu drücken.

Die eben erwähnte Blattfeder f_3 ist ein Theil eines mehrmals gebogenen Blechstückes, welches in Fig. 5 die hölzerne Grundplatte umfasst und sowohl die zweite, ausgeschnittene Blattfeder f_2 bildet, als auch die eine Leitungsklemme d_1 trägt. Die Apparatklemme d_3 steht mit der Feder f_1 in Verbindung. Die Federn f_1 und f_2 werden bei den kleineren Sicherungen durch das hölzerne Grundbrett, bei den grösseren Sicherungen zu 10 bis 56 Leitungen durch den Ebonitstreifen B von einander isolirt. Zwischen f_1 und f_2 wird die eigentliche

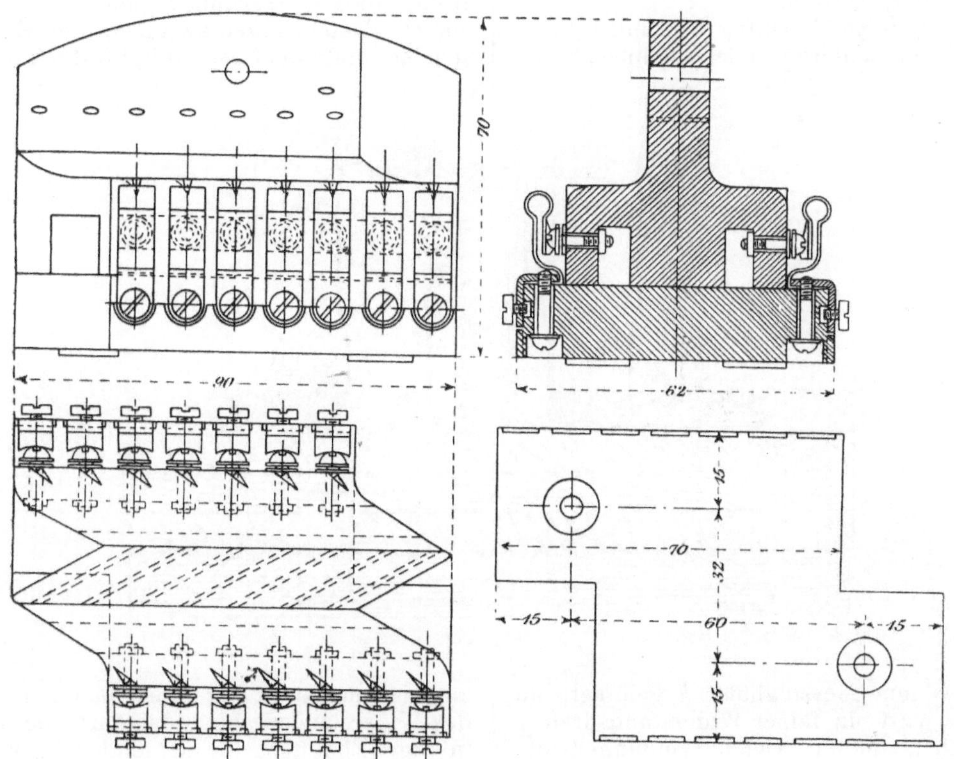

Fig. 3.

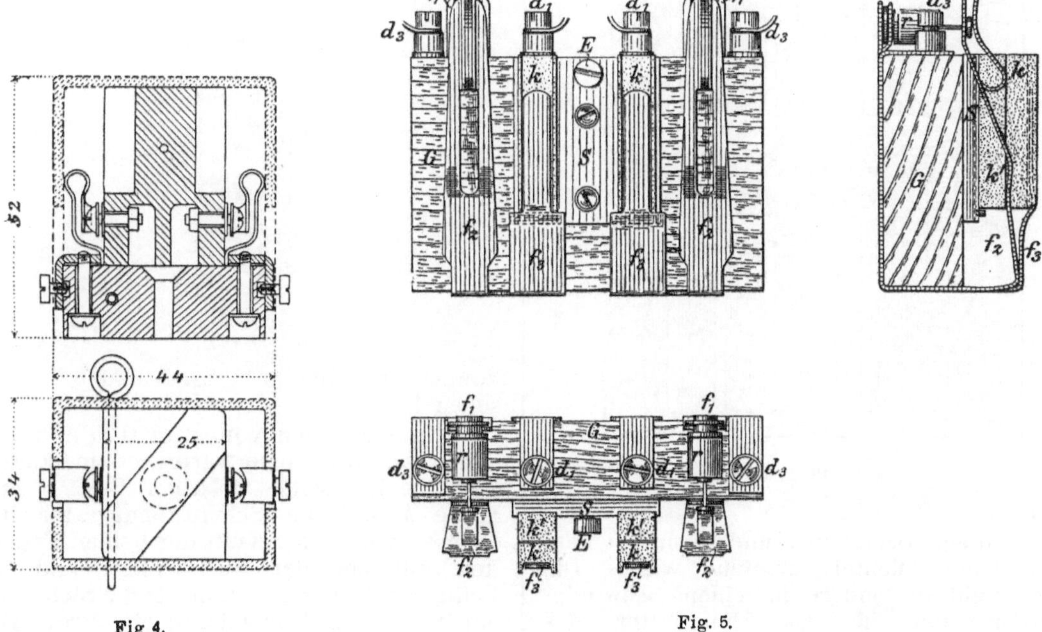

Fig 4.

Fig. 5.

12

Schmelzsicherung eingesetzt, die in Fig. 8 im Schnitt dargestellt ist.

Um einen Messingstift s wird mit Wood-schem oder anderem leicht schmelzbaren

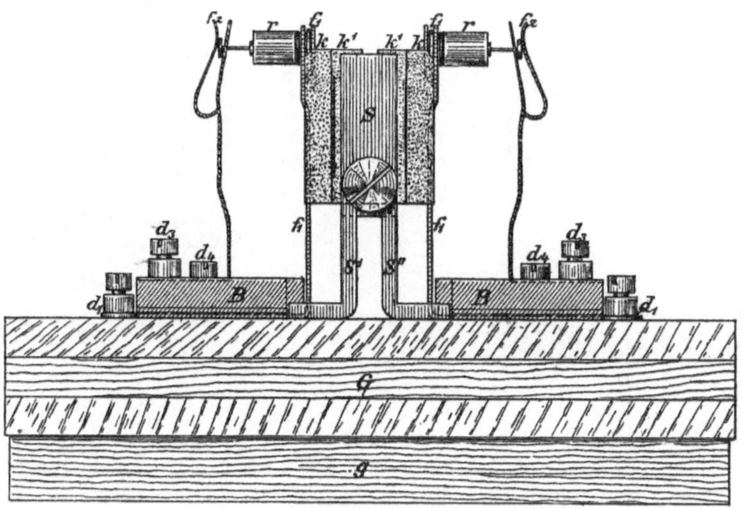

Fig. 6.

Metall w eine Messinghülse h gelöthet; an letztere wird ein feiner Widerstandsdraht r angelöthet, der in vielen Windungen die Hülse umgiebt und seinerseits von zwei

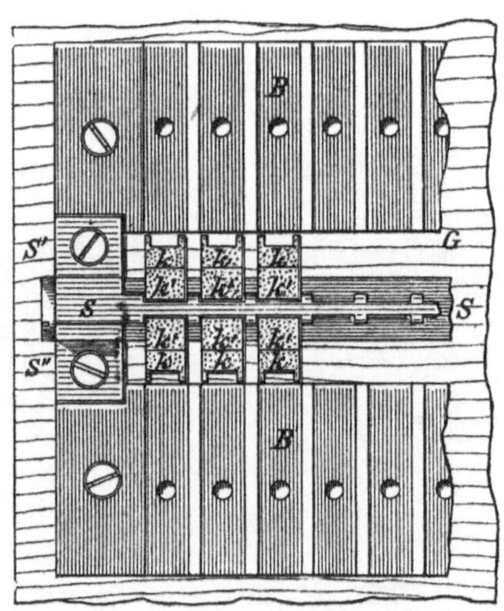

Fig. 7.

isolirenden Scheiben e und i und einem metallenen Mantel umhüllt wird. Die Messinghülse endigt in einem Gewinde-zapfen, der in das Ebonitfutter des messingenen Schlusskopfes k passt. Mit Hülfe dieses Gewindezapfens wird der äussere Metallmantel zwischen der Ebonit-scheibe und dem Schlusskopf festgeklemmt; zugleich macht er mit dem blanken Ende des Widerstandsdrahtes, das durch ein Loch in der Ebonitscheibe e hindurchgezogen worden ist, elektrischen Schluss. Die beiden Enden der Schmelzsicherung sind so ge-staltet, dass sie in die Enden der Blatt-federn f_1 und f_2 eingeschoben werden

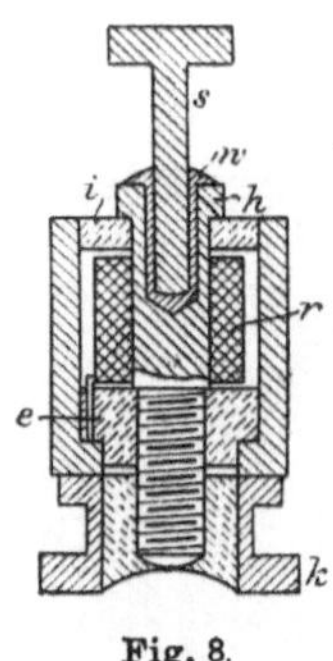

Fig. 8.

können, wie dies aus Fig. 5 und 6 zu er-sehen ist.

Tritt ein Strom von etwa 0,25 A in die Sicherung ein, so erwärmt er in kurzer Zeit die Löthstelle zwischen Stift s und Hülse h auf die Schmelztemperatur des Lothes, worauf die Kraft der beiden Federn den Stift aus der Hülse reisst und die Leitung unterbricht. Eine solche Sicherung hat etwa 25 Ω Widerstand; ein Strom von

0,22 A unterbricht sie in 25 bis 30 Sekunden.

IV. Feinsicherung mit schmelzbarer Isolation. (Fig. 9.)

Die Fernsprechgehäuse der Theilnehmer enthalten den bekannten Spindel-Blitzableiter (Abschmelzröllchen), der aus einer zur Erde abgeleiteten metallenen Spindel mit Bewickelung aus dünnem, mit Seide umsponnenen Kupferdraht besteht. Fig. 9 stellt die neuere Form dieses Abschmelz-

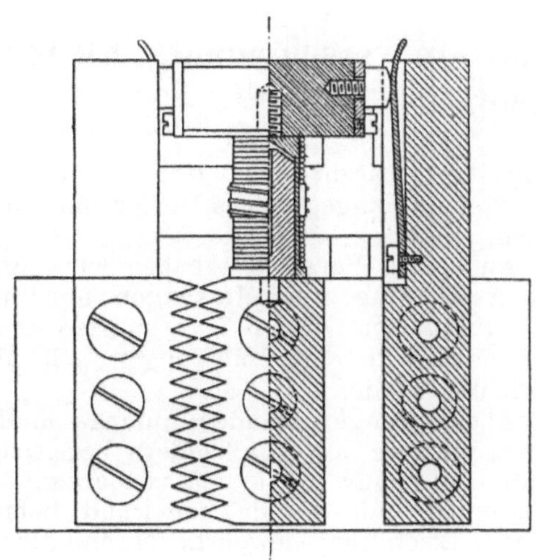

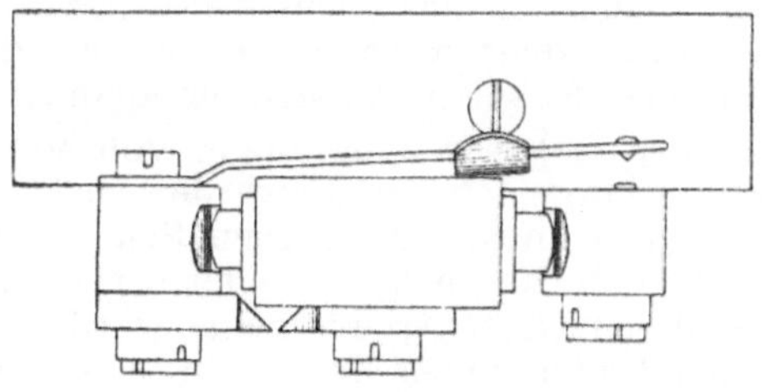

Fig. 9.

röllchens dar; die von aussen kommende Leitung führt an die linke Klemme, während es von der rechten Klemme zu den Apparaten weiter geht. Die beiden Klemmen setzen sich nach oben fort und tragen hier mehrere Federn; die eine, die in der Ansicht von oben leicht zu erkennen ist, verbindet die beiden Fortsätze leitend, wenn das Abschmelzröllchen nicht eingesetzt ist. Die beiden anderen haben die Aufgabe, die Verbindung mit dem Abschmelzröllchen herzustellen, dessen Drahtbewickelung in den beiderseits vom Kopf sichtbaren Schrauben endigt. Die Bewickelung des

Röllchens besteht aus 0,2 mm starkem besponnenen Kupferdraht; die Spule, welche den Draht trägt, besteht aus Metall und wird auf den metallenen zur Erde abgeleiteten Dorn aufgeschoben. Eine atmosphärische Entladung, die aus der Leitung kommt, nimmt nun ihren Weg von dem aufgespulten Kupferdraht durch die Seideisolation zur Erde, wobei sie den Kupferdraht meist durchschmilzt.

Da jedes Fernsprechgehäuse ein solches oder ähnliches Abschmelzröllchen enthält, so lag es nahe, diese zu Feinsicherungen umzuarbeiten. Zu diesem Zweck wurde der mittlere Theil der Bewickelung entfernt, auf die metallene Spule eine Schicht aus einer Mischung von Paraffin und Wachs aufgebracht und ein 0,07 mm starker blanker Manganindraht in wenigen Windungen aufgewickelt, der an Stelle des herausgeschnittenen Stückes des Kupferdrahtes in die Leitung geschaltet wurde. Ein Strom von 0,2 A erwärmt den Widerstandsdraht so stark, dass er die Paraffinschicht durchschmilzt und Erdschluss macht; der eintretende starke Strom bringt nun den Grobschutz zum Durchschmelzen.

Im Erd- und Luftraum treffen Stark- und Schwachstrom häufig zusammen, immer häufiger, je weiter die Entwickelung unserer Technik schreitet. Wir dürfen uns freuen, dass durch freundliches Entgegenkommen von beiden Seiten alle störenden Reibungen vermieden werden; seit Jahren haben wir gelernt, unter Achtung der beiderseitigen Interessen, im Erdreich als friedliche Nachbarn nebeneinander zu arbeiten; da wir uns auch im Luftraum so nahe gerückt sind, suchen wir nach den Mitteln, auch hier zu einem befriedigenden Zustand zu gelangen. Es steht zu hoffen, dass die heute beschriebenen Sicherungen dazu beitragen, dieses Ziel zu erreichen.

Nachtrag (October 1900).

Die grosse Empfindlichkeit des Silberdrahtes von 0,12 mm Stärke gegen atmosphärische Entladungen hat zur Wahl eines anderen Materials genöthigt, und es musste in Folge dessen auch die Form der unter I beschriebenen Röhrchen geändert werden. Ein Rheotandraht von 0,3 mm Stärke ist beiderseits an den kupfernen Kappen angelöthet. Auf der Innenseite werden die Kappen von einer Asbestscheibe bedeckt, und der Innenraum des Röhrchens ist mit Ausnahme einer mittleren Kammer von

5 mm Länge mit Smirgelpulver angefüllt, die Kammer wird dadurch gebildet, dass über den Draht ein 5 mm langes Glasröhrchen geschoben ist, welches zwei Asbestscheiben gegen das Smirgelpulver andrückt. Schmelzstrom 5 bis 6 A, Widerstand eines Röhrchen 0,3 bis 0,35 Ohm.

Die Grobsicherungen besitzen jetzt einen einfachen nicht sehr empfindlichen Blitzableiter, dessen Luftraum (1,2 bis 1,5 mm) von 600 V nicht durchschlagen wird.

Grobsicherungen der unter II und Feinsicherungen der unter IV beschriebenen Formen werden nicht mehr verwendet.

---

51. Messungen über die Selbstinduktion verschiedener Muster für Seekabel.

Bei langen Kabeln steht der Erzielung einer grösseren Geschwindigkeit der telegraphischen Zeichenübermittelung vor allem die grosse Ladungsfähigkeit entgegen, welche in Verbindung mit dem hohen Widerstande die durch das Kabel zu sendenden elektrischen Stösse abflacht. Die Kapacität oder den Widerstand zu verringern, verbietet sich wegen der entstehenden Kosten. Aber man kann den nachtheiligen Wirkungen der Kapacität durch Zufügung von Selbstinduktion entgegenarbeiten, und es sind schon vor längerer Zeit Vorschläge in dieser Richtung gemacht worden; eine richtig bemessene Selbstinduktion ist im Stande, die Wirkung der Kapacität auszugleichen und würde also erlauben, die Telegraphirgeschwindigkeit bedeutend zu erhöhen.

Für die Einführung der Selbstinduktion in die Kabel sind zwei Arten von Vorschlägen gemacht worden: entweder sollen an mehreren Stellen des Kabels besondere Apparate mit vergleichsweise hoher Selbstinduktion eingeschaltet werden (S. P. Thompson), oder man will die Selbstinduktion des Kabels in seinen einzelnen Theilen durch Anwendung von Eisen erhöhen.

Aus Gründen der Sicherheit erscheint der zuerst genannte Weg weniger aussichtsvoll, als der zweite.

Die Firma Felten & Guilleaume in Mülheim (Rhein) hat neuerdings Versuche angestellt, in wie weit die Selbstinduktion von Kabeladern sich durch Anwendung von Eisen in der Kabelseele erhöhen lässt. Sie hatte zu diesem Zwecke eine Reihe verschiedenartiger Muster hergestellt, welche theils ohne Eisen, theils mit Eisendrähten ausgeführt waren; dazu trat später noch ein von uns angegebenes Muster mit Bandeisen.

An diesen Versuchen haben wir durch die Ausführung von Messungen über die Selbstinduktion dieser Kabelmuster theilgenommen; über die Messungen soll hier berichtet werden.

Alle Leitungen standen Anfangs in der Form nackter Guttaperchaadern bereit; ein Theil wurde für die ersten vorbereitenden Messungen mit gerade zur Hand befindlichem Eisendraht bewehrt, während für die endgültigen Versuche drei Kabel verschiedener Bauart in derselben Weise mit Stahldrähten bewehrt wurden, wie es bei dem wirklichen Kabel in Aussicht genommen ist.

Die Kabel waren in Längen von 460 bis 500 m hergestellt und wurden bei den Messungen in einer grossen Schleife auf einem Felde ausgelegt. Sogleich nach dem Austritt aus dem Arbeitsraume wurden die beiden Enden jedes Kabels in einem Abstande von etwa 3 m über eine ca. 15 m breite Strasse geführt, und der übrige Theil in einem Quadrate unter Abrundung der Ecke ausgelegt. Aus diesen Dimensionen geht hervor, dass man das Kabel wie ein geradlinig ausgelegtes ansehen darf, da die Krümmungsradien und der Abstand der Anfangs- und Endstücke sehr gross sind gegen die Querdimensionen des Kabels. Es darf daher von einer elektromagnetischen oder elektrischen Einwirkung zwischen den Theilen des Kabels abgesehen werden.

Methode der Messungen.

Die Anwendung der zur Bestimmung der elektrischen Eigenschaften von Leitungen bereits mehrere Male benutzten Messung mittels Wechselströmen verschiedener Periodenzahl bot auch in diesem Falle die grösste Aussicht auf Erfolg.

Der grösste Vorzug dieser Methode gegenüber galvanometrischen besteht darin, dass man die Werthe der elektrischen Eigenschaften erhält nicht für ruhenden Strom, sondern für pulsirenden Strom; man könnte sagen, sie ergiebt dynamische, nicht statische Werthe. Gerade auf die Kenntniss jener kommt es für die Telegraphie an.

Um rechnen zu können, kann man allerdings keine Ströme beliebiger Form verwenden; es wäre offenbar sachlich am besten, wenn man Ströme von gerade der Gestalt benutzen könnte, wie sie die Telegraphirströme haben; aber diese Form ist auf kurzen Leitungen nicht zu erzielen und würde auch nicht zu rechnungsmässig verwendbaren Messungen führen. Die regelmässige Sinuswelle dagegen liefert leicht zu berechnende Ergebnisse.

Man kann die Selbstinduktion eines Stromleiters dadurch bestimmen, dass man die Spannung an seinen Enden und die in dem Leiter herrschende Stromstärke einzeln misst, und zwar jede dieser beiden Grössen nach Amplitude und Phase. Aus dem Quotienten Spannung durch Stromstärke ist alsdann die Selbstinduktion zu berechnen. Wenden wir dies auf die Kabel an, so haben wir zur Bestimmung ihrer Selbstinduktion den Anfang und das Ende eines jeden mit den Polen einer Wechselstromquelle zu verbinden und dann die Messung der Stromstärke und der Spannung auszuführen. Dabei ist indessen ein den Kabeln eigenthümliches Verhalten gebührend in Rechnung zu ziehen.

Wenn ein Wechselstrom einen mit Kapacität behafteten Leiter durchläuft, so tritt längs des Leiters im Allgemeinen eine Schwächung des in dem Leiter fliessenden Stromes ein, die um so grösser ist, je weiter man sich vom Anfange des Leiters entfernt. Diese Schwächung rührt davon her, dass die einzelnen Theile des Leiters eine elektrische Ladung aufnehmen, die sie dem Hauptstrome entziehen.

Die Aenderung der Stromstärke vom Anfange bis zum Ende der Leitung ist am grössten, wenn das Ende isolirt ist; sie ist am kleinsten, wenn das Ende direkt mit dem zweiten Pole der Elektricitätsquelle verbunden ist. Um die Endstromstärke zu messen, musste am Ende des Kabels ein induktionsfreier Widerstand eingeschaltet werden; dies stellt also einen zwischen den oben genannten Grenzen liegenden Fall dar. Es ergab sich bei den Messungen selbst dann kein mit Sicherheit feststellbarer Unterschied zwischen der Stromstärke am Anfange und derjenigen am Ende des Kabels, wenn der Widerstand am Ende gleich dem 10- bis 20-fachen des Kabelwiderstandes war. Man darf also die Selbstinduktion dieser Kabel wie diejenige jedes anderen Stromleiters messen.

Der zweite Pol der Stromquelle war bei den Messungen stets mit der Gasleitung und mit den Drähten der Bewehrung an beiden Enden des Kabels verbunden.

Um die Kapacität eines Kabels zu messen, isolirt man das Ende des Kupferleiters und verbindet den Anfang mit dem freien Pol der Stromquelle.

Misst man alsdann Spannung und Stromstärke, so ist aus deren Quotient die Kapacität zu berechnen. Auch diese Methode ist nur so lange richtig, als die Länge des Kabels nicht zu gross ist. Sonst laden sich nicht alle Elemente des Kabels gleichzeitig und gleichmässig, sondern die Ladung der weiter entfernt liegenden wird durch den vorliegenden Widerstand des Kabels sowohl verzögert, als auch geschwächt. Bei Sinusströmen muss bekanntlich zwischen Ladungsstrom und Spannung eine Phasendifferenz von 90° sein. Bei einem langen Kabel wird dieselbe vermindert und kann bis auf 45° gebracht werden. Im vorliegenden Falle wurden stets Phasendifferenzen von über 89° gemessen, sodass man also die Kapacität des Kabels unmittelbar aus dem Verhältniss $\dfrac{\text{Stromstärke}}{\text{Spannung}}$ berechnen darf.

Die Messung der Spannungen erfolgt, wie schon bei anderen Gelegenheiten[1] beschrieben, mittels Kompensation durch eine messbar veränderliche EMK gleicher Periodenzahl. Der diese EMK liefernde Anker wird mit einem Telephon oder Elektrodynamometer an die Punkte, deren Spannung bestimmt werden soll, angelegt. Da die Abgleichung so geschieht, dass der Strom in dieser Zweigleitung verschwindet, so bringt die Abzweigung auch keinerlei Aenderungen der Stromverhältnisse in der zu untersuchenden Leitung hervor; man kann sie also nacheinander an die einzelnen Punkte legen, deren Spannung bestimmt werden soll.

Als Stromzeiger hatten wir anfangs ausschliesslich das Telephon benutzt. Dasselbe

---

[1] „ETZ“ 1891, S. 449. Mitth. a. d. T. I. B., Band I Seite 63.

ist zur Untersuchung von Wechselströmen in Nullmethoden wohl ausserordentlich bequem, aber es nöthigt, ziemlich hohe Wechselzahlen anzuwenden, weil das Ohr für schwache Ströme niedriger Wechselzahl unempfindlich ist. Wir waren daher bei den vorläufigen Messungen nicht unter etwa 230 Schwingungen gekommen. Bei der Berechnung der Ergebnisse stellte es sich heraus, dass die Werthe, die wir für Schwingungszahlen über 230 gefunden hatten, nicht ausreichten, um zwischen Null und 230 einigermassen zuverlässig zu interpoliren. Für die infolgedessen erforderlichen weiteren Messungen benutzten wir ein Siemens'sches Elektrodynamometer für schwache Ströme, über dessen Verwendung später das Nähere ausgeführt werden soll. Wir kamen mit diesem Instrument bis auf etwa 50 Perioden in der Sekunde und benutzten es aufwärts bis zu etwa 170 Perioden. Durch diese Messungen werden die

drei Lagen auf 11,59 mm Durchmesser umpresst.

Das Kabel hat eine Länge von 500 m; nach den von der Fabrik ausgeführten galvanometrischen Messungen beträgt der Widerstand bei 15° und für 1 km 1,124 Ω, die Kapacität für 1 km 0,221 Mikrofarad.

II. Ein mit Stahldrähten bewehrtes Kabel (Fig. 2), in welchem ein runder Kupferdraht von 3,10 mm Durchmesser mit 9 Kupfer- und 3 Eisendrähten von 0,8 mm Durchmesser zu einer Litze von 4,70 mm Durchmesser verseilt ist. Diese ist mit drei Lagen Guttapercha auf 11,76 mm Durchmesser umpresst.

Die Länge dieses Kabels betrug 490 m, Widerstand und Kapacität für 1 km 1,112 Ω und 0,236 Mikrofarad.

III. Ein mit Stahldrähten bewehrtes Kabel (Fig. 3) in welchem ein runder Kupferdraht von 2,8 mm Durchmesser mit 10

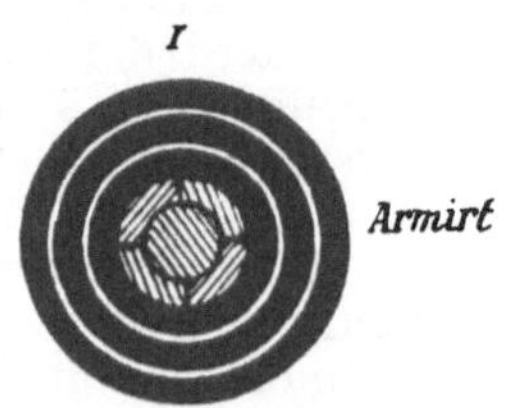

Fig. 1.

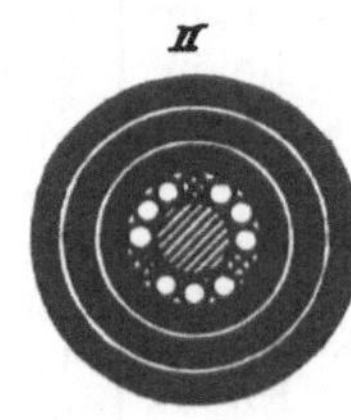

Fig. 2.

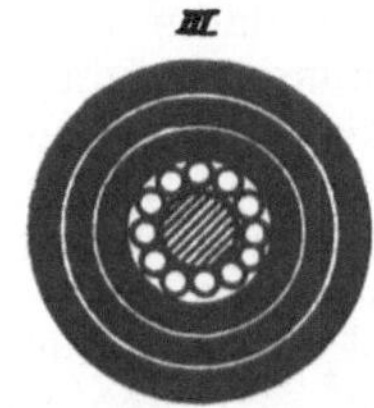

Fig. 3.

Werthe der Selbstinduktion für alle Periodenzahlen bis zu 170 Perioden, also für jede Geschwindigkeit der Zeichen, welche für die Kabeltelegraphie in Betracht kommen kann, hinreichend genau festgestellt.

Art der untersuchten Leitungen.

Es standen sieben verschiedene Kabelmuster für die Messung bereit, darunter zwei als unbewehrte Adern. Für die endgültigen Messungen wurden drei Muster benutzt, welche sich in der Konstruktion der Kabelseele unterscheiden.

I. Ein mit Stahldrähten bewehrtes Kabel (Fig. 1), in welchem ein runder Kupferdraht von 2,8 mm Durchmesser mit vier einen Cylinder bildenden Flachdrähten umgeben ist; die so entstandene Litze von 4,46 mm Durchmesser ist mit einem 8 mm breiten, 0,16 mm dicken Bandeisen in offener Spirale umwickelt[1]) und das Ganze mit Guttapercha in

runden Kupferdrähten von 1,0 mm Durchmesser zu einer Litze von 4,97 mm Durchmesser verseilt ist. Diese ist mit drei Lagen Guttapercha auf 11,66 mm Durchmesser umpresst.

Dieses Kabel hat eine Länge von 463,75 m, Widerstand und Kapacität für 1 km sind zu 1,125 Ω und 0,212 Mikrofarad bestimmt worden.

Ausser diesen Kabeln wurden in den Vorversuchen noch einige andere Muster untersucht. Dies waren zwei mit Eisendrähten armirte Kabel, deren eines (IV) eine Seele nach Art derjenigen in Kabel I hatte, indessen ohne die Bandeisenbewickelung, und deren anderes (V) ungefähr wie das unter II beschriebene Kabel gebaut war. Ausserdem standen zwei unbewehrte Adern bereit, nämlich eine, die nur Kupferleiter enthielt, und als zweite die unter II beschriebene Ader vor ihrer Armirung.

Auf eine genauere Beschreibung dieser Kabel und Adern kann verzichtet werden.

[1]) Das Bandeisen ist in der Zeichnung nicht angegeben.

Ergebnisse der Messungen.

Wir stellen hier die Ergebnisse der mehr gelegentlich und nebenher ausgeführten Kapacitätsmessungen voraus. Seitdem diese Messungen ausgeführt worden sind, hat die Frage der Kapacität von Guttaperchakabeln in der Technik ein besonderes Interesse erhalten durch die neuerdings ausgesprochene Meinung, dass für die Fortpflanzung der Wellen ausser der Kapacität die Rückstandsbildung der Guttapercha von Bedeutung sei, und dass der auffällige Unterschied zwischen verschiedenen Kabeln der mehr oder weniger gelungenen Beseitigung dieser Eigenschaft zuzuschreiben sei.

An den untersuchten Kabeln ist eine einigermassen beträchtliche Rückstandsbildung nicht wahrzunehmen gewesen. Wenn eine solche vorhanden wäre, müsste sie sich durch eine Abhängigkeit des Werthes der Kapacität von der Schwingungszahl kennzeichnen. Die für hohe Schwingungszahlen sich ergebenden Werthe müssten kleiner sein, als die durch eine galvanometrische Methode erzielten und ferner müssten die Werthe mit wachsender Schwingungszahl abnehmen.

Aus praktischen Gründen konnten die Kapacitätsmessungen nur mit dem Telephon bei Schwingungszahlen von 230 bis gegen 500 ausgeführt werden, weil die Methode bei geringer Schwingungszahl nicht genau ist. Gleichwohl ergeben sich für diese Schwingungszahlen Werthe, welche sowohl untereinander, als mit den galvanometrisch gemessenen Werthen ziemlich übereinstimmen.

Für die einzelnen Kabel ergeben sich bei verschiedenen Schwingungszahlen folgende Werthe:

I		II		III		IV		V	
318	0,229	276	0,225	270	0,201	234	0,205	284	0,217
410	0,221	336	0,231	341	0,209	316	0,202	314	0,216
		428	0,233	526	0,206	427	0,211	450	0,215
		530	0,231						

Die Mittelwerthe der Wechselstrommessungen und die galvanometrisch gemessenen Werthe sind in der folgenden Tabelle vereinigt:

	I	II	III	IV	V
Galvanometrische Messung . .	0,221	0,236	0,212	0,207	0,235
Wechselstrommessung	0,225	0,231	0,205	0,207	0,216

Diese Zahlen machen es nicht wahrscheinlich, dass die bei diesen Kabeln angewendete Guttapercha Rückstand bildet.

Wir gehen nun weiter zu den Ergebnissen der Messung über die Selbstinduktion, oder richtiger gesagt, die Impedanz der Kabel.

Die Erscheinungen der Selbstinduktion werden in bewehrten Kabeln dadurch verwickelt, dass die in der Seele des Kabels fliessenden Ströme in den Drähten der Bewehrung Induktionsströme erzeugen. Zu deren Unterhaltung muss das Kabel Energie nach aussen abgeben, und zwar bei gleicher Stromstärke um so mehr, je höher die Schwingungszahl ist. Wenn die Bewehrung nicht vorhanden wäre, würde der Energieverbrauch innerhalb des Kabels für eine gegebene Stromstärke dem Widerstande proportional sein; die Zunahme durch die Induktion kennzeichnet sich rechnungsmässig durch ein Anwachsen des Widerstandes. Ferner schwächen die Induktionsströme das magnetische Feld des Kabelstromes und dem entspricht in der Rechnung eine Abnahme der Selbstinduktion mit der Schwingungszahl. Das Kabel hat also ähnliche Eigenschaften wie ein Transformator, oder auch wie eine Elektromagnetspule mit nicht hinreichend untertheiltem Eisenkern. Mit wachsender Schwingungszahl verlaufen Widerstand und Selbstinduktion in solchen Apparaten in der Art, dass der Widerstand zunimmt, die Selbstinduktion sich vermindert.

Bei Messungen bei hoher Schwingungszahl mittels des Telephons erhielten wir ausserordentlich stark veränderte Werthe. Die beiden damals untersuchten Kabel IV und V ergaben nämlich:

IV

n	Widerstand	Selbstinduktion
0	0,482[1])	
234	1,425	0,000568
316	1,500	0,000530
427	1,420	0,000403

V

n	Widerstand	Selbstinduktion
0	0,548[1])	
234	1,390	0,000788
314	1,476	0,000630
450	1,486	0,000498

Aus diesen Messungen lassen sich keine Schlüsse ziehen auf die Eigenschaften der Kabel bei den für die Kabeltelegraphie in Betracht kommenden Schwingungszahlen. Wir wandten deshalb weiterhin statt des Telephons ein Elektrodynamometer an, welches sich auch ausreichend empfindlich zeigte, um bei Schwingungszahlen, wo das Telephon unbrauchbar wird, noch Einstellungen zu machen.

Die festen Spulen des Instruments wurden von einer EMK mit konstanter Amplitude erregt, welche mit dem benutzten Wechselstrom gleiche Periodenzahl hatte; die bewegliche Spule lag mit der kompensirenden veränderlichen EMK in Reihe. Man hatte demnach zur Einstellung den Lichtzeiger des Instrumentes auf den Nullpunkt der Skala zu führen.

Es zeigte sich dabei eine unerwartete Erscheinung, die wohl interessant genug ist, um mit einigen Worten darauf einzugehen.

Die Ablenkung des Dynamometers konnte nämlich für mehr als eine bestimmte Einstellung zu Null gemacht werden. Beim Telephon ist dies nicht der Fall; es schweigt nur, wenn der Strom verschwindet, und dies tritt nur ein, wenn sowohl die Phase, als die Amplitude der kompensirenden EMK denjenigen der zu kompensirenden gleich sind. Dagegen geht das Dynamometer auch dann in die Ruhelage, wenn zwar ein Strom die Windungen der beweglichen Spule durchfliesst, aber seine Phase um $90°$ von derjenigen des Erregerstromes der festen Spulen abweicht. Dieser Fall tritt bei der

Abgleichung, wie die Messungen zeigten, häufig ein. Um eine eindeutige Einstellung zu ermöglichen, wurde in die zu den festen Spulen führende Leitung eine Selbstinduktionsspule eingeschaltet, welche durch eine Kurzschlusstaste überbrückt werden konnte. Die der Kompensation der EMK entsprechende richtige Einstellung wird alsdann dadurch gekennzeichnet, dass sowohl bei Einschaltung der Induktionsspule, als ohne diese der Lichtzeiger auf Null bleibt.

Jede Messung von Amplitude und Phase wurde bei vier verschiedenen Windungszahlen, also auch Einstellungen des Ankers für die kompensirende EMK gemacht, um Irrthümer und Messungsfehler möglichst zu beseitigen. Die Resultate dieser Messungen zeigen untereinander eine befriedigende Gleichmässigkeit. So ergaben die Messungen der Amplituden an dem Kabel mit Bandeisen bei 51 Perioden folgende Beträge:

Klemmenspannung	
am Kabel	an 1 Ohm
0,287	0,353
0,284	0,348
0,285	0,351
0,280	0,356

Für jedes der drei Kabel wurden drei derartige Messungen bei verschiedenen Schwingungszahlen gemacht, welche für die Impedanzen folgende Werthe ergaben:

I. Kabel mit Bandeisen.

n	Impedanz
51	$0,814\, e^{+42°\, i}$
99	$1,301\, e^{+58°,6\, i}$
170	$1,850\, e^{+61°,5\, i}$

II. Kabel mit Eisendrähten.

n	Impedanz
50	$0,689\, e^{+32°\, i}$
94	$1,000\, e^{+48°,6\, i}$
166	$1,450\, e^{+51°,1\, i}$

III. Kabel ohne Eisen.

n	Impedanz
54	$0,669\, e^{+32°\, i}$
94	$0,833\, e^{+45°\, i}$
160	$1,254\, e^{+49°,5\, i}$

Zerlegt man die Impedanzen in die reellen und die imaginären Theile, so muss der reelle Theil mit dem Widerstande W, der Faktor von i mit der Reaktanz R übereinstimmen. Beide Grössen sind Funktionen der Schwingungszahl. Man kann setzen

$$W = W_0 \,(1 + a_1\, n + a_2\, n^2),$$
$$R = 2\,\pi\, l\,(n - b\, n^2).$$

Nimmt man ausser den durch die Messung gefundenen Angaben noch diejenigen hinzu, dass für $n = 0$ der Widerstand gleich dem galvanometrisch gemessenen und die Reaktanz gleich Null ist, so hat man für Widerstand, wie Reaktanz je vier Punkte. Nach bekannten Grundsätzen ist für jede Grösse diejenige Kurve bestimmt worden, welcher die vier Punkte am meisten benachbart sind. So ergeben sich folgende Werthe:

Widerstand

Kabel	W_0	a_1	a_2	galvanom. Widerstand
I	0,564	$0,34 \cdot 10^{-3}$	$17,7 \cdot 10^{-6}$	0,562
II	0,537	$1,05 \cdot 10^{-3}$	$18,3 \cdot 10^{-6}$	0,545
III	0,514	$0,72 \cdot 10^{-3}$	$17,0 \cdot 10^{-6}$	0,522

Reaktanz

Kabel	$2\,\pi\, l$	b
I	0,01163	0,00107
II	0,00805	0,00081
III	0,00686	0,00083

Die Uebereinstimmung des W_0' mit dem gemessenen Widerstand giebt eine Kontrolle, dass die Messungen trotz aller Schwierigkeiten ziemlich gute Werthe ergeben haben. Aus den Grössen $2\,\pi\, l$ erhält man durch Division mit der Länge der Kabel und mit $2\,\pi$ den Selbstinduktionskoëfficienten für geringe Wechselzahl und für 1 km, nämlich

Kabel	Selbstinduktion
I	0,00370
II	0,00262
III	0,00235

Durch die Bewickelung mit Bandeisen ist demnach die Selbstinduktion des Kabels auf das 1,57-fache des natürlichen Betrages gesteigert worden (durch die eingelegten Eisendrähte nur auf das 1,11-fache). Es muss aber demgegenüber im Auge behalten werden, dass das Kabel I, um die gleiche Leitungsfähigkeit wie III zu haben, wegen

des theilweise schlechter leitenden Materials in der Seele etwas stärker gemacht werden musste, sodass sich seine Kapacität um $10\,\%$ erhöht hat. Die Menge des Eisens in der Ader beträgt bereits $^1/_8$ des gesammten Gewichtes der Ader. Auch die magnetische Anordnung ist günstig. Es ist demnach wohl gerechtfertigt, zu sagen, dass mit der hier erzielten Steigerung der Selbstinduktion die Grenze erreicht sei.

Um eine praktische Folgerung aus diesen Messungen zu ziehen, sollte berechnet werden, welche Dämpfung ein Wechselstrom, dessen Periodenzahl einer Geschwindigkeit von 160 Buchstaben in der Minute entspricht, in einem nur Kupfer enthaltenden Kabel mit normaler Selbstinduktion und in einem Kabel mit durch Eisen erhöhter Selbstinduktion erfährt. Die direkten Messungsergebnisse lassen sich dafür nicht gut verwenden, weil die Ausnutzung des Raumes für das Kupfer bei den verschiedenen Konstruktionen nicht gleich gut ist, demnach der Werth der Kapacität für gleiche Leitungsfähigkeit verschieden ist. Es wurden deshalb zwei Kabel angenommen, deren innere und äussere Durchmesser gleich sind, sodass die Kapacität für beide denselben Werth hat; die Seele des einen sollte nur aus Kupfer bestehen, die des anderen aus einem Kupferkerne und einer 0,16 mm starken Eisenhülle und es wurde angenommen, dass das erste die normale, das andere eine um $60\,\%$ erhöhte Selbstinduktion besitze.

Die Dämpfung der Wechselströme in solchen Kabeln ist durch die Grösse $e^{\lambda L}$ gegeben, wo L die Länge ist, λ der reelle Theil des Ausdruckes

$$\sqrt{i\,m\,c\,(w + i\,m\,l)}$$

(m Zahl der Perioden in $2\,\pi$ Sekunden, c, w, l Kapacität, Widerstand, Selbstinduktion für 1 km).

Für die beiden Kabel ergeben sich zwei verschiedene Werthe von λ, für das Kabel ohne Eisen 0,00342, für das Kabel mit Eisen 0,00329. Die λ sind, da $m\,l$ klein gegen w ist, nahezu der $\sqrt{m}$ proportional. Um also auf dem Kabel mit Eisen eine gleich grosse Dämpfung, wie auf dem ohne Eisen zu erzielen, dürfte man die Periodenzahl im Verhältniss $\left(\dfrac{0,00342}{0,00329}\right)^2$ grösser nehmen, d. h. um $8\,\%$. Bei gleicher EMK und gleicher Höhe der Wellen am Ende würde also das Kabel

mit Eisen um $8^0/_0$ höhere Sprechgeschwindig-
keit ergeben.

Diese Rechnung berücksichtigt nicht
den Einfluss des am Ende des Kabels liegenden Apparatsystems und giebt deshalb
für die Vergrösserung der Geschwindigkeit
einen höheren Betrag, als sich thatsächlich
erzielen lassen würde. Man würde aber
auch wohl um $8^0/_0$ Erhöhung nicht das
Risiko einer noch unerprobten neuen Konstruktion für das Kabel eingehen wollen.

Da es nicht wahrscheinlich ist, dass
man auf anderen Wegen, als den hier beschriebenen, im Stande sein wird, die
Selbstinduktion der Kabelader mehr zu
verstärken, so darf aus den Ergebnissen
dieser Messungen wohl geschlossen werden,
dass die erhoffte Verbesserung der Sprech-
geschwindigkeit langer Kabel durch Erhöhung ihrer Selbstinduktion nicht zu erreichen ist.

---

52. Ueber die graphische Darstellung des Verlaufes von Wechselströmen längs langer Leitungen.

Wenn ein Strom einen Widerstand durchfliesst, so nimmt längs des Widerstandes
die Spannung um einen Betrag ab, der
gleich dem Produkte aus der Stromstärke
in den durchflossenen Theil des Widerstandes ist, während der Strom an allen
Stellen den gleichen Werth hat. Nehmen
wir an Stelle des Widerstandes eine natürliche Leitung, so treten infolge der Iso-
lationsfehler auch Stromverluste ein, sodass
in einer solchen Leitung nicht nur die
Spannung, sondern auch die Stromstärke
von Punkt zu Punkt andere Werthe hat.

Schicken wir durch eine solche Leitung
einen Wechselstrom, so erleidet er Spannungsverluste nicht nur in den Widerständen, sondern auch durch elektromotorische Gegenkräfte, und nicht nur Stromverluste durch Ableitung, sondern auch
durch Ladungsströme. Weil die Spannungsverluste durch elektromotorische Gegenkräfte gegen die sie erzeugenden Ströme
in der Phase verschoben sind, und ebenso
die Ladungsströme gegen die erzeugenden
Spannungen, so tritt bei Wechselstrom
ausser der Aenderung der effektiven Werthe
auch eine Aenderung der Phasen in jedem
Punkte der Leitung ein. Daher können
z. B. an zwei verschiedenen Stellen der
Leitung in einem und demselben Augenblicke die Ströme nicht nur verschiedene
Stärken, sondern auch entgegengesetzte
Richtungen haben.

Im Folgenden möchte ich zeigen, wie
man diese Erscheinungen, so verwickelt
sie auf den ersten Blick auch aussehen

mögen, mittels einer einfachen Methode,
nämlich der graphischen, studiren kann.

Ein annähernd zutreffendes Bild kann
man sich davon verschaffen, wenn man die
Leitung in eine endliche Anzahl von
Stücken zerlegt und die Kapacität, welche
über die Leitung stetig vertheilt ist, in
Form kleiner Kondensatoren zwischen die
Stücke legt.

Man gelangt dann zu folgender Lei-
tungsanordnung (künstliche Leitung Fig. 1).

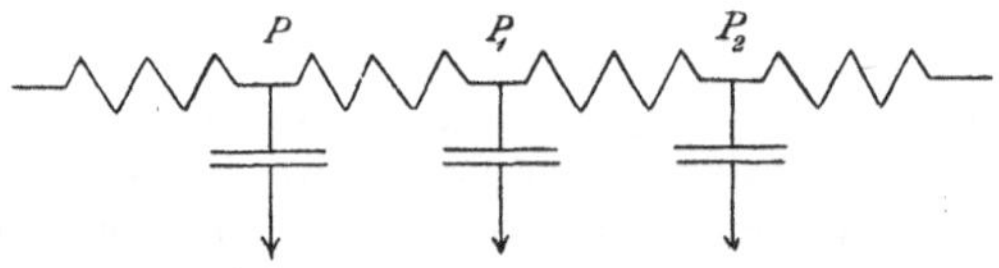

Fig. 1.

Es seien Potential und Stromstärke an
der Stelle P durch die beiden Vektoren OA
und OB, jeder in dem ihm entsprechenden
Maasse gegeben (Fig. 2).

Von P bis P_1 (Fig. 1) erleidet die Spannung eine Aenderung, deren Betrag gleich
$OB \times$ Impedanz des Stückes PP_1 ist. Diese
Grösse sei im Maasse der Spannung durch
Oa_1 dargestellt. Als Spannungsabfall muss
sie an A in der Richtung $a_1O = AA_1$ angetragen werden, also ist OA_1 die Spannung in P_1. In P_1 fliesst ein Zweigstrom
in den dort gedachten Kondensator, welcher der Spannung, der Kapacität und der
Wechselzahl proportional ist. Er geht vor
OA_1 um $90°$ voraus und sei im Maasse

der Stromstärke durch $O\,b_1$ dargestellt. Als Abzweigstrom muss er an $O\,B$ im Sinne $b_1'O$ angetragen werden; es ist also $O\,B_1$ der Strom in B_1. Von P_1 bis P_2 findet wieder ein Spannungsverlust statt, welcher, entsprechend der veränderten Grösse und Phase des Stromes, durch $A_1\,A_2$ dargestellt wird, und an der Stelle P_2 zweigt wieder ein Strom ab, der den Linienstrom um die Strecke $B_1\,B_2$ verändert.

Wenn man eine solche Konstruktion für eine Reihe von Leitungsstücken ausführt und die Endpunkte der Strahlen, welche Spannung und Strom darstellen, mit einander verbindet, so erhält man gebrochene Linien von der Form von Spiralen. Als Beispiel möge die Fig. 3 dienen. Dieselbe bezieht

theil, dass die Konstruktionsfehler sich von Stelle zu Stelle addiren, und dass ein Fehler, der an einer Stelle gemacht ist, auf alle folgenden Stellen seinen Einfluss überträgt. Ich habe deshalb versucht, Methoden zu entwickeln, aus denen man für eine stetige Vertheilung auf im wesentlichen graphischem Wege diese Kurven ermitteln kann, oder richtiger gesagt, jeden ihrer Vektoren für jede beliebige Stelle der Leitung, ohne dass es nöthig wäre, die vorhergehenden Vektoren festzustellen.

Auf rechnerischem Wege ist diese Aufgabe wenigstens für bestimmte Fälle schon früher gelöst worden. 1893 hat Steinmetz in einem Aufsatze über die Anwendung

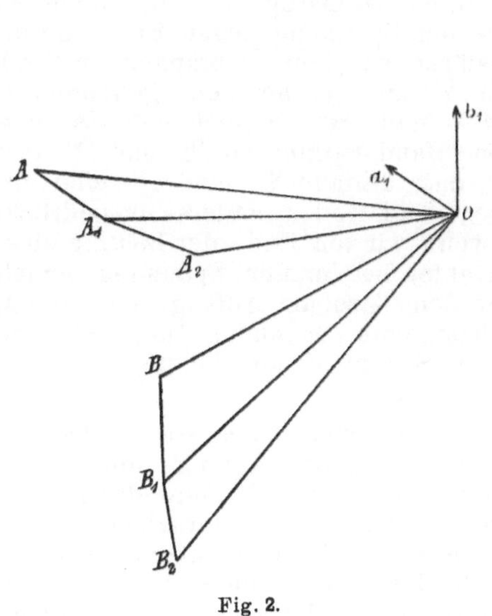

Fig. 2.

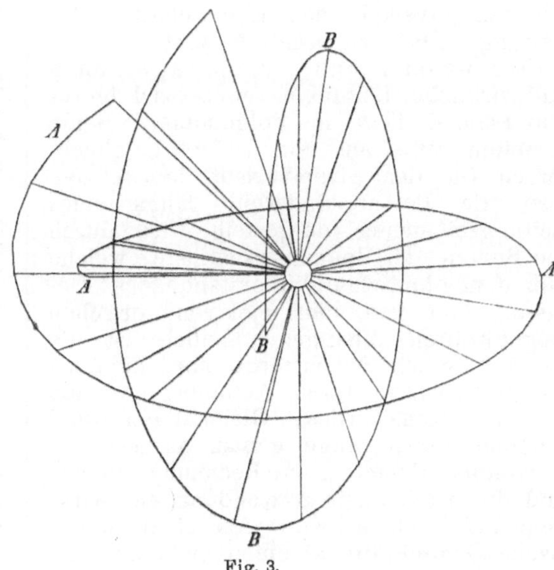

Fig. 3.

sich auf eine künstliche Leitung von 1500 Ω, 2 Henry und 2,5 Mikrofarad. Die Kurve $A\,A\,A$ ist diejenige der Spannung, die Kurve $B\,B\,B$ diejenige der Stromstärke. Der Spannungsverlauf längs derselben Leitung ist auch durch Messungen bestimmt worden und es hat sich eine gute Uebereinstimmung der Messungen und der Konstruktion ergeben. Da diese künstliche Linie in eine verhältnissmässig grosse Zahl von Elementen, nämlich 50, getheilt ist, kommen die gebrochenen Linien der Form von stetigen Kurven schon ziemlich nahe.

Diese Konstruktion hat, abgesehen davon, dass sie nicht für eine vollkommen stetige Vertheilung gezeichnet ist, und neben ihrer Umständlichkeit den grossen Nach-

komplexer Grössen in der Elektrotechnik[1] gezeigt, wie man aus den bekannten elektrischen Eigenschaften der Leitung den Verlauf der Ströme für jede Stelle bestimmen kann. Im Jahre 1899 hat Pupin vor der Amerikanischen Gesellschaft Elektrischer Ingenieure einen Vortrag über die Darstellung von Stromwellen grosser Länge gehalten, in welchem gleichfalls die Theorie erörtert wird und ihre Uebereinstimmung mit Messungen an künstlichen Leitungen gezeigt wird. Pupin beschränkt sich aber auf die Ermittelung der effektiven Werthe und geht auf die Phasenänderungen nicht näher ein.

---

[1] „ETZ" 1898, S. 641.

13*

Die hier zu schildernde Methode dürfte in mehrfacher Beziehung Neues gegenüber den erwähnten bieten.

Es macht zunächst einen Unterschied, dass die beiden genannten Autoren im wesentlichen durch Berechnung für die einzelnen Punkte zu ihren Resultaten kommen. Abgesehen von der Umständlichkeit dieses Weges hat dies Verfahren den Mangel, dass in so komplicirten Rechnungen die für die einzelnen Elemente eingesetzten Werthe ihrer physikalischen Bedeutung nach vollständig verschwinden, sodass man, wenn ein bestimmtes Resultat vorliegt, nicht schliessen kann, in welcher Weise jeder der mitwirkenden Faktoren sein Theil dazu beigetragen hat. Ich habe mich dagegen bestrebt, die Konstruktion auf solche Grundstücke zurückzuführen, welche aus den physikalischen Eigenschaften der Leitung einfach zu ermitteln sind.

Ein weiterer und für die Anwendung auf wirkliche Leitungen noch wichtigerer Unterschied liegt in Folgendem. Beide Arbeiten gehen aus von Differentialgleichungen für den Stromverlauf, in welchen also die Potentialänderung längs eines Leitungselementes dargestellt wird durch die Summe der Spannungsverluste, welche von dem ohmischen Widerstande des Elements und von den elektromotorischen Gegenkräften abhängen; ähnlich ist die Aenderung der Stromstärke zurückgeführt auf die Verluste durch Ableitung und den Ladungsstrom. Diese Gleichungen sind offenbar nur so lange genau, als sie alle wirkenden Ursachen in Rechnung ziehen, und dies ist bei der Anwendung auf wirkliche Fälle sehr schwer. Als elektromotorische Gegenkräfte kommen nicht nur die in der Selbstinduktion der Leitung liegenden in Betracht, sondern auch diejenigen, welche durch Induktionsströme in benachbarten Leitern hervorgerufen werden. Dies gilt besonders für die Erscheinungen in Kabeln. Abgesehen davon, dass es nicht möglich ist, die Selbstinduktion eines Kabels genau zu berechnen, ist sie auch keine von der Periodenzahl unabhängige Grösse. Man braucht dabei noch nicht an den Oberflächeneffekt zu denken; sondern die Induktion auf die Bewehrungsdrähte und die Rückwirkung der dort verlaufenden Ströme ändert ihre Grösse mit der Periodenzahl. Steinmetz hat allerdings den Einfluss aller dieser Umstände auf den Stromverlauf erwähnt und sie in der allgemeinen Entwickelung berücksichtigt, dagegen beschränkt er sich in den Anwendungen auf solche Leitungen, welche nur Widerstand, Kapacität, Ableitung und Selbstinduktion enthalten.

Es hat sich nun herausgestellt, dass Leitungen jeder beliebigen Art sich auf ziemlich einfachen Wegen untersuchen lassen, wenn man nicht darauf besteht, den Verlauf aus rein theoretisch ermittelten Grössen, wie Widerstand und Selbstinduktion, zu berechnen, sondern der Rechnung solche Grössen zu Grunde legt, welche sich an den Leitungen auf einem einfachen Wege messen lassen. Es dürfte dies aber eher ein Vortheil, als ein Nachtheil sein.

Um die Gesetze des Stromverlaufs in Leitungen beliebiger Art zu ermitteln, wollen wir ein Stück Leitung von endlicher Länge ins Auge fassen und uns zunächst nur mit den Zuständen an seinen beiden Endpunkten beschäftigen. Wir wollen die Werthe der Spannung gegen Erde und der Stromstärke an dem empfangenden Ende P_1 mit $\mathfrak{B}'$ und $\mathfrak{J}'$, an dem gebenden P_2 mit $\mathfrak{B}''$ und $\mathfrak{J}''$ bezeichnen. Es liegt auf der Hand, wenn wir $\mathfrak{B}'$ und $\mathfrak{J}'$ festsetzen, dass alsdann $\mathfrak{B}''$ und $\mathfrak{J}''$ eindeutig gegeben sind, oder anders ausgedrückt, dass, wenn wir am Ende der Leitung einen Strom unter bestimmter Spannung abnehmen wollen, dazu am Anfange der Leitung eine bestimmte Spannung und ein bestimmter Strom in die Leitung gesendet werden müssen.

Dies kann man auch so ausdrücken, dass die Leitung am Anfange unter einer gegebenen Spannung $\mathfrak{B}''$ nur dann einen gegebenen Strom $\mathfrak{J}''$ aufnehmen kann, wenn am Ende ein bestimmter Strom unter einer gleichfalls bestimmten Spannung abgenommen wird. Ist also die Leitung gegeben und sind die Werthe von Strom und Spannung an einem der beiden Enden festgesetzt, so sind sie für das andere Ende eindeutig bestimmt. Wir können demnach $\mathfrak{B}''$ und $\mathfrak{J}''$ durch je eine Gleichung feststellen, welche $\mathfrak{B}'$ und $\mathfrak{J}'$ und ausserdem Koëfficienten enthält, die von den Eigenschaften der Leitung abhängen. Diese Gleichungen können $\mathfrak{B}'$ und $\mathfrak{J}'$ nur in der ersten Potenz enthalten. Zwischen $\mathfrak{B}''$ und $\mathfrak{B}'$ besteht eine Spannung, welche theils von Spannungsverlusten in Widerständen, theils von elektromotorischen Gegenkräften abhängt; beide sind dem Strom proportional; ebenso ist der Unterschied zwischen den Strömen auf Verluste durch Ableitung oder durch Ladungsströme zurückzuführen, welche der Spannung proportional sind.

Dies trifft sicher bei allen Leitungen zu, welche kein Eisen enthalten. Wenn wir von Eisenleitungen absehen, welche weder für die Telephonie noch für die Vertheilung von Starkströmen benutzt werden, so könnten nur bei Kabeln die magnetischen Wirkungen im Eisen oder Stahl der Bewehrung in Frage kommen. Die Abweichungen von dem linearen Gesetze können aber hier nur sehr klein sein; erstens sind die magnetischen Kräfte nur klein und zweitens sind die magnetischen Widerstände bei der Anordnung der Bewehrungsdrähte sehr gross. Das lineare Gesetz darf also auch auf Kabel ohne Bedenken angewendet werden.

Den Zusammenhang zwischen $\mathfrak{V}''$ und $\mathfrak{J}''$ einerseits und $\mathfrak{V}'$ und $\mathfrak{J}'$ andererseits können wir durch zwei Gleichungen darstellen

$$\mathfrak{V}'' = \mathfrak{A}\,\mathfrak{V}' - \mathfrak{B}\,\mathfrak{J}',$$
$$\mathfrak{J}'' = \mathfrak{D}\,\mathfrak{J}' - \mathfrak{C}\,\mathfrak{V}'.$$

Die vier Grössen $\mathfrak{A}, \mathfrak{B}, \mathfrak{C}, \mathfrak{D}$ bezeichnen Koëfficienten, welche von den Eigenschaften der Leitung abhängen. Die Reihenfolge und die beiden negativen Vorzeichen, auf welche es offenbar grundsätzlich nicht ankommt, sind deshalb gewählt worden, um bei den Resultaten mit früheren Entwickelungen, welche ähnliche Dinge betreffen, in der äusseren Form gleich zu bleiben.

Wir wollen zunächst einige wichtige Eigenschaften der Koëfficienten $\mathfrak{A}, \mathfrak{B}, \mathfrak{C}, \mathfrak{D}$ feststellen. Wir machen dazu die Voraussetzung, dass die Leitung so beschaffen sei, dass, wenn man die Plätze von Sender und Empfänger vertauscht, sich nur die Richtung der Ströme, nicht aber die effektiven Werthe der Ströme und Spannungen ändern sollen. Diese Voraussetzung wird von jeder zu ihrer Mitte symmetrischen Leitung durchaus erfüllt. In den genannten beiden Fällen soll an der Leitung Folgendes vor sich gehen. Im ersten nimmt sie in P_2 unter der Spannung $\mathfrak{V}_2$ einen Strom $\mathfrak{J}_2$ auf und giebt in P_1 unter der Spannung $\mathfrak{V}_1$ einen Strom $\mathfrak{J}_1$ ab; im zweiten Falle dagegen nimmt sie in P_1 unter der Spannung $\mathfrak{V}_2$ den Strom $\mathfrak{J}_2$ gegen P_2 hin auf und giebt in P_2 den Strom $\mathfrak{J}_1$ unter der Spannung $\mathfrak{V}_1$ ab. Wenn wir einen von P_2 nach P_1 gerichteten Strom als positiv bezeichnen, müssen wir im zweiten Falle die Ströme $-\mathfrak{J}_2$ und $-\mathfrak{J}_1$ nennen. Wir können die Sachlage im zweiten Falle auch so ausdrücken, dass im Punkte P_1 die Spannung $\mathfrak{V}_2$ und die Stromstärke $-\mathfrak{J}_2$ festgestellt seien, und dass dazu in P_2 die Spannung $\mathfrak{V}_1$ und die Stromstärke $-\mathfrak{J}_1$ gehören.

Die Gleichungen

$$\mathfrak{V}'' = \mathfrak{A}\,\mathfrak{V}' - \mathfrak{B}\,\mathfrak{J}',$$
$$\mathfrak{J}'' = \mathfrak{D}\,\mathfrak{J}' - \mathfrak{C}\,\mathfrak{V}',$$

müssen für beide Fälle erfüllt sein, wenn wir für $\mathfrak{V}''$ und $\mathfrak{J}''$ die Werthe in P_2, für $\mathfrak{V}'$ und $\mathfrak{J}'$ die Werthe in P_1 setzen. Wir erhalten also folgende Gleichungspaare:

$$\mathfrak{V}_2 = \mathfrak{V}_1\mathfrak{A} - \mathfrak{J}_1\mathfrak{B}, \qquad \mathfrak{J}_2 = \mathfrak{J}_1\mathfrak{D} - \mathfrak{V}_1\mathfrak{C},$$
$$\mathfrak{V}_1 = \mathfrak{V}_2\mathfrak{A} + \mathfrak{J}_2\mathfrak{B}, \quad -\mathfrak{J}_1 = -\mathfrak{J}_2\mathfrak{D} - \mathfrak{V}_2\mathfrak{C}.$$

Diese Gleichungen sind nach ihrer Herleitung der analytische Ausdruck der Thatsache, dass bei einer Vertauschung von Sender und Empfänger nur die Richtung der Ströme sich ändert. Damit dieses physikalisch erfüllt sei, muss die Leitung, wie vorausgesetzt, zu ihrem Mittelpunkte symmetrisch gebildet sein; und dies stellt offenbar eine, wenn auch in der Regel erfüllte Beschränkung der Eigenschaften der Leitung dar. Dem entspricht analytisch, dass die Koëfficienten nicht unabhängig von einander sind, sondern dass zwischen ihnen bestimmte Gleichungen bestehen. Diese ergeben sich, wenn man z. B. die Werthe von $\mathfrak{V}_2$ und $\mathfrak{J}_2$ dem ersten Gleichungspaare entnimmt und sie in das zweite einsetzt. Dann erhält man:

$$\mathfrak{V}_1 = \mathfrak{A}\,(\mathfrak{V}_1\mathfrak{A} - \mathfrak{J}_1\mathfrak{B}) + \mathfrak{B}\,(\mathfrak{J}_1\mathfrak{D} - \mathfrak{V}_1\mathfrak{C}),$$
$$\mathfrak{J}_1 = \mathfrak{D}\,(\mathfrak{J}_1\mathfrak{D} - \mathfrak{V}_1\mathfrak{C}) + \mathfrak{C}\,(\mathfrak{V}_1\mathfrak{A} - \mathfrak{J}_1\mathfrak{B}).$$

Diese Gleichungen müssen erfüllt sein, welche Werthe man auch $\mathfrak{V}_1$ und $\mathfrak{J}_1$ beilegt, d. h. die Koëfficienten von $\mathfrak{V}_1$ und von $\mathfrak{J}_1$ müssen auf beiden Seiten einander bezüglich gleich sein. Dies ergiebt folgende Gleichungen:

$$1 = \mathfrak{A}^2 - \mathfrak{B}\,\mathfrak{C}; \quad 0 = -\mathfrak{A}\,\mathfrak{B} + \mathfrak{D}\,\mathfrak{B},$$
$$1 = \mathfrak{D}^2 - \mathfrak{B}\,\mathfrak{C}; \quad 0 = -\mathfrak{D}\,\mathfrak{C} + \mathfrak{A}\,\mathfrak{C}.$$

Daraus folgt zunächst, dass $\mathfrak{D} = \mathfrak{A}$ ist. Wir können also unsere Grundgleichungen schreiben:

$$\mathfrak{V}'' = \mathfrak{A}\,\mathfrak{V}' - \mathfrak{B}\,\mathfrak{J}',$$
$$\mathfrak{J}'' = \mathfrak{A}\,\mathfrak{J}' - \mathfrak{C}\,\mathfrak{V}';$$

zwischen den drei Grössen $\mathfrak{A}$, $\mathfrak{B}$, $\mathfrak{C}$ besteht ausserdem die Beziehung $\mathfrak{A}^2 - \mathfrak{B}\,\mathfrak{C} = 1$; also sind nur zwei von diesen Grössen unabhängig.

Für unseren Zweck, den Stromverlauf längs der Leitung festzustellen, kommt es darauf an, die Grössen $\mathfrak{A}$, $\mathfrak{B}$, $\mathfrak{C}$ als Funktionen der Länge der Leitung darzustellen. Dafür ist es vortheilhaft, zu beachten, dass man für solche Leitungen, welche nur Widerstand, Kapacität, Ableitung und Selbstinduktion enthalten, die Koëfficienten exakt berechnen kann. Dabei ergeben sich auch drei Koëfficienten, welche dieselben Bedingungen erfüllen, wie die Koëfficienten $\mathfrak{A}$, $\mathfrak{B}$, $\mathfrak{C}$. Aus den Eigenschaften der Leitung hat man dazu zwei Grössen zu berechnen, nämlich

$$p_1 = \sqrt{(a + i\,m\,c)\,(w + i\,m\,l)} \cdot L$$

$$\mathfrak{Z}_1 = \sqrt{\frac{w + i\,m\,l}{a + i\,m\,c}}$$

worin L, a, c, w, l der Reihe nach Länge der Leitung und Ableitung, Kapacität, Widerstand und Selbstinduktion für 1 km bezeichnen und m die Zahl der Perioden in $2\,\pi$ Sekunden ist. Für eine solche Leitung werden Spannung und Strom am Anfange durch die entsprechenden Endwerthe mittels Gleichungen folgender Form dargestellt

$$\mathfrak{B}'' = \mathfrak{A}_1\,\mathfrak{B}' - \mathfrak{B}_1\,\mathfrak{J}'$$
$$\mathfrak{J}'' = \mathfrak{A}_1\,\mathfrak{J}' - \mathfrak{C}_1\,\mathfrak{B}';$$

wo

$$\mathfrak{A}_1 = \frac{1}{2}\left(e^{p_1} + e^{-p_1}\right),$$

$$\mathfrak{B}_1 = -\frac{1}{2}\,\mathfrak{Z}_1\left(e^{p_1} - e^{-p_1}\right),$$

$$\mathfrak{C}_1 = -\frac{1}{2}\,\frac{1}{\mathfrak{Z}_1}\left(e^{p_1} - e^{-p_1}\right).$$

Es ist leicht nachzuweisen, dass diese Grössen die Gleichung $\mathfrak{A}_1{}^2 - \mathfrak{B}_1\,\mathfrak{C}_1 = 1$ erfüllen.

Es ist demnach wenigstens formell erlaubt, die auf eine beliebige Leitung bezogenen Grössen $\mathfrak{A}$, $\mathfrak{B}$, $\mathfrak{C}$ mit Hülfe von Grössen p und $\mathfrak{Z}$ nach denselben Gesetzen zu bilden, da dabei nichts Falsches zum Vorschein kommt. Die Grösse p_1 ist der Länge der Leitung proportional; es fragt sich, ob dasselbe auch für die Grösse p

zutrifft, welche sich auf Leitungen mit unbekannten Eigenschaften beziehen.

Wir wollen, um dies zu beweisen, im Punkte P_2 ein gleich grosses Stück Leitung $P_2\,P_3$ an das schon vorhandene ansetzen. Dann gelten die Gleichungen

$$\mathfrak{B}''' = \mathfrak{A}\,\mathfrak{B}'' - \mathfrak{B}\,\mathfrak{J}''$$
$$\mathfrak{J}''' = \mathfrak{A}\,\mathfrak{J}'' - \mathfrak{C}\,\mathfrak{B}''$$

und da

$$\mathfrak{B}'' = \mathfrak{A}\,\mathfrak{B}' - \mathfrak{B}\,\mathfrak{J}'$$
$$\mathfrak{J}'' = \mathfrak{A}\,\mathfrak{J}' - \mathfrak{C}\,\mathfrak{B}',$$

so ergiebt sich, wenn man $\mathfrak{B}'''$ und $\mathfrak{J}'''$ durch $\mathfrak{B}'$ und $\mathfrak{J}'$ ausdrückt:

$$\mathfrak{B}''' = (\mathfrak{A}^2 + \mathfrak{B}\,\mathfrak{C})\,\mathfrak{B}' - 2\,\mathfrak{A}\,\mathfrak{B}\,\mathfrak{J}'$$
$$\mathfrak{J}''' = (\mathfrak{A}^2 + \mathfrak{B}\,\mathfrak{C})\,\mathfrak{J}' - 2\,\mathfrak{A}\,\mathfrak{C}\,\mathfrak{B}'.$$

Wenn wir nun z. B. $\mathfrak{A}^2 + \mathfrak{B}\,\mathfrak{C}$ durch die Exponentialgrössen ausdrücken, so erhalten wir

$$\mathfrak{A}^2 + \mathfrak{B}\,\mathfrak{C} = \frac{1}{4}\left(e^p + e^{-p}\right)^2 + \frac{1}{4}\left(e^p - e^{-p}\right)^2$$
$$= \frac{1}{2}\left(e^{2p} + e^{-2p}\right).$$

Dies $\mathfrak{A}^2 + \mathfrak{B}\,\mathfrak{C}$ ist für eine Leitung der doppelten Länge der Koëfficient, welcher dem $\mathfrak{A}$ für eine Leitung einfacher Länge entspricht; in Exponentialfunktionen ausgedrückt ist der Koëfficient für eine einfache Länge

$$\frac{1}{2}\left(e^p + e^{-p}\right),$$

für die doppelte Länge

$$\frac{1}{2}\left(e^{2p} + e^{-2p}\right).$$

Wenn wir die Leitung um ein weiteres Stück verlängern würden, würden wir $3\,p$ als Exponent erhalten. Entsprechendes lässt sich für die anderen Koëfficienten beweisen, ebenso dass drei zu einander gehörige Koëfficienten $\mathfrak{A}_n$, $\mathfrak{B}_n$, $\mathfrak{C}_n$ stets die Gleichung $\mathfrak{A}_n{}^2 - \mathfrak{B}_n\,\mathfrak{C}_n = 1$ erfüllen. Wenn wir also $p = k\,x$ setzen und mit x die Länge der Leitung, mit k und $\mathfrak{Z}$ auf die Längeneinheit sich beziehende Konstanten bezeichnen, so lassen sich für eine Leitung ganz beliebiger Art die Koëfficienten $\mathfrak{A}$, $\mathfrak{B}$, $\mathfrak{C}$ auf folgende Form bringen:

$$\mathfrak{A} = \frac{1}{2}\left(e^{kx} + e^{-kx}\right),$$

$$\mathfrak{B} = -\frac{1}{2}\,\mathfrak{Z}\left(e^{kx} - e^{-kx}\right),$$

$$\mathfrak{C} = -\frac{1}{2}\frac{1}{\mathfrak{Z}}\left(e^{kx} - e^{-kx}\right).$$

So lange wir aber k und $\mathfrak{Z}$ nicht kennen, ist aus dieser Form für die Konstruktion oder Berechnung nichts zu machen.

Es ist aber nicht schwer, an einer beliebigen Leitung die Grössen k und $\mathfrak{Z}$ zu messen.

Wenn wir das Ende der Leitung isoliren und bestimmen, welcher Strom bei einer gegebenen Anfangsspannung in die Leitung fliesst, so ergiebt der Quotient beider eine Grösse, welche man als den scheinbaren Isolationswiderstand der Leitung bezeichnen kann, und welcher, weil Strom und Spannung in der Regel nicht in Phase gehen, den Charakter einer Impedanz hat. Wir wollen diese Impedanz mit $\mathfrak{U}_1$ bezeichnen.

Wenn wir ferner das Ende der Leitung auf das Potential Null bringen, indem wir z. B. eine Einzelleitung an Erde legen, oder eine Doppelleitung mit der Rückleitung kurz verbinden, so erhalten wir eine zweite Impedanz, welche wir den scheinbaren Leitungswiderstand nennen können und mit $\mathfrak{U}_2$ bezeichnen. Aus diesen beiden messbaren Grössen lassen sich zunächst die $\mathfrak{A}$, $\mathfrak{B}$, $\mathfrak{C}$ bestimmen.

Setzt man $\mathfrak{J}' = 0$, so ist

$$\mathfrak{B}'' = + \mathfrak{A}\,\mathfrak{B}'$$
$$\mathfrak{J}'' = - \mathfrak{C}\,\mathfrak{B}',$$

also

$$\mathfrak{U}_1 = -\frac{\mathfrak{A}}{\mathfrak{C}}.$$

Ferner ist bei $\mathfrak{B}' = 0$

$$\mathfrak{B}'' = - \mathfrak{B}\,\mathfrak{J}'$$
$$\mathfrak{J}'' = + \mathfrak{A}\,\mathfrak{J}',$$

demnach

$$\mathfrak{U}_2 = -\frac{\mathfrak{B}}{\mathfrak{A}}.$$

Wenn wir für $\mathfrak{A}$, $\mathfrak{B}$, $\mathfrak{C}$ die Ausdrücke mit k und $\mathfrak{Z}$ einsetzen, so wird

$$\mathfrak{U}_1 = \mathfrak{Z}\,\frac{e^{kx} + e^{-kx}}{e^{kx} - e^{-kx}}$$

$$\mathfrak{U}_2 = \mathfrak{Z}\,\frac{e^{kx} - e^{-kx}}{e^{kx} + e^{-kx}}$$

Daraus ergeben sich

$$\mathfrak{Z} = \sqrt{\mathfrak{U}_1\,\mathfrak{U}_2}$$

$$\frac{e^{kx} + e^{-kx}}{e^{kx} - e^{-kx}} = \sqrt{\frac{\mathfrak{U}_1}{\mathfrak{U}_2}};$$

$$k = \frac{1}{2\,x}\,\log\text{ nat }\frac{1 + \sqrt{\dfrac{\mathfrak{U}_1}{\mathfrak{U}_2}}}{1 - \sqrt{\dfrac{\mathfrak{U}_1}{\mathfrak{U}_2}}}.$$

Da sich also die Grössen k und $\mathfrak{Z}$ für eine gegebene Leitung aus den messbaren Grössen $\mathfrak{U}_1$ und $\mathfrak{U}_2$ bestimmen lassen, dürfen wir sie für die Folge als bekannt ansehen.

Wir haben bisher festgestellt, auf welche Weise wir durch zwei Messungen an den Endpunkten einer gegebenen Leitung ermitteln können, welche Beziehungen zwischen den Anfangs- und den Endwerthen von Strom und Spannung bestehen. Wir wollen dies weiter dazu benutzen, den Verlauf des Stromes und der Spannung längs der Leitung zu ermitteln. Dazu muss vorausgesetzt werden, dass die Leitung homogen sei; eine solche Leitung erfüllt natürlich die bei der Ableitung der Koëfficienten gemachte Voraussetzung, das sie zu ihrem Mittelpunkte symmetrisch sei.

Von den bisher benutzten Gleichungen, welche nur die Vorgänge an den beiden Endpunkten eines Leitungstückes betreffen, kommen wir, ohne neue Rechnungen anzustellen, zu den Vorgängen in beliebigen Punkten zwischen den Endpunkten durch folgende Ueberlegung.

Wir nehmen zwei Leitungen gleicher Konstruktion, also mit gleichen Einheitskonstanten an, von denen die eine x_1, die andere x_2 km lang ist, letztere sei die längere.

Wir legen beide Leitungen auf gleichartige Endapparate und richten die Anfangsspannungen so ein, dass in beiden Endapparaten Strom und Spannung dieselben Werthe haben. Dies ist offenbar möglich.

Es leuchtet dann aber ohne Weiteres ein, dass in dem Punkte der längeren Leitung, welcher vom Ende um x_1 km entfernt ist, Strom und Spannung dieselben Werthe haben müssen, wie am Anfangspunkte der kürzeren Leitung. Dadurch kommt die Untersuchung, wie ein Strom längs einer Leitung verläuft, darauf hinaus, unter Voraussetzung gleicher Endwerthe die Werthe für den Anfang verschieden langer Leitungen mit gleichen Einheitskonstanten festzustellen, was mit den bisher besprochenen Hülfsmitteln möglich ist.

Wir wollen nunmehr dazu übergehen, die Formeln, welche trotz ihrer scheinbaren Komplicirtheit sich einfach konstruiren lassen, auf einige Fälle anzuwenden. Es ist klar, dass die Eigenschaften des Endapparates auf den Stromverlauf einwirken, und wir müssen sehen, wie wir ihnen gerecht werden.

Ehe wir aber die allgemeine Aufgabe lösen, für einen beliebigen angeschlossenen Apparat das Diagramm zu konstruiren, wollen wir zuvor einen einfachen Fall erledigen, nämlich denjenigen, in welchem die Leitung am Ende isolirt, also $\mathfrak{J}' = 0$ ist.

Für diesen Fall lauten unsere Gleichungen

$$\mathfrak{V}'' = + \mathfrak{A}\,\mathfrak{V}'$$
$$\mathfrak{J}'' = - \mathfrak{C}\,\mathfrak{V}'.$$

Wir können unbeschadet der Allgemeinheit annehmen, dass $\mathfrak{V}' = 1$ sei; wir erhalten dann für die Länge x diejenige Anfangsspannung und Stromstärke, welche am Ende die Spannung Eins erzeugen. Steht uns in einem wirklichen Falle eine E-mal so grosse Spannung zur Verfügung, als die berechnete, so wird eben die Endspannung nicht Eins, sondern E.

Die der Endspannung Eins entsprechende Spannung in x ist also $\mathfrak{A}$, der entsprechende Strom in x ist $- \mathfrak{C}$. Wenn wir statt dieser die sie definirenden Exponentialfunktionen einsetzen, so erhalten wir

$$\frac{\mathfrak{V}''}{\mathfrak{V}'} = \frac{1}{2}\left(e^{kx} + e^{-kx}\right),$$

$$\mathfrak{Z}\,\frac{\mathfrak{J}''}{\mathfrak{V}'} = \frac{1}{2}\left(e^{kx} - e^{-kx}\right).$$

Wir wollen zuerst die beiden Ausdrücke e^{kx} und e^{-kx} konstruiren, darauf ihre Summe und Differenz.

k ist eine komplexe Grösse und es sei

$$k = \lambda + i\,\mu.$$

Dann ist $e^{kx} = e^{\lambda x}\, e^{i\mu x}$.

Im Vektordiagramm wird eine solche Grösse dargestellt durch eine Linie von der Länge $e^{\lambda x}$, welche gegen die Phase Null um den Winkel μx gedreht ist. Wir berechnen also für ein bestimmtes x den Winkel $\varphi = \mu x$ und machen den unter diesem Winkel gezogenen Strahl gleich $e^{\lambda x}$. Wenn wir dies für verschiedene x ausführen, so liegen die Endpunkte der Strahlen auf einer Spirale, welche für $x = 0$ im Punkte $+1$ anfängt. Das Gesetz dieser Spirale ergiebt sich folgendermassen. Der Radius Vektor ist $r = e^{\lambda x}$ und da $\mu x = \varphi$, also $x = \dfrac{\varphi}{\mu}$ ist, so ist

$$r = e^{\frac{\lambda}{\mu}\varphi}$$

die Polargleichung dieser Spirale; sie ist also eine logarithmische Spirale.

Da k, mithin auch λ und μ nur von den Einheitswerthen der elektrischen Eigenschaften der Leitung und der Periodenzahl abhängen, lässt sich für eine gegebene Periodenzahl und eine Leitung mit bestimmten Eigenschaften diese Spirale nach einer Tabelle leicht konstruiren, indem man für eine Reihe von Werthen φ die zugehörigen r berechnet und die so ermittelten Punkte miteinander verbindet. Die Spirale ist von der Länge der Leitung unabhängig, ausser dass ihre Ausdehnung durch die Länge begrenzt ist.

Auch die Funktion $e^{-kx} = e^{-\lambda x}\, e^{-i\mu x}$ wird durch eine solche Spirale dargestellt; sie geht auch von dem Punkte $+1$ für $x = 0$ aus, aber die Werthe $e^{-\lambda x}$ sind auf den unter den Winkeln $-\varphi$, also in negativer Drehrichtung gezogenen Strahlen abgetragen. Um die Konstruktion glatt ausführen zu können, empfiehlt es sich endlich noch die Kurve $- e^{-kx}$ zu zeichnen, welche dadurch ermittelt wird, dass man die Kurve e^{-kx} mit einer Verschiebung von $180\,°$ wiederholt. Man erhält alsdann Kurven wie in Fig. 4.

Will man nun die Spannung für einen beliebigen Punkt x ermitteln, so berechnet man zuerst den zugehörigen Winkel aus der Gleichung $\varphi = \mu x$ und trägt in die Figur sowohl den Winkel $+ \varphi$, als $- \varphi$ und zu letzterem noch $180° - \varphi$ ein. Man erhält dann drei Punkte, nämlich $A = e^{+kx}$, $B = e^{-kx}$, $C = - e^{-kx}$. Nach bekannten Regeln ist

$$CA = e^{kx} + e^{-kx} = 2\,\frac{\mathfrak{B}''}{\mathfrak{B}'},$$

$$BA = e^{kx} - e^{-kx} = 2\,\mathfrak{Z}\cdot\frac{\mathfrak{J}''}{\mathfrak{B}'}.$$

Dies ergiebt also die gesuchten Grössen sowohl nach ihrer Amplitude, als nach ihrer Phase, bezogen auf den Endwerth der Spannung als Einheit und mit der Phase Null. Will man nun zur Veranschaulichung des Stromverlaufs längs der Leitung die Werthe in regelmässigen Abständen feststellen, so hat man nur die entsprechenden φ zu ermitteln, und alsdann zwischen je zwei zusammengehörigen Punkten die Verbindungslinien zu ziehen. Zur grösseren Anschaulichkeit ist es nützlich, die verschiedenen Strahlen von einem Punkte ausgehen zu lassen, man wird also durch diesen Punkt parallel zu den Strahlen Linien ziehen und sie den Strahlen entsprechend gleich lang machen. Die Grösse $\frac{\mathfrak{J}''}{\mathfrak{B}'}$ erhält man dabei noch mit $\mathfrak{Z}$ multiplicirt. Wenn man ein Diagramm haben will, in welchem $\frac{\mathfrak{J}''}{\mathfrak{B}'}$ als solches abzulesen ist, so hat man demnach alle Strahlen mit $\mathfrak{Z}$ zu dividiren, d. h. man hat sie alle um den Winkel von $\mathfrak{Z}$ rückwärts zu drehen und mit dem Werthe von $\mathfrak{Z}$ zu dividiren. Statt jeden Strahl einzeln zu drehen, kann man also auch das Achsenkreuz um den Winkel von $\mathfrak{Z}$ vorwärts drehen.

Die Fig. 4—6 zeigen die Gestalt dieser Kurven für einen bestimmten Fall. Sie beziehen sich auf eine Doppelleitung aus 3 mm Draht, deren Zweige um 20 cm von einander entfernt sind. Die Grössen k und $\mathfrak{Z}$ sind an einer derartigen Leitung durch Messung ermittelt worden, worüber früher („ETZ" 1899 S. 192) näheres mitgetheilt wurde. Für 340 Perioden ist

$$\mathfrak{Z} = 368{,}5\, e^{-24{,}3^{0}i};$$

$$k = 0{,}00906\, e^{+65^{0}i}; = 0{,}00382 + i\,0{,}00820.$$

Die Spiralen umfassen, bis zu $\varphi = 180^{0}$ gezeichnet, eine Länge von $\dfrac{\pi}{0{,}00820} = 383$ km.

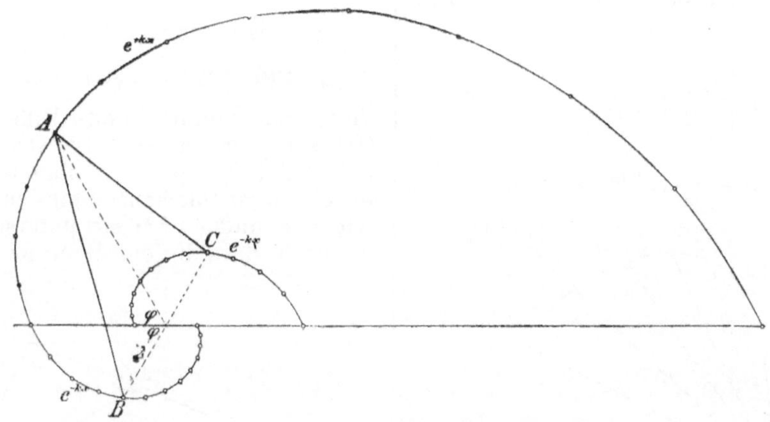

Fig. 4.

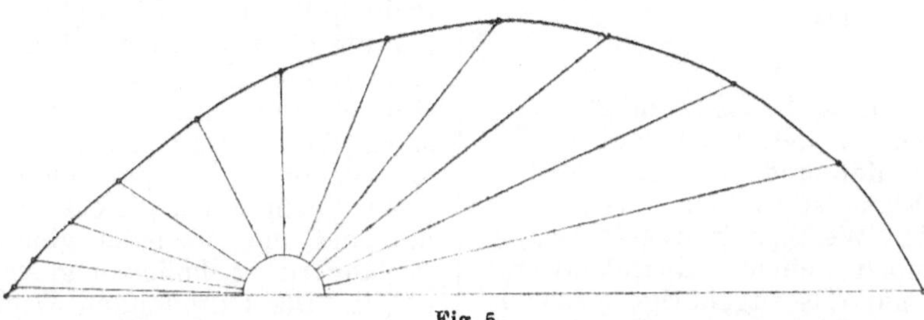
Fig. 5.

In Fig. 4 sind die drei Spiralen für Winkel von 15 zu 15°, also für je 32 km k nstruirt. Für den Winkel $\varphi = 60^0$, welcher einer Länge von 138 km entspricht, sind die Linien für $\mathfrak{B}''$ und $\mathfrak{Z}\mathfrak{Z}''$ gezogen.

Fig. 5 stellt für sich die Strahlen $\dfrac{\mathfrak{B}''}{\mathfrak{B}'}$ dar,

Fig. 6 die Strahlen $\dfrac{\mathfrak{Z}''}{\mathfrak{Z}'}$.

In ähnlicher Weise kann man den Fall konstruiren, dass das Ende der Leitung auf das Potential Null gebracht ist; man reducirt dann zweckmässig auf $\mathfrak{Z}' = 1$. Die Gleichungen lauten dann

$$\frac{\mathfrak{B}''}{\mathfrak{Z}'} = -\mathfrak{B} = \frac{1}{2}\,\mathfrak{Z}\,(e^{kx} - e^{-kx}),$$

$$\frac{\mathfrak{Z}''_0}{\mathfrak{Z}'} = \mathfrak{A} = \frac{1}{2}\,(e^{kx} + e^{-kx}).$$

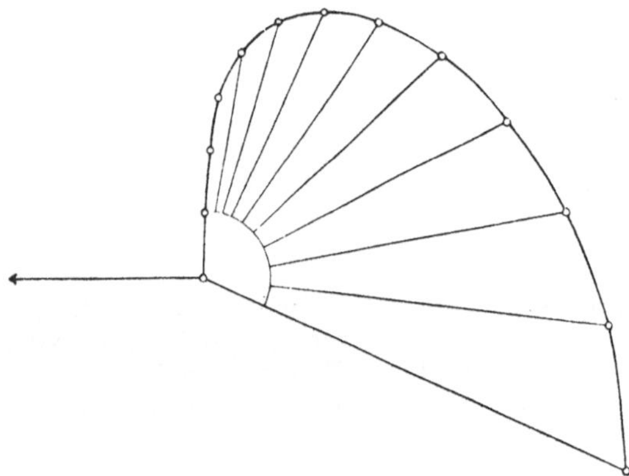

Fig. 6

Es kann also dieselbe Kurvenfigur mitbenutzt werden, es ändert sich nur die Bedeutung der Linien und ihr Maassstab.

In allen Fällen ist es klar, dass, wenn man ausser den Werthen in regelmässigen Abständen noch einen Zwischenwerth braucht, man nur das zugehörige φ zu ermitteln hat und mittels einiger Geraden die gewünschten Werthe sich beschaffen kann.

Wir gehen nunmehr zu dem allgemeinen Falle über, dass am Ende der Leitung ein Apparat angeschlossen sei. Wir führen dessen Eigenschaften in die Gleichungen ein, ohne dadurch irgend eine einschränkende Voraussetzung zu machen, indem wir $\mathfrak{B}' = \mathfrak{Z}'\,\mathfrak{W}$ setzen, wo alsdann $\mathfrak{W}$ die Impedanz des Apparates bezeichnet.

Die Gleichungen enthalten dann $\mathfrak{Z}'$ als gemeinsamen Faktor und wir werden zweckmässig $\dfrac{\mathfrak{B}''}{\mathfrak{Z}'}$ und $\dfrac{\mathfrak{Z}''}{\mathfrak{Z}'}$ darstellen, welche sich ergeben:

$$\frac{\mathfrak{B}''}{\mathfrak{Z}'} = \mathfrak{A}\mathfrak{W} - \mathfrak{B} = \frac{1}{2}\big[(\mathfrak{W} + \mathfrak{Z})\,e^{+kx}$$
$$+ (\mathfrak{W} - \mathfrak{Z})\,e^{-kx}$$

$$\frac{\mathfrak{Z}''}{\mathfrak{Z}'} = \mathfrak{A} - \mathfrak{C}\mathfrak{W} = \frac{1}{2\mathfrak{Z}}\big[(\mathfrak{W} + \mathfrak{Z})\,e^{+kx}$$
$$- (\mathfrak{W} - \mathfrak{Z})\,e^{-kx}\big]$$

Bleiben wir zunächst bei den Grössen $2\,\dfrac{\mathfrak{B}''}{\mathfrak{Z}'}$ und $2\,\mathfrak{Z}\,\dfrac{\mathfrak{Z}''}{\mathfrak{Z}'}$, so sehen wir, dass auch diese als Summe und Differenz zweier Grössen sich ergeben. Die Grössen $(\mathfrak{W} + \mathfrak{Z})\,e^{kx}$ und $(\mathfrak{W} - \mathfrak{Z})\,e^{-kx}$ sind offenbar auch durch logarithmische Spiralen darstellbar, wie e^{kx} und e^{-kx}; sie unterscheiden sich dadurch, dass die einzelnen Radienvektoren

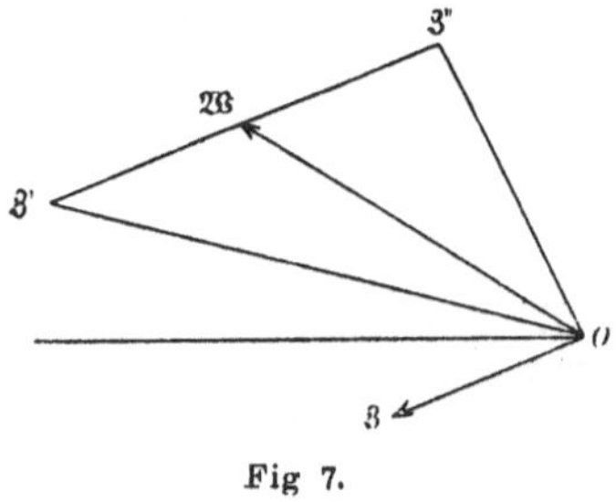

Fig 7.

noch mit einem Faktor $\mathfrak{W} + \mathfrak{Z}$ oder $\mathfrak{W} - \mathfrak{Z}$ multiciplirt sind. Die Spirale $(\mathfrak{W} + \mathfrak{Z})\,e^{kx}$ beginnt für $x = o$ nicht mit dem Werthe $+1$ sondern mit $\mathfrak{W} + \mathfrak{Z}$, also mit einem gewissen Winkel und einer gewissen Länge; die sämmtlichen Strahlen von $(\mathfrak{W} + \mathfrak{Z})\,e^{kx}$ sind also gegen die entsprechenden von e^{kx} um einen bestimmten, gleichen Winkel gedreht und auf ein ebenfalls gleiches Vielfaches verlängert. Aehnlich liegt es mit $(\mathfrak{W} - \mathfrak{Z})\,e^{-kx}$. Die betreffenden Winkel und Faktoren sind leicht zu ermitteln. $\mathfrak{Z}$ ist durch Messung bekannt und sei durch $O\,\mathfrak{Z}$ (Fig. 7) dargestellt, $\mathfrak{W}$ bezieht sich auf den angeschlossenen Apparat, ist also auch als bekannt anzunehmen und sei durch $O\,\mathfrak{W}$ dargestellt. Wenn man durch Punkt $\mathfrak{W}$ eine Parallele zu $\mathfrak{Z}$ zieht und nach beiden Seiten Stücke von der Länge $O\,\mathfrak{Z}$ abschneidet, so ist

$$O\,\mathfrak{Z}' = \mathfrak{W} + \mathfrak{Z},$$
$$O\,\mathfrak{Z}'' = \mathfrak{W} - \mathfrak{Z}.$$

Von den Punkten $\mathfrak{Z}'$ und $\mathfrak{Z}''$ gehen also die Spiralen aus. In Fig. 8 sind die drei Spiralen $AA = (\mathfrak{W} + \mathfrak{Z})\,e^{+kx}$, $BB = (\mathfrak{W} - \mathfrak{Z})\,e^{-kx}$ und $CC = -(\mathfrak{W} - \mathfrak{Z})\,e^{-kx}$ gezeichnet, welche sich ebenfalls auf die vorhin besprochene Leitung beziehen, aber unter der Annahme, dass am Ende der Leitung ein Apparat $\mathfrak{W} = 650\,e^{+49^0 i}$ liege. Diese Annahme gilt für den Fall, dass am Ende der Leitung ein Fernsprechübertrager eingeschaltet ist, dessen Sekundäre mit einem Fernsprechgehäuse verbunden ist. Die Beziehung $\mathfrak{W} = 650\,e^{+49^0 i}$ ist für diese Schaltung für 340 Perioden ebenfalls durch Messung ermittelt worden.

Verbindet man je zwei entsprechende Punkte dieser Kurve, so erhält man für die betreffende Stelle der Leitung die Werthe von $2\,\dfrac{\mathfrak{W}''}{\mathfrak{Z}'}$ und von $2\,\mathfrak{Z}\,\dfrac{\mathfrak{Z}''}{\mathfrak{Z}'}$, wie dies für die Stelle $\varphi = 135$ (288 km vom Ende ab) geschehen ist.

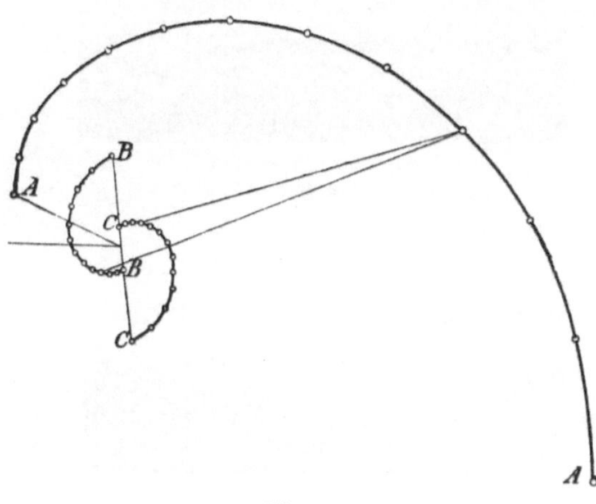

Fig. 8.

In Fig. 9 sind die Werthe von $\dfrac{\mathfrak{W}''}{\mathfrak{Z}'}$ und $\dfrac{\mathfrak{Z}''}{\mathfrak{Z}'}$ für Punkte von 15° zu 15° (je 32 km) besonders aufgetragen. Alle Strahlen sind ausserdem um einen gleichen Winkel so weit gedreht worden, dass die Linie der Spannung am Ende der Leitung OA in die Phase Null zu liegen kommt, wie in Fig. 3. Dementsprechend erhält der Strom OB am Ende die Phase $-49°$. Man wird durch Vergleichung der Fig. 3 und 9 die principielle Uebereinstimmung beider Fälle erkennen; die Unterschiede im Einzelnen sind durch die verschiedenen Eigenschaften beider Leitungen hervorgerufen.

Auch die Konstruktion (Fig. 9) ergiebt

die Werthe der Stromstärke und Spannung am Anfange der Leitung unter der Annahme, dass der Endapparat die Stromstärke Eins führe. Wenn eine andere Anfangsspannung zu Gebote steht, so verändern sich alle Spannungs- und Stromwerthe in dem entsprechenden Verhältnisse.

Eine Anwendung auf Apparate mit hochmagnetisirten Eisenkreisen wird hier einige Schwierigkeiten finden, weil Spannung und Stromstärke nicht stets in demselben Verhältniss stehen. Dies betrifft aber nicht das Princip der Methode, sondern nur die Feststellung des zur Konstruktion nothwendigen $\mathfrak{W}$ für den Endapparat.

Es wäre jedenfalls interessant, ausser auf die Darstellung der Strom- und Spannungskurven auch auf ihre Eigenschaften einzugehen; die wenigen Beispiele, die ich angeführt habe, bieten ausserordentlich viel Bemerkenswerthes. Sie geben bei näherer Betrachtung auch Aufschluss, auf welche Eigenschaften der Leitung die Eigenthümlichkeiten jedes Falles zurückzuführen sind.

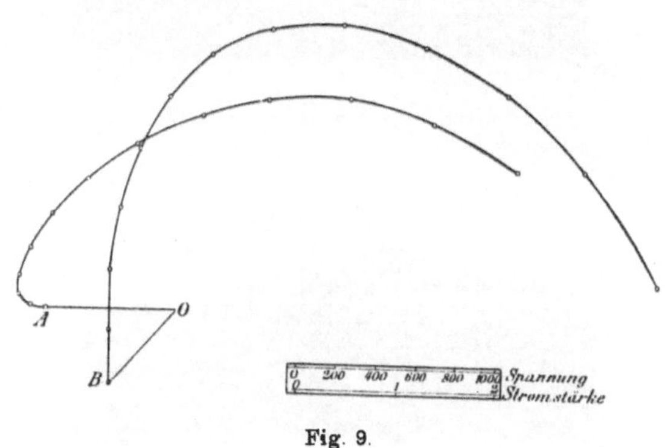

Fig. 9.

Es würde aber über den Zweck dieses Vortrages zu weit hinausgehen, auf diese Dinge uns weiter einzulassen.

Dagegen möchte ich zum Schlusse noch ein bewegliches Modell vorführen, welches die Strombewegung, die in dem zuletzt besprochenen Falle vor sich geht, zur Anschauung bringt. Wenn wir eine bestimmte Phase fixiren, so ergeben die Stromstärken, welche in den einzelnen Punkten der Leitung bestehen, eine bestimmte Kurve, wenn wir den Abstand von einem Endpunkt der Leitung als Abscisse, den momentanen Werth der Stromstärke als Ordinate auftragen und die Richtung nach dem Ende hin als positiv bezeichnen. In einem anderen Augenblicke hat sich die Kurve völlig verschoben. Das Modell soll den

14*

Wechsel der Kurven veranschaulichen. Gegenüber der Vorstellung besteht die Schwierigkeit, dass wir uns den Strom längs der Leitung fliessend denken, während wir

Wenn man eine kreisförmige Scheibe um eine durch ihren Mittelpunkt gehende Achse dreht und den oberen Rand in der Richtung der Scheibenebene projicirt, so

Fig. 10.

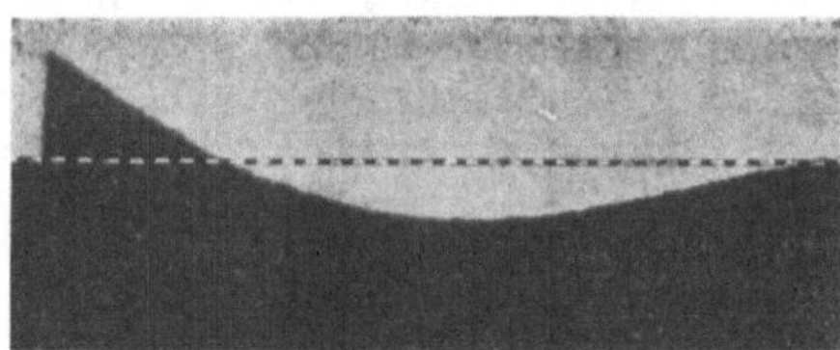

Fig. 11.

Fig. 14.

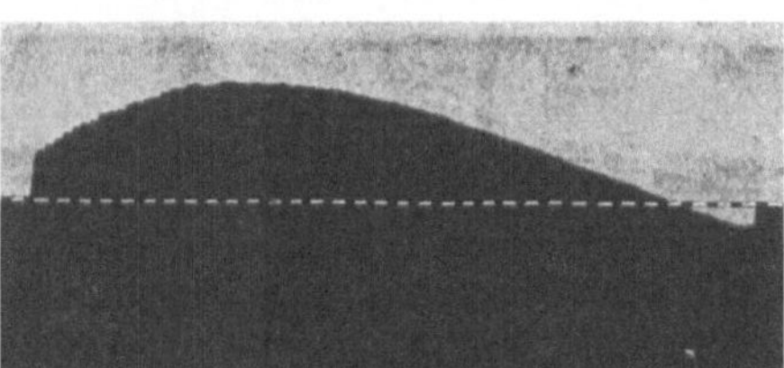

Fig. 12.

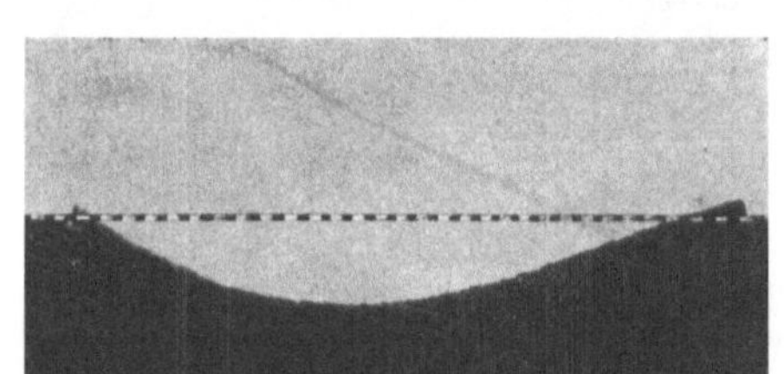

Fig. 15.

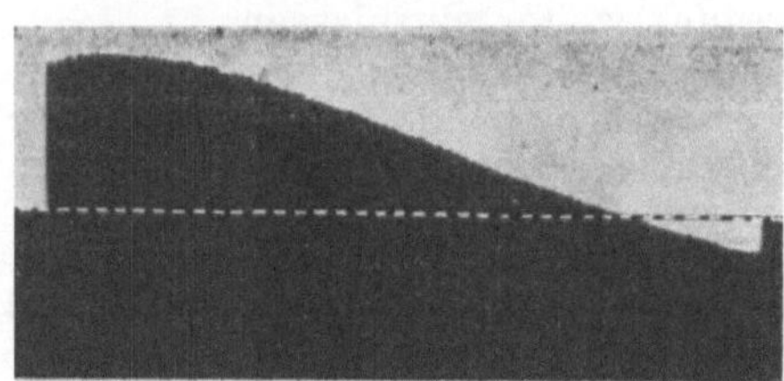

Fig. 13.

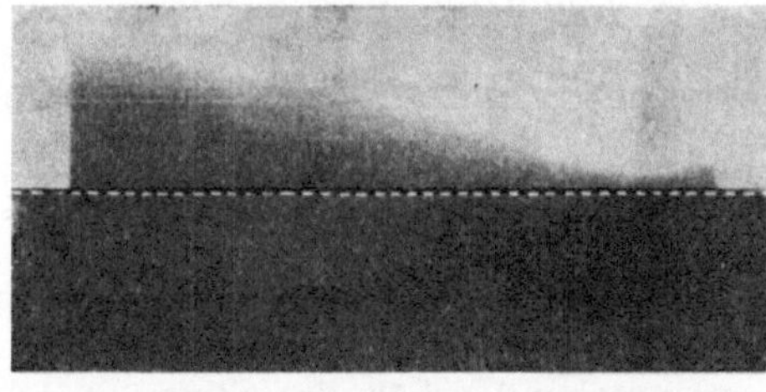

Fig. 16.

ihn hier quer zur Leitung auftragen. Es ist vielleicht der Vorstellung bequemer, statt des Stromes sich die Zahl der von der Leitung ausgesandten Kraftlinien unter den Ordinaten zu denken.

bleibt die Projektion trotz der Drehung in Ruhe. Bringt man die Axe excentrisch an, so geht die Projektion auf und ab und zwar folgt bei konstanter Drehungsgeschwindigkeit die Abweichung von der mittleren

Lage dem Sinusgesetz. Zwei solche Scheiben können sich ausser durch die Amplitude der Schwingung noch durch ihre Phasen unterscheiden.

Wenn man also eine Reihe von Platten gleicher Dicke so zusammensetzt, dass jede die Schwingung des Stromes darstellt an der Stelle der Leitung, welcher die Platte entspricht, und die Platten dünn genug wählt, dass die Unterschiede von einer zur andern mässig sind, so erhält man (Fig. 10) einen Körper, der senkrecht zu seiner Längsachse kreisförmigen Querschnitt, im Uebrigen aber eine unregelmässig gekrümmte Oberfläche hat. Um die Nulllinie festzustellen, sind ausser den excentrischen Scheiben an beiden Enden des Körpers dicke mit der Achse centrische Scheiben angebracht, welche bei der Bewegung in Ruhe bleiben. Wenn man diesen Körper in einem parallelen Lichtbündel sich drehen lässt, so giebt die Schattenlinie ein Bild der Stromwelle.

Eine Anzahl von Wellenformen sind durch die Fig. 11—16, welche durch photographische Aufnahmen des Schattenbildes in verschiedenen Stellungen erhalten worden sind, dargestellt. Die Fig. 11—14 beziehen sich auf vier um je $1/_8$ Wellenlänge von einander abstehende Zeiträume, beginnend von dem Momente, wo am Ende der Strom durch Null geht; die Fig. 15 stellt eine besonders merkwürdige Wellenform dar, bei welcher nämlich die Stromstärke am Anfange und am Ende momentan gleiche Richtung und gleiche Stärke hat, während sie in der Mitte bedeutend grösser und negativ gerichtet ist. Die Fig. 16 endlich ist aufgenommen bei gleichzeitiger Drehung des Modells; das Licht ist also dabei an jeder Stelle soweit vorgedrungen, wie die maximale Excentricität jeder Scheibe es zulässt. Die Ordinaten zwischen der Nulllinie und der Kurve geben also für jede Stelle den der Excentricität proportionalen Höchstwerth der Stromstärke an, der dem effektiven Werthe wiederum proportional ist. Man erkennt aus der Figur deutlich das Minimum, welches auch aus der Kurve in Fig. 9 ersichtlich ist.

Mit der hier beschriebenen Methode kann man für jede beliebige Leitung und für jede beliebige Art des Endapparates den Stromverlauf feststellen. Ich würde nunmehr schliessen können, wenn ich nicht das Bedenken hätte, dass die ziemlich zahlreichen Formeln, welche ich zur Begründung der Methode gebraucht habe, die Meinung erwecken könnten, dass die Methode für die praktische Anwendung zu verwickelt sei.

Ich möchte deshalb zum Schlusse so kurz wie möglich und unter Weglassung der Begründung nochmals darlegen, welche Stücke wir brauchen, um die Zeichnung für einen gegebenen Fall wirklich auszuführen. Für den allgemeinen Fall brauchen wir dazu zwei Spiralen, für welche wir das Gesetz und ausserdem die Anfangsradien kennen müssen. Das Gesetz der Spiralen wird durch die beiden Gleichungen $\varphi = \mu x$, $r = e^{\lambda x}$ gegeben, und die beiden Konstanten μ und λ ergeben sich aus einer Grösse $k = \lambda + i\mu$, die wir zu bestimmen haben. Die Anfangsradien der Spiralen sind $\mathfrak{W} + \mathfrak{Z}$ und $\mathfrak{W} - \mathfrak{Z}$ und sie ergeben sich aus zwei Impedanzen $\mathfrak{W}$ und $\mathfrak{Z}$, von denen die erste sich auf den Endapparat bezieht, die andere der Leitung zugehört. Es sind also zur Konstruktion nur die drei Grössen $\mathfrak{W}$, k, $\mathfrak{Z}$ erforderlich. $\mathfrak{W}$ muss als bekannt vorausgesetzt werden, k und $\mathfrak{Z}$ ergeben sich, wie gezeigt wurde, aus den scheinbaren Widerständen, welche die Leitung bei Isolation und Erdung besitzt. Die Bestimmung der Spiralen und damit der Werthe von Strom und Spannung an jeder Stelle beruht also auf drei Impedanzmessungen, aus denen alle nothwendigen Stücke leicht zu finden sind.

Ich glaube damit gezeigt zu haben, dass die Methode für die Anwendung einfach ist; dabei hat sie die grossen Vorzüge, dass sie auf völlig empirischem Boden steht, also in den Grundlagen jede wirkende Ursache berücksichtigt, und dass sie in der Ausführung ohne alle Vernachlässigungen arbeitet. Es ist vielleicht nicht unwichtig zu bemerken, dass zu allen Rechnungen für die Kurven nur der Rechenschieber gebraucht wurde.

Die Kenntniss der Vorgänge in langen Leitungen ist unbestritten von der höchsten Bedeutung für die Telegraphen- und Fernsprechtechnik; ich glaube aber, dass bei der zunehmenden Ausbreitung weitreichender Kraftübertragungen auch die Starkstromtechnik sich mit Aufgaben dieser Art bald wird zu befassen haben. In diesem Sinne glaubte ich auch den Interessen weiterer Kreise mit der Besprechung dieser Methode einen guten Dienst zu thun.

53. Ueber ein Universalmessinstrument für Telegraphenleitungen.

Die elektrischen Messungen, welche wir in unseren Telegraphenämtern ausführen, geschehen zum allergrössten Theile mittels des bekannten Siemens'schen Differentialgalvanometers, an einigen Stellen auch mittels des älteren Siemens'schen Universalgalvanometers mit astatischer Nadel.

Wenn nun auch auf der einen Seite zugegeben werden soll, dass diese Instrumente sich durch ihre hohe Empfindlichkeit und durch die einfachen Messverfahren bisher für das Messen ziemlich brauchbar erwiesen haben, muss andererseits doch betont werden, dass ihnen für Betriebsmessungen einige wichtige Eigenschaften fehlen, welche die Messinstrumente neuerer Konstruktion auszeichnen.

Die genannten älteren Instrumente bedürfen einer genauen horizontalen Aufstellung, wozu sie mit Fussschrauben versehen sind; sie sind ferner nach dem magnetischen Meridian zu orientiren und leiden unter allen Störungen, welche das magnetische Feld in ihrer Nähe erfährt. Ausserdem fehlt ihnen eine andere Eigenschaft, welche bei der fortgesetzten Steigerung des Betriebes besonders wichtig ist: sie arbeiten nicht schnell genug.

Wenn die Nadel bei Ausführung einer Messung in Bewegung gekommen ist, dauert es geraume Zeit, ehe sie sich so weit beruhigt hat, dass abgelesen werden kann. Die Dämpfung der Instrumente ist eben zu gering. Sie ist lediglich Luftdämpfung, wenn wir von der keinesfalls als Dämpfung zulässigen Zapfenreibung absehen. Der Luftwiderstand aber ist infolge des geringen Querschnitts der schwingenden Theile nur klein, sodass keine ausreichende Dämpfung zu Stande kommt.

Wir traten deshalb vor einiger Zeit an die Aufgabe heran, die schnell arbeitenden Drehspuleninstrumente für den Telegraphenmessbetrieb anzupassen. Die vorzüglichen Eigenschaften, welche diesen Instrumenten zukommen, nämlich, dass sie keiner Orientirung, selbst keiner besonders sorgfältigen Aufstellung bedürfen und die in jedem gewünschten Maasse erreichbare Dämpfung würden diese Instrumente an Stelle der älteren schon dann empfehlen, wenn man sie ohne weitere Aenderungen der Schaltungen und des Messverfahrens nur gegen diese austauschen würde.

In der ersten Zeit, als wir über das Verhalten der Instrumente im Telegraphenbetriebe noch keine Erfahrungen hatten, sind wir in dieser Richtung vorgegangen. Als ein Beispiel von Instrumenten dieser Art ist ein hier aufgestelltes Siemens'sches Differentialgalvanometer mit Drehspulen anzuführen, mit welchem nach dem bekannten Schema sehr schnell und exakt zu messen ist.

In einem Telegraphenamt, welches unter starkem Einflusse elektrischer Bahnen steht, ist ein ähnliches Instrument von Hartmann & Braun seit längerer Zeit im Betriebe. Mit dem älteren Differentialgalvanometer war es unter keinen Umständen möglich, Widerstands- oder Isolationsmessungen zu machen. Die Nadel schwingt eben so lange, dass die kurze Zeit, welche zwischen zwei auf einander folgenden Störungen liegt, nicht ausreicht, um eine Einstellung zu Stande zu bringen. Infolge der stets wiederholten Stösse schwang die Nadel zwischen 50 bis 60 Grad rechts und links hin und her.

Auch von dem Drehspuleninstrument ist natürlich die Wirkung der Stromstösse nicht fernzuhalten; aber infolge der starken Dämpfung reicht doch in der Regel die kurze Pause aus, um eine für praktische Zwecke genügende Einstellung zu machen.

Nachdem durch diese Erfahrungen die Brauchbarkeit der Drehspuleninstrumente für telegraphische Messungen dargethan war, erweiterten wir unseren Plan nach einer anderen Richtung. Es handelt sich in den Telegraphenämtern häufig um einen schnellen Uebergang zwischen verschiedenen Schaltungen. Am häufigsten kommen Isolationsmessungen vor, welche nach der Methode des direkten Ausschlages ausgeführt werden; ferner Messungen des Leitungswiderstandes nach der Differentialmethode, gelegentlich auch Prüfung der Leitungen auf Fremdströme.

Zur Ausführung der beim Uebergehen von der einen Messung zur anderen nothwendigen Schaltungen bedient man sich zur Ergänzung der gewöhnlichen Differentialschaltung einfacher Hülfsschaltungen, welche aus Stöpsel- oder Kurbelumschaltern zusammengesetzt sind. Da zu jedem Uebergange das Umsetzen mehrerer Stöpsel erforderlich ist, wird also selbst einem mit der Schaltung vertrauten Beamten leicht ein Fehler unterlaufen können; um so mehr ist dies bei einem Wechsel der Personen zu befürchten. Im besten Falle aber stellt die wiederholte Ausführung der verschiedenen Stöpselstellungen eine an sich nutzlose Zeitaufwendung dar.

Wir gingen deshalb dazu über, eine Einrichtung zu treffen, in welcher sich der Uebergang von der einen Messschaltung auf eine andere automatisch vollzieht, der-

Fig. 1.

art, dass durch einen einzigen Handgriff alles Nothwendige auf einmal ausgeführt wird. Dies erspart Zeit und ermöglicht dem Beamten, seine Aufmerksamkeit ganz der eigentlichen Messung zu widmen.

Gegenüber den älteren Messeinrichtungen hat die neue an Umfang der möglichen Messschaltungen erheblich gewonnen. Es lassen sich ausführen:

1. Widerstandsmessungen zwischen 1 und 100 000 Ω in der Wheatstone'schen Brücke:

   a) an Einzelleitungen mit Erde,

   b) an Doppelleitungen mit und ohne Erde am vierten Viereckspunkt.

2. Isolationsmessungen bis 2 Megohm bei 10 V Messbatterie:

   a) einer Leitung mit isolirtem fernen Ende gegen Erde,

   b) zweier isolirter Leitungen gegen einander.

3. Aussenstrommessungen:

   a) bei Einzelleitungen mit Erde im Messsystem,

   b) bei Doppelleitungen ohne Erde im Messsystem.

Mit der Benutzung von Drehspuleninstrumenten ist noch ein weiterer Vortheil verbunden gegenüber den älteren, nämlich die Möglichkeit, sie zu absoluten Messungen von Strömen und Spannungen zu benutzen. Zu derartigen Messungen ist auf Telegraphenämtern mit ihren verschiedenartigen Batterien, zumal, seitdem Sammler und Trockenelemente (für die Fernsprechämter) hinzugetreten sind, vielfache Gelegenheit.

Das hier vorliegende Instrument ist zur Strommessung in zwei Messbereichen und zur Spannungsmessung in acht Messbereichen eingerichtet.

Wenn wir die grosse Zahl der Zwecke uns vergegenwärtigen, denen das Universalmessinstrument dienen soll, so könnte die Meinung entstehen, dass ein solches Instrument im Ganzen sehr komplicirt sei. Eine Beschreibung des Instruments und die Erläuterung der Schaltung wird aber eine solche Meinung widerlegen.

Das Instrument (Fig. 1), welches von der Firma Siemens & Halske in vorzüglicher Ausführung hergestellt ist, ähnelt im äusseren Aufbau dem neueren Siemens'schen Universalgalvanometer. Mit diesem hat es die kreisrunde Schieferplatte als Träger des Galvanometers gemeinsam, in deren Rand der Messdraht zum Theile eingelegt ist; ein um den Mittelpunkt der Platte drehbarer Arm mit Rollkontakt bestreicht den Messdraht und dient in bekannter Weise zum Einstellen des Widerstandes in der Wheatstone'schen Brücke.

Das eigenthümliche des neuen Instruments ist eine vor dem Galvanometer befindliche, auf einer Hartgummiplatte montirte Schalteinrichtung, welche sechs zu drei Gruppen vereinigte Kurbelumschalter, zwei Tasten, den Vergleichswiderstand und sechs Anschlussklemmen enthält.

Die sechs Klemmen, von denen K, Z, E links, L_1, L_2, V rechts sich befinden, sind bezüglich mit dem Kupferpol und Zinkpol der Mess-Batterie (10 Kupfer-Zink-Elemente), der Erde und den beiden Leitungszuführungen zu verbinden; V wird nur bei Batteriemessungen gebraucht.

Von den sechs Kurbeln sind die beiden an der linken Seite zu einem Batterieumschalter *(B U)* verbunden; in den Endstellungen legt dieser entweder den positiven oder den negativen Pol der Batterie an das Messsystem, in der Mittelstellung er-

Auf der rechten Seite des Grundbrettes ist noch eine einzelne Kurbel; diese dient dazu, wie wir noch näher sehen werden das Messsystem an geeigneten Punkten mit der Erde zu verbinden, oder zu isoliren, je nach der Art der zu messenden Leitung; er soll mit $L\,U$ bezeichnet werden. Seine drei Stellungen sind mit den Bezeichnungen „Einzelleitung mit Erde", „Doppelleitung ohne Erde" und „Erdfehlerschleife" versehen. Zur Ausführung einer Messung hat man demnach jeden der drei Umschalter in die Stellungen zu bringen, welche durch

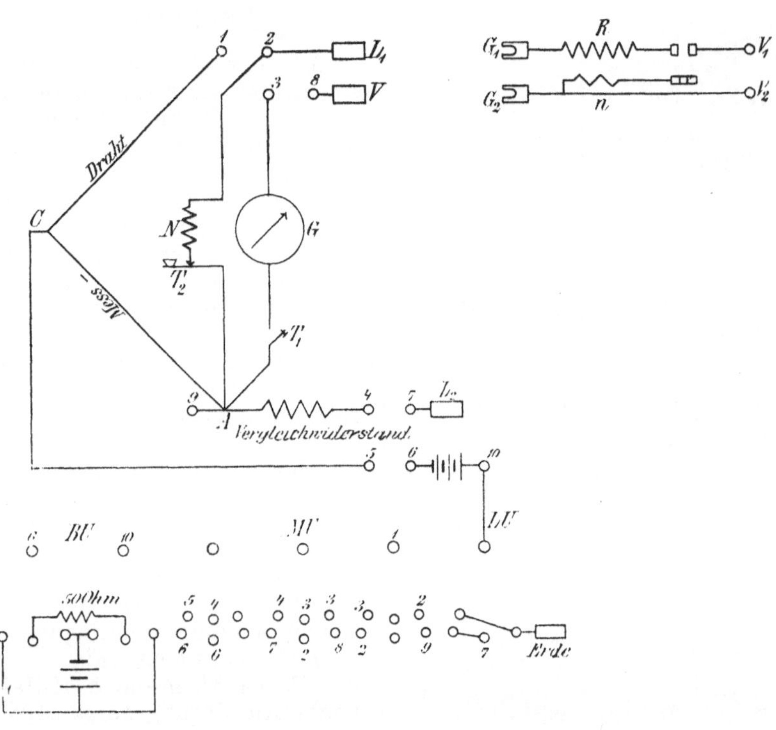

Fig. 2.

setzt er die Batterie durch einen ihrem mittleren Widerstande annähernd gleichen Widerstand von 50 Ω.

Drei weitere Kurbeln sind zu einem Umschalter *(M U)* verbunden, welcher zur Ausführung der verschiedenen Messschaltungen dient. Je nach seiner Stellung nach links, in der Mitte oder rechts stellt er die Schaltungen nach der Wheatstone'schen Brücke her, oder die Isolationsschaltung für direkten Ausschlag, oder er legt zu Strom- und Spannungsmessungen das Galvanometer für sich zwischen die Klemmen L und V.

den Zweck der Messung gekennzeichnet sind. So sind, um den Widerstand einer Doppelleitung unter Ausschluss der Erde, und zwar mit Kupferpol am Messinstrument zu messen, folgende Stellungen auszuführen: $B\,U$ rechts, $M\,U$ links, $L\,U$ in der Mitte.

Sobald demnach die Aufgabe gestellt ist, kann an der Hand der Bezeichnungen ohne weiteres Ueberlegen die richtige Stellung gefunden werden.

Wir wollen nunmehr an der Hand der Fig. 2 auf die innere Einrichtung des Instruments eingehen. Fig. 2 sieht dem üblichen Schema einer Wheatstone'schen

Brücke ähnlich, indessen ist der Stromkreis an einigen Stellen durch Verbindung der durch die Kreise bezeichneten Kontakte zu ergänzen. Man hat sich die Kontaktpunkte im Schema mit den gleichnamigen Kontaktpunkten der Kurbeln, welche unterhalb angedeutet sind, verbunden zu denken.

Stellen wir $M\,U$ nach links, so werden dadurch verbunden 5 und 6, 4 und 7, endlich 1, 2, 3. Wir haben dann das Schema der Wheatstone'schen Brücke. Zunächst stehe $L\,U$ in der Mittellage. Dann ist der zweite Pol der Batterie (10) in $L\,U$ ohne Erde mit 7, also L_2 verbunden. Liegt zwischen L_1 und L_2 der zu messende Widerstand, so ist

$$L_1 - C - A - 4 - L_2 - L_1$$

das Brückenviereck;

$$C - 5 - 6 - 10 - 7 - L_2$$

die Batteriediagonale und

$$2 - 3 - G - A$$

die Galvanometerdiagonale. Die Batterie liegt stets zwischen 6 und 10 und ist deshalb an dieser Stelle eingezeichnet; an $B\,U$ ist sie wiederholt, um die Einrichtung des Batterieumschalters zu zeigen.

In der Galvanometerdiagonale liegt ausser dem Galvanometer noch ein Nebenschluss N. Wir bemerken ferner zwei Tasten T_1 und T_2. Jene liegt auf der Hartgummiplatte rechts vom Vergleichswiderstand und dient dazu, das Galvanometer einzuschalten, sobald man sie niederdrückt. Der Druckknopf ist so eingerichtet, dass er sich, falls man an der hinteren Kante drückt, feststellt und die Taste dauernd schliesst, während er, wenn man nur an der vorderen Kante drückt, nach dem Aufhören des Druckes den Kontakt wieder aufhebt. Die Taste T_2 dagegen, welche auf der linken Seite der Hartgummiplatte liegt, ist ohne Druck dauernd geschlossen und kann nicht festgestellt werden. Sie schaltet einen Nebenschluss zum Galvanometer ein, welcher den Strom im Galvanometer auf $^1/_{10}$ des gesammten herabsetzt, und dient bei der Widerstandsmessung dazu, das Instrument beim Abgleichen vor zu starken Strömen zu schützen.

Wenn man also nach vollzogener Stellung der Kurbeln einen Widerstand messen will, drückt man zunächst nur die Taste rechts und sucht den Vergleichswiderstand, bei welchem man durch Drehung des Kontaktarmes den Zeiger des Galvanometers auf Null bringen kann. Nachdem diese Einstellung annähernd genau gemacht ist, kann man sie unter Drücken des linken Knopfes mit der zehnfachen Empfindlichkeit nachprüfen. Man erhält den Werth des zu messenden Widerstandes, indem man die Zahl abliest, bei welcher der Index des Kontaktarmes steht und sie mit demjenigen der Faktoren 1, 10, 100, 1000, 10 000 multiplicirt, bei welchem der Stöpsel steckt.

Man sieht aus Fig. 1, dass die Skala der Schiefertafel an der linken Seite mit 1 beginnt, während am Ende auf der rechten Seite 10 und im Scheitel 3 steht. Dies rührt zunächst davon her, dass der Brückendraht nicht nach seiner ganzen Länge auf die Schiefertafel aufgelegt worden ist, sondern nur das mittlere Stück, während sich Fortsätze unterhalb der Ebonitplatte vorfinden. Ferner stimmen die Vergleichswiderstände nicht mit den Bezeichnungen der Stöpsel überein, sondern sie sind gleich dem Dreifachen des dort verzeichneten Faktors. Daher kommt es, dass im Scheitel der Brücke, wo der zu messende Widerstand gleich dem Vergleichswiderstand ist, die Zahl 3 steht.

Auf diese Weise giebt es für jeden Widerstand von 1 bis 100 000 Ω nur einen Vergleichswiderstand und eine Einstellung. Dafür ist aber auch die Skala für den Bereich vom Einfachen bis zum Zehnfachen länger und die Genauigkeit daher grösser.

Wir haben bisher bei der Mittelstellung des Umschalters $L\,U$ dass Messsystem von der Erde durchaus isolirt gehalten. Wenn wir $L\,U$ nach links legen, wird sowohl der zweite Batteriepol als L_2 geerdet; wenn wir $L\,U$ nach rechts legen, wird der zweite Batteriepol allein geerdet. Der erste Fall entspricht einer Messung an einer Leitung, deren Ende geerdet ist, der zweite der bekannten Erdfehlerschleife.

In dem Falle, dass $L\,U$ nach links steht, ergiebt die Kontaktstellung, ebenso wie im zuerst behandelten, den Widerstand zwischen L_1 und Erde; auf die Berechnung für die Erdfehlerschleife wollen wir nunmehr näher eingehen.

Die Messung der Erdfehlerschleife wird gemacht, um in einer Leitung einen Erdfehler festzustellen, wenn nach demselben Orte, in welchem die fehlerhafte Leitung endigt, eine fehlerfreie Leitung vorhanden ist.

In diesem Falle lässt man die beiden Leitungen am fernen Ende mit einander verbinden unter Isolation gegen Erde und in unserer Messeinrichtung wird dann die gesunde Leitung an L_1, die fehlerhafte an L_2 gelegt.

Wir stellen zunächst $L\,U$ in die Mitte. Da alsdann das Messsystem isolirt ist, geht über den Fehler kein Strom; der Fehler bleibt also ausser Betracht und die Messung ergebe folgendes:

Faktor für den Vergleichswiderstand A_1 Ablesung a_1: der Widerstand der Schleife $2\,L$ ergiebt sich als

$$2\,L = a_1\,A_1.$$

Wir stellen dann $L\,U$ nach rechts. Dadurch wird das Gleichgewicht gestört werden, da der vierte Eckpunkt nach der Fehlerstelle rückt. Man hat also von neuem einzustellen und erhalte entsprechend Faktor A_2 und Ablesung a_2.

Hat das Stück Leitung von L_2 bis zum Fehler den Widerstand x und nennen wir die Theile, in welche der Brückendraht zerlegt ist (Fig. 3) m und n, so ergiebt das Gesetz der Wheatstone'schen Brücke die Formel

$$\frac{m}{n} = \frac{2\,L - x}{3\,A_2 + x}.$$

worin wir $3\,A$ zu setzen haben, weil der Werth des Vergleichswiderstandes das Dreifache des auf den Klötzen stehenden Faktors ist. Es ist ferner

$$\frac{m}{n} = \frac{a}{3}.$$

Um dies an einem Beispiele einzusehen, braucht man sich nur daran zu erinnern, dass die Mitte des Messdrahtes, bei welcher $m = n$ ist, die Bezifferung 3 zeigt. Aus dieser Formel ergiebt sich, wenn man noch $2\,L = a_1\,A_1$ einsetzt

$$x = \frac{a_1\,A_1 - a_2\,A_2}{1 + \dfrac{a_2}{3}}$$

Da A_1 und A_2 Potenzen von 10 sind, bietet der Zähler nur eine Subtraktionsaufgabe.

Für zusammengehörige Werthe von a_2 und $1 + \dfrac{a_2}{3}$ legt man sich zweckmässig eine Tabelle an.

Es ist also sowohl das Messverfahren zur Bestimmung eines Erdfehlers, als auch die Berechnung als sehr einfach zu bezeichnen.

Den Erörterungen über Widerstandsmessung ist noch hinzuzufügen, dass beim Messen telegraphischer Leitungen infolge der Verschiedenheit des Erdpotentials an verschiedenen Orten in der Regel Polarisationen auftreten. Es wird also das Galvanometer auch ohne die Messbatterie einen Ausschlag zeigen. In diesem Fall ist bekanntlich nicht auf das Skalen-Null, sondern auf falsches Null einzustellen.

Wenn in den Zweigen des Wheatstone-schen Vierecks elektromotorische Kräfte liegen, so gilt, wie man weiss, die Wheatstone'sche Gleichung unter der Bedingung, dass beim Anlegen oder Fortnehmen der Messbatterie keine Aenderung der Galvanometerablenkung eintritt. Dies geschieht, wenn man den Umschalter $B\,U$ aus einer Endstellung in die Mittelstellung dreht, und zwar unter annähernder Gleichhaltung des

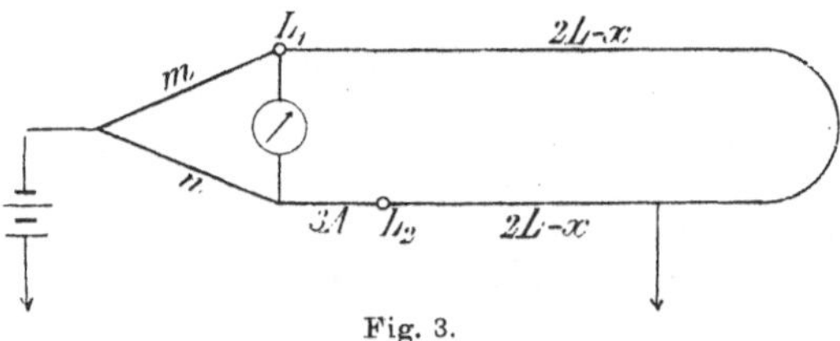

Fig. 3.

Widerstandes in der Batteriediagonale. So ergiebt sich dann der falsche Nullpunkt, nach welchem abzugleichen ist.

Wir gehen nunmehr über zu der zweiten Gruppe von Messungen, den Isolationsmessungen. Diese erfordern die Einstellung von $M\,U$ in die Mittellage. Wir sehen aus der Fig. 2, dass dadurch 1 isolirt wird, während 2 mit 3 und 4 mit 6 verbunden werden.

Wir haben in diesem Falle einen Stromweg von L_1 parallel durch N und G, dann durch W zur Batterie. $L\,U$ sei nach links gestellt, also der zweite Pol der Batterie geerdet. Die Schaltung ist dann diejenige der Isolationsmessung mit direktem Ausschlage, in welcher der Strom, der zwischen L_1 und Erde übergeht, im Galvanometer sichtbar wird.

Wie man sieht, ist der Vergleichswiderstand mit dem Dreifachen des Faktors, bei welchem der Stöpsel steckt, eingeschaltet. Man hat also, wenn es nicht nur auf die ungefähre Prüfung der Isolation, sondern auf ihre Messung in Ohm ankommt, den Widerstand durch Einsetzen des Stöpsels bei 1 soweit wie möglich auszuschalten. Die vorliegende Anordnung ist deshalb getroffen worden, um eine Aichung des Galvanometers zu ermöglichen. Legt man die mit L_1 verbundene Zuführung zum Linienumschalter dort an Erde und setzt den Stöpsel bei 10 000 ein, so erhält man eine Ablenkung des Instruments, welche bei 10 V der Messbatterie (bei Ausschaltung des Nebenschlusses) etwa 67° beträgt. In diesem Falle entspricht also die Ablenkung von 1° einem Isolationswiderstande von 2 Megohm. Für den Gebrauch ist es nützlich, sich für einige Werthe der Ablenkung bei 30 000 Ohm, z. B. für 65, 66, 67, 68, 69 kleine Tabellen anzulegen, aus denen man den Werth des Isolationswiderstandes für einen beliebigen Ausschlag ablesen kann. Dann wird hier, wie bei der Widerstandsmessung, jede Berechnung vermieden.

Mit Hülfe des Nebenschlusses ist der Isolationswiderstand auch schlechter isolirter Leitungen zu messen. Auch bei der Isolationsmessung dient der Nebenschluss dem Schutze des Instruments gegen zufällige Stromstösse.

Stellt man $L\,U$ in die Mittelstellung, so wird der zweite Pol der Batterie unter Isolirung von der Erde mit L_2 verbunden. In diesem Falle kann man also den Isolationswiderstand zwischen zwei isolirten Leitungen messen, deren eine an L_1 und deren andere an L_2 liegt.

Messungen auf Aussenströme geschehen, indem man in der Mittelstellung von $M\,U$ die Batterie ausschaltet. Durch die Stellung von $L\,U$ kann man auch hier zwischen Einzel- und Doppelleitung wählen.

Nachdem wir so die Messungen, welche mittels des Instruments an Leitungen ausgeführt werden können, besprochen haben, wollen wir auf die Verwendung der Messeinrichtung zu Spannungs- und Strommessungen näher eingehen.

Zum Zwecke derartiger Messung hat man den Umschalter $M\,U$ in die Endstellung nach rechts zu bringen. Die Zeichnung ergiebt, dass in diesem Falle die Kontaktstelle 3 mit der Klemme V verbunden wird und 9 unter Kurzschluss des Messdrahtes und des Nebenschlusses N mit der Klemme L_1. Es liegt also dann das Galvanometer zwischen V und L_1.

Zur Ausführung der Messung in verschiedenen Bereichen dient ein besonderer Zusatzkasten mit einer Reihe von Klinken

und einem Stöpsel. Die Einrichtung des Zusatzkastens ist für eine Klinke zu Spannungsmessungen oben rechts in Fig. 2 angegeben. Zwischen den Klemmen V_1 und V_2, an welche die zu messende Spannung angelegt wird, und den festen Gabeln G_1 und G_2, welche zu den Klemmen V und L_1 passen, befindet sich eine Klinke, welche beim Einsetzen eines Stöpsels V_1 und L_1 über einen Widerstand R miteinander verbindet. Dieser Widerstand ist so bemessen, dass in dem Messbereich, welcher der betreffenden Klinke zugehört, einer Spannung von 10 V eine Ablenkung von 100 Skalentheilen entspricht.

Wenn man den Stöpsel so weit einsetzt, dass sein Fuss in den unter der Klinke befindlichen Kontakt K zu stehen kommt, so wird mittels dieses Kontaktes zu den Klemmen V_1 und V_2 ein Nebenschluss n eingeschaltet, der zur Prüfung des inneren Widerstandes der betreffenden Stromquelle dient.

Es wird demnach hier das auch bei anderen bekannten Apparaten benutzte Verfahren der Batterieprüfung angewendet, bei welchem man die Elemente zunächst bei geringer Stromentnahme, also auf EMK prüft, nämlich so lange der Stöpsel nur theilweise in die Klinke eingesetzt ist, um dann weiter die Klemmenspannung der Elemente bei Abnahme des für sie geeigneten Stromes zu bestimmen, wenn der Stöpsel den unteren Kontakt berührt.

Die Widerstandsverhältnisse der vorliegenden Anordnung sind folgende. Zwischen L_1 und V ist ein Widerstand von 155,2 Ohm geschaltet, um die Zusatzwiderstände auf nicht zu grosse Beträge zu beschränken. Durch einen zwischen V und Kontakt 8 gelegten Widerstand von 510 Ohm wird der kombinirte Widerstand zwischen L_1 und V auf 100 Ohm gebracht. Die Empfindlichkeit des Instrumentes mit Nebenschliessung und Zusatzwiderstand beträgt $33,3 . 10^{-6}$ A für 1 Skalentheil. In der Zeichnung sind diese Widerstände, welche lediglich der Regulirung auf bestimmte Empfindlichkeit und bestimmten Widerstand dienen, der Einfachheit halber fortgelassen.

Der Zusatzwiderstand im Kasten beträgt für je 10 V 3000 Ohm. Bei Prüfung der EMK wird daher ein Strom bis zu 3,3 Milliampere entnommen. Die Nebenschliessungen n sind folgendermassen bemessen. Die erste Klinke ist zur Prüfung von Mikrophonelementen bestimmt und deshalb mit einem Nebenschluss von 5 Ohm ausgestattet; die anderen Klinken, welche zur

Prüfung von Telegraphenbatterien (Messbereiche bis 10, 20, 40, 60, 80, 100, 120 V) dienen sollen, sind mit Nebenschliessungen solcher Grösse ausgestattet, dass jeweils 15 Milliampere entnommen werden.

Bei der Messung von Stromstärken wird das Instrument an die Klemmen eines von dem Strom durchflossenen Widerstandes gelegt. Es sind zwei Messbereiche vorgesehen, nämlich 0 bis 30 und 0 bis 300 Milliampere.

Trotz der grossen Mannigfaltigkeit der ausführbaren Messungen sind die Schaltungen eindeutig in dem Sinne, dass es nur der richtigen Ueberlegung bedarf, 1. was für eine Leitung zu messen ist, 2. welche Messung man daran ausführen will und 3. mit welchem Batteriepol man messen will, um die richtige Einstellung machen zu können. Die überall angebrachten Bezeichnungen geben dazu auch ohne eingehende Kenntniss des Stromlaufes die Möglichkeit.

Eine Eigenthümlichkeit der Schaltung, welche falsche Messungen geradezu ausschliesst, besteht darin, dass in Stellungen, in welchen die Kurbeln des Umschalters $M\,U$ zwei Reihen Kontakte gleichzeitig bedecken, also in ungenau ausgeführten Einstellungen, das Galvanometer kurz geschlossen ist. Zwischen der ersten und zweiten Stellung geschieht dies an den Stellen (2, 3, 4), zwischen der zweiten und dritten bei (3, 2, 9). Dass der Zeiger alsdann ständig in der Ruhelage verharrt, wird sofort auf den Fehler aufmerksam machen.

Das Instrument hat unterdessen auch die Probe des Betriebes bestanden, indem es in einem grösseren Telegraphenamte und in der Hand eines Aufsichtsbeamten längere Zeit benutzt wurde. Die Wünsche in Bezug auf einige Umgestaltungen, Regulirung der Empfindlichkeit, welche sich aus den Erfahrungen in der Praxis ergaben, konnten wir bei der hier vorliegenden endgültigen Ausführung sämmtlich leicht berücksichtigen.

Man darf demnach mit Recht dieses Instrument für den Messbetrieb grosser Aemter, wo es auf Einfachheit, Schnelligkeit und Sicherheit ankommt, als einen Fortschritt gegenüber den bisher gebräuchlichen Apparaten bezeichnen.